高等学校“十二五”精品规划教材

水利水电工程专业实践教学指导书

主　编　伍鹤皋
副主编　何金平　李进平　肖　宜

中国水利水电出版社
www.waterpub.com.cn

内 容 提 要

本书为水利水电工程专业实践教学指导书，共分四章。第一章对水工建筑物、水电站以及水利工程施工课程一些重要实（试）验的基本原理、实验装置及步骤进行了介绍；第二章对课程设计的基本资料、设计内容和步骤进行了介绍；第三章以九个实际工程为背景，详细介绍了毕业设计的基本内容和设计方法及步骤；第四章论述了认识实习和毕业实习的主要目的和内容，围绕实习要求介绍了三峡、葛洲坝等工程的基本概况，为实习提供了大量翔实的工程资料。

本书同时提供了课程设计和毕业设计所需要的工程地形图电子版本以及毕业实习相关的课件，可到中国水利水电出版社网站（http：//www.waterpub.com.cn）下载。

本书适用于水利水电工程专业本科和专科学生学习使用，也可为农业水利工程等专业参考使用。

图书在版编目（CIP）数据

水利水电工程专业实践教学指导书 / 伍鹤皋主编
. -- 北京 : 中国水利水电出版社, 2011.2(2015.1重印)
高等学校“十二五”精品规划教材
ISBN 978-7-5084-8229-3

Ⅰ. ①水… Ⅱ. ①伍… Ⅲ. ①水利工程－高等学校－教学参考资料②水力发电工程－高等学校－教学参考资料
Ⅳ. ①TV

中国版本图书馆CIP数据核字(2011)第015666号

书　　名	高等学校“十二五”精品规划教材 **水利水电工程专业实践教学指导书**
作　　者	主编　伍鹤皋　副主编　何金平　李进平　肖　宜
出版发行	中国水利水电出版社 （北京市海淀区玉渊潭南路 1 号 D 座　100038） 网址：www.waterpub.com.cn E-mail：sales@waterpub.com.cn 电话：(010) 68367658（发行部）
经　　售	北京科水图书销售中心（零售） 电话：(010) 88383994、63202643、68545874 全国各地新华书店和相关出版物销售网点
排　　版	北京时代澄宇科技有限公司
印　　刷	北京市北中印刷厂
规　　格	184mm×260mm　16 开本　14.75 印张　350 千字
版　　次	2011 年 2 月第 1 版　2015 年 1 月第 2 次印刷
印　　数	2001—3500 册
定　　价	**30.00** 元

前言

实践教学是水利水电工程专业培养方案的重要组成部分，包括课程实（试）验、课程设计、毕业设计、认识实习和毕业实习等环节。它对于强化学生在课堂上学习的基础理论和专业知识，培养学生运用所学知识综合分析和独立解决工程问题的能力具有非常重要的意义。

本书共分为4章。第一章为课程实（试）验；第二章为课程设计；第三章为毕业设计；第四章为实习。本书以大中型水利水电枢纽工程为例，既照顾全面，又突出重点。本书可供水利水电工程专业本科和专科学生学习使用，也可供农业水利工程等专业学生参考使用。

本书由伍鹤皋担任主编，何金平、李进平、肖宜担任副主编，各章节的编写人员组成如下：

第一章由李桂荣、雷川华、李进平、肖宜编写。其中《水工建筑物》课程实（试）验一至五由李桂荣编写、试验六由雷川华编写；《水电站》课程实（试）验由李进平编写；《水利工程施工》课程实（试）验由肖宜编写。

第二章由何金平、李进平、肖宜编写。其中《水工建筑物》课程设计由何金平编写；《水电站》课程设计由李进平编写；《水利工程施工》课程设计由肖宜编写。

第三章由何金平、苏凯、肖宜编写。其中《水工建筑物》毕业设计由何金平编写；《水电站》毕业设计由苏凯编写；《水利工程施工》毕业设计由肖宜编写。

第四章由伍鹤皋、何金平、苏凯、肖宜编写。

此外，武汉大学水利水电学院水力发电工程系的卢文波、吴云芳、何蕴龙、陈敏林、田士豪、雷艳等老师为本书提供了基础资料。水力发电工程系原系主任周宜红教授（现为三峡大学水利与环境学院院长）提供了毕业实习课件。

本书由武汉大学的胡志根教授担任主审。

本书在编写过程中参考了国内不少名家的相关著作，相关设计和业主单位也为本书提供了许多工程资料，编者在此一并致谢。

由于编者能力有限，书中难免有谬误和不妥之处，恳请读者提出宝贵意见和建议。

伍鹤皋

2010年8月于武汉东湖珞珈山

目录

第一章 课程实(试)验

第一节 《水工建筑物》课程实(试)验

一、混凝土重力坝结构模型试验

(一) 模型试验的原理

模型试验的理论基础是相似原理。本次试验的研究对象为混凝土实体重力坝，需要通过模型模拟的内容主要有：荷载、建筑物的几何形状和材料的某些力学性能。为了使模型上产生的物理现象与原型相似，模型材料、形状和荷载等必须遵循相似原理。

水工结构模型试验是将原型水工建筑物上的力学现象缩小到模型上，从模型上模拟出与原型相似的力学现象并量测应力、位移和安全度等，再通过一定的相似关系推算到原型建筑物。模型试验如果能正确地解决模拟问题，同时又采用了精确的量测方法，则其所得成果就能较好地反映原型的实际情况。

(二) 试验任务

对所取坝段的断面结构模型进行一次应力试验，提供大坝在上游正常蓄水位情况下，坝基面的应力分布和坝体位移变化情况的试验成果。

(三) 原型的基本资料

坝型为混凝土实体重力坝。坝高为 81m，坝顶宽 12m，坝底宽 60m，下游坝坡 1∶0.75。坝体混凝土弹性模量 $E_1=19200$MPa，坝基岩体弹性模量 $E_2=19200$MPa、$E_3=11600$MPa。混凝土与基岩的泊松比均为 $\mu_1=\mu_2=\mu_3\approx0.2$。坝体混凝土容重 $\gamma=24\text{kN/m}^3$。上游正常蓄水位 78.00m。

(四) 模型设计

1. 相似常数

根据线弹性模型的相似要求，结合本次试验，原型（P）与模型（M）各物理量之间保持下列相似关系。

几何相似常数：$C_L=L_P/L_M=100$

弹性模量相似常数：$C_E=E_P/E_M=6$

容重相似常数：$C_\gamma=\gamma_P/\gamma_M$

应变相似常数：$C_\varepsilon=\varepsilon_P/\varepsilon_M=1$

应力相似常数：$C_\sigma=\sigma_P/\sigma_M=6$

位移相似常数：$C_\delta=\delta_P/\delta_M=100$

泊松比相似常数：$C_\mu=\mu_P/\mu_M=1$

2. 相似模型

本次试验的模型采用石膏材料，模型是根据相似要求将石膏粉和水按照不同的比例浇注成块体，经过烘干、加工、制作而成。模型的具体尺寸和材料分区见图 1－1－1 和表 1－1－1。

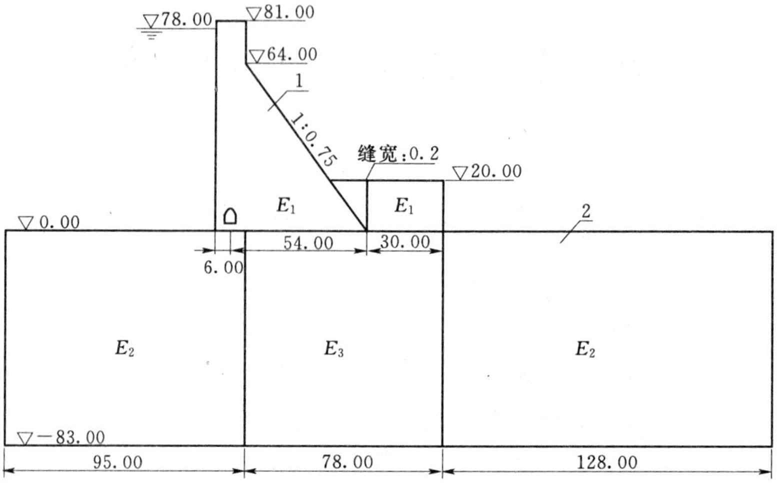

图 1－1－1　重力坝剖面图（单位：m）

（模型比尺 1∶100）

1—坝体；2—基础

表 1－1－1　　基础模拟的范围

范　围	上游基础长度	下游基础长度	基础深度
原型（m）	83.00	128.00	83.00
模型（cm）	83.00	128.00	83.00

3. 模型荷载（原型坝段取 10m）

（1）垂直荷载。垂直荷载为坝体自重和坝底扬压力的叠加。

坝体自重荷载计算简图见图 1－1－2。按图示分块计算，图中虚线表示坝体自重分块的分界线。

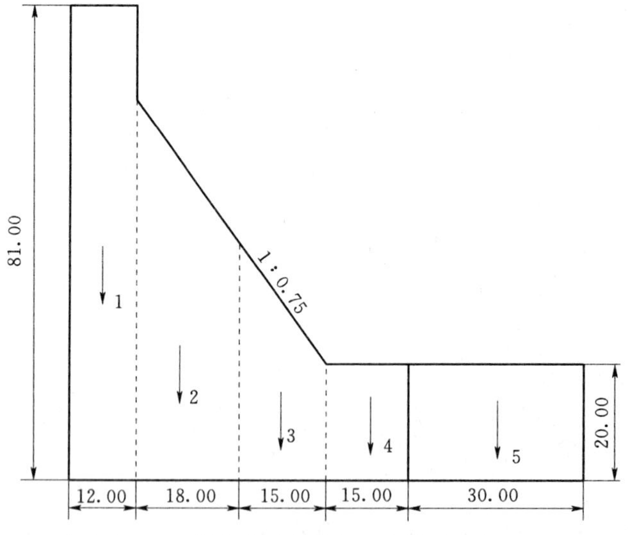

图 1－1－2　坝体自重荷载计算简图（单位：cm）

坝底扬压力计算按有帷幕、无排水（$\alpha=0.5$）情况分别考虑，按图 1-1-3 所示分块计算，图中虚线表示坝底扬压力分块的分界线。

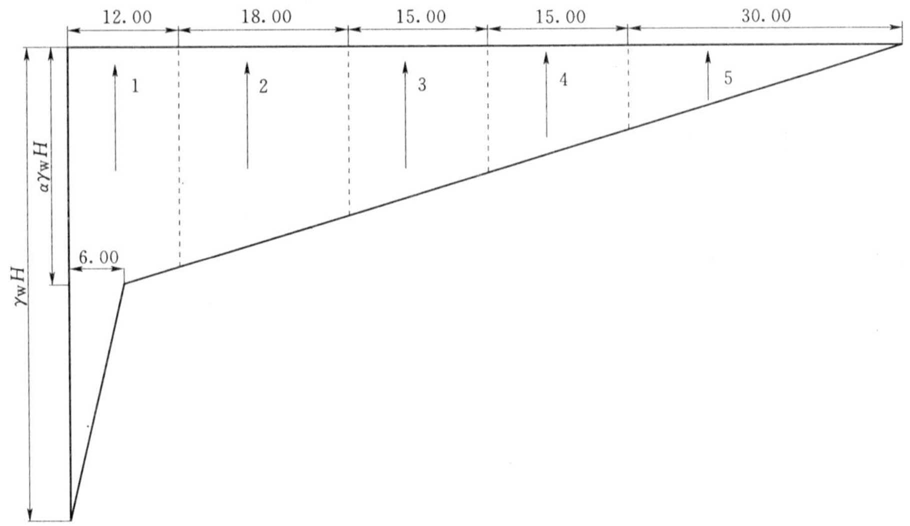

图 1-1-3 坝底扬压力计算简图（单位：cm）

（2）上游静水压力。首先计算大坝在正常蓄水位情况下模型所要施加的上游总水压力，然后再按式（1-1-1）计算出油泵压力表读数 $p_{表}$（MPa）。

$$p_{表}=\frac{p}{5A} \tag{1-1-1}$$

式中：p 为模型所要施加的上游总水压力，kN；$p_{表}$ 为油泵压力表读数；A 为油压千斤顶活塞（直径 $D=2.1$cm）的面积。

（五）试验装置及设备

本次试验所用的主要仪器设备有：电阻应变片、UCAM—20PC 应变量测系统、Centipede100 位移量测系统、DH3816 应变量测系统、位移传感器、拉力传感器、油压千斤顶、油泵、标准压力表等。

应力是通过粘贴于模型上的电阻应变片在荷载作用下由 UCAM—20PC 应变量测系统测得应变值后经计算获得。

位移是通过装置于模型上的位移传感器在荷载作用下，由 Centipede100 位移量测系统所示数值经换算获得。

模型的垂直荷载按 5 个分块施加相应的集中力，每块荷载大小是由拉力传感器和与其连接的 DH3816 应变量测系统来控制。

上游坝面水压力用 5 个相同大小的油压千斤顶通过油泵施加相应荷载，并通过各刚性垫块使其转换为近似的分布荷载，如图 1-1-4所示。

图 1-1-4 重力坝断面结构模型

模型的应变和位移测点布置见图 1-1-5。

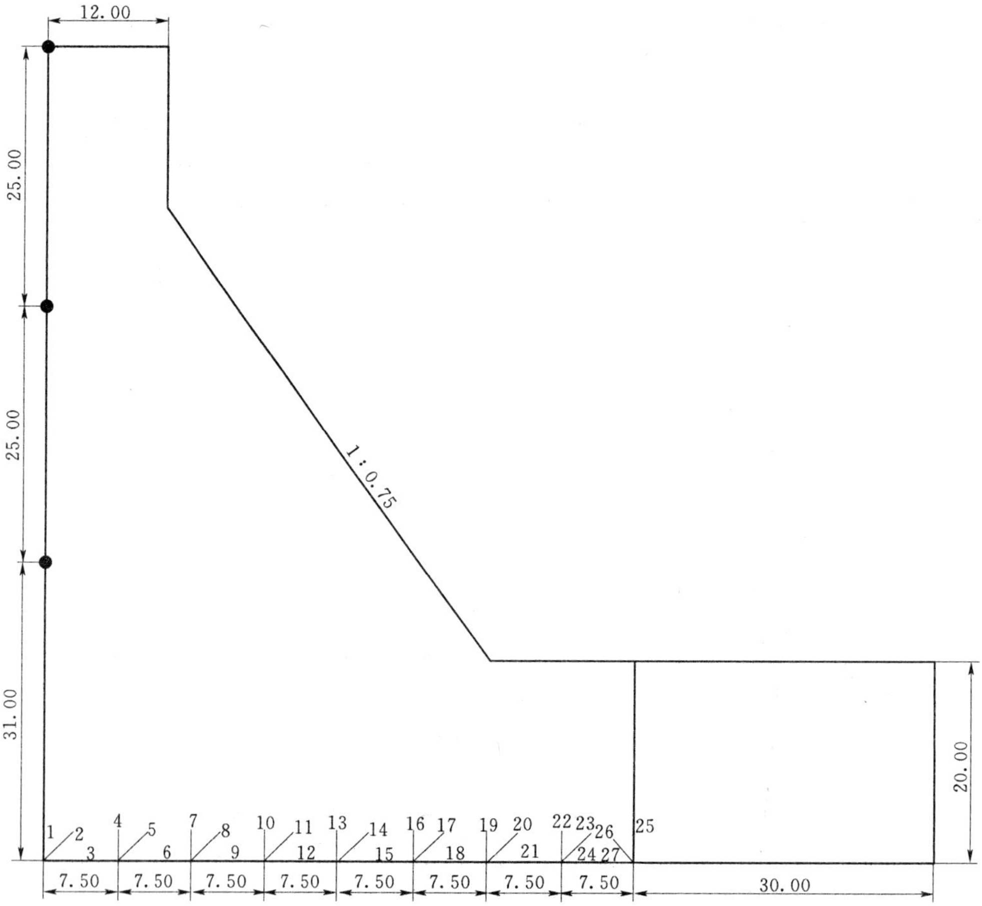

图 1-1-5　模型的应变和位移测点布置图（单位：cm）

● —位移测点；⁄—应变测点

（六）应力实验中的电测原理

电阻应变测量技术可用于测定构件的表面应变，根据应力与应变之间的关系，确定构件的应力状态。

1. 电阻应变片

(1) 电阻应变片的构造如图 1-1-6 所示。

(2) 电阻应变片的工作原理。金属电阻应变片的工作原理是吸附在基体材料上应变电阻随机械形变而产生电阻值变化的现象，称为电阻应变效应。在应变片、敏感栅上取一直线段来研究应变片的应变与电阻之间的关系。设此线段的长度为 L，截面积为 A，电阻率为 ρ。则金属导体的电阻值可用下式表示。

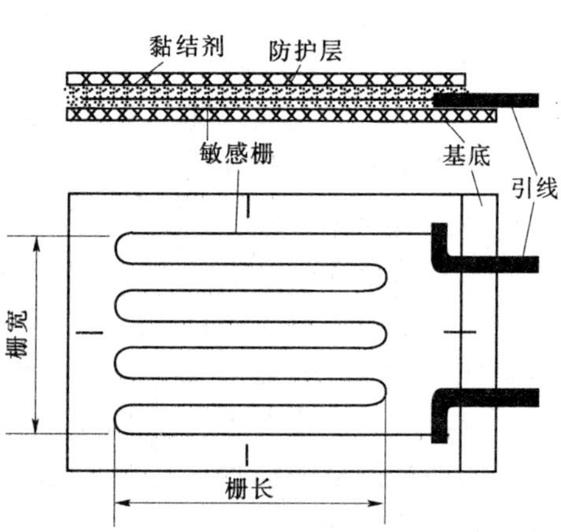

图 1-1-6　电阻应变片的构造示意图

$$R=\rho\frac{L}{A} \tag{1-1-2}$$

将式（1－1－2）取对数后再微分，即可得电阻变化与其他诸量变化的关系式。

$$\frac{dR}{R}=\frac{d\rho}{\rho}+\frac{dL}{L}-\frac{dA}{A} \tag{1-1-3}$$

若此线段处于单向受力状态，由于泊松效应（金属丝的泊松比为 μ），则

$$\frac{dA}{A}=-2\mu\frac{dL}{L}=-2\mu\varepsilon \tag{1-1-4}$$

式中：ε 为应变，$\varepsilon=\frac{\Delta L}{L}$。

将式（1－1－4）代入式（1－1－3）得

$$\frac{dR}{R}=\frac{d\rho}{\rho}+(1+2\mu)\varepsilon$$

$$\frac{\frac{dR}{R}}{\varepsilon}=\frac{\frac{d\rho}{\rho}}{\varepsilon}+1+2\mu \tag{1-1-5}$$

令

$$K_0=\frac{\frac{d\rho}{\rho}}{\varepsilon}+1+2\mu$$

则

$$\frac{dR}{R}=K_0\varepsilon \tag{1-1-6}$$

金属丝的应变与单位电阻变化成正比，其比例系数 K_0 称为金属丝的灵敏系数。应变片的灵敏系数还与敏感栅材料性能、加工工艺及所使用的黏结剂等因素有关，因此其灵敏系数均由实验标定给出。

因此，式（1－1－6）应表示为

$$\frac{dR}{R}=K\varepsilon \tag{1-1-7}$$

2. 静态应变量测系统

电阻应变仪一般是用电桥将应变片的电阻变化转换为电压或电流的变化。以 DH3816 应变测试系统为例，该系统由数据采集箱、微型计算机及支持软件组成。可自动、准确、可靠、快速测量大型结构、模型及材料应力试验中多点的静态应变应力值。若配接适当的应变式传感器，也可对多点静态的力、压力、扭矩、位移、温度等物理量进行测量。

以 1/4 桥、120Ω 桥臂电阻为例对测量原理加以说明。如图 1－1－7 所示。

因 $V_i=0.25E_gK\varepsilon$，即 $V_0=K_FV_i=0.25K_FE_gK\varepsilon$，所以

$$\varepsilon=\frac{4V_0}{E_gKK_F} \tag{1-1-8}$$

式中：V_i 为直流电桥的输出电压，10^{-6}V；E_g 为桥压，V；K 为应变片灵敏度系数；ε 为输入应变量，$10^{-6}\varepsilon$；V_0 为低漂移仪表放大器的输出电压，10^{-6}V；K_F 为放大器的增益。

当 $E_g=2$V，$K=2$ 时，有 $\varepsilon=\frac{V_0}{K_F}$。

对于 1/2 桥电路

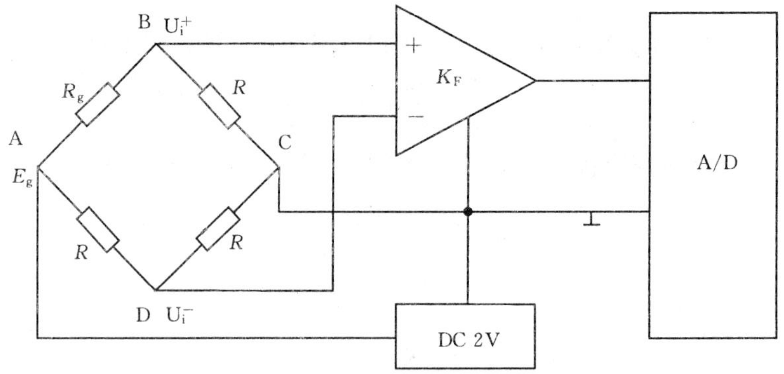

图 1-1-7 测量原理

R_g—测量片电阻；R—固定电阻；K_F—低漂移差动放大器增益

$$\varepsilon=\frac{2V_0}{E_gKK_F} \tag{1-1-9}$$

对于全桥电路

$$\varepsilon=\frac{V_0}{E_gKK_F} \tag{1-1-10}$$

这样，测量结果由软件加以修正即可。

（七）试验步骤

（1）提前预习试验指导书，根据相似关系计算施加于模型上的荷载大小。

（2）打开电源，对各种仪器做测试前检查及准备工作。

（3）量测应变和位移的初始读数。

（4）开始逐级均匀地施加垂直荷载直至设计荷载值。

（5）垂直荷载加完以后，再缓慢施加水压力达到设计荷载值。

（6）等变形基本稳定后，开始读取各点位移及应变值。

（7）测量完毕，先卸水荷载，后卸垂直荷载。每一种荷载情况至少应进行 3～5 次加载测试。

（8）试验结束先关闭所有仪器电源，然后将模型、仪器设备整理复原。

（八）成果整理

（1）根据相似原理计算原型各点应力、位移值。取各点三次相近应变值读数（各次误差不应超出$\pm5\times10^{-6}\varepsilon$）的平均值，再按下列公式计算各点应力值。位移计算可按模型测量值由相似关系式 $\delta_P=C_\delta\delta_M$ 换算成原型值。

$$\sigma_x=\frac{C_\sigma E_M}{1-\mu^2}(\varepsilon_0+\mu\varepsilon_{90})$$

$$\sigma_y=\frac{C_\sigma E_M}{1-\mu^2}(\varepsilon_{90}+\mu\varepsilon_0)$$

$$\tau_{xy}=\frac{C_\sigma E_M}{2(1+\mu)}(2\varepsilon_{45}-\varepsilon_0-\varepsilon_{90}) \tag{1-1-11}$$

$$\sigma_2^1=\frac{\sigma_x+\sigma_y}{2}\pm\frac{1}{2}\sqrt{(\sigma_x-\sigma_y)^2+4\tau_{xy}^2}$$

$$\tan 2\alpha=\frac{2\tau_{xy}}{\sigma_x-\sigma_y}$$

式中：ε_0、ε_{45}、ε_{90}分别为模型的0°、45°、90°方向应变值。

（2）绘制断面应力分布图及结构位移图。

（3）根据试验结果，评价结构在正常蓄水位情况下的工作状态。

（4）编写完整的试验报告。试验报告应该包括：试验任务、原型基本资料、模型相似设计、原始试验数据、成果整理和分析等内容。

（九）注意事项

（1）本次试验分小组由数人协作共同完成，参加试验的同学必须提前预习，按时到达实验室。

（2）认真听从指导教师讲解，严格遵守操作规程，坚持先弄懂后操作的原则，保证试验安全进行。

（3）出现异常情况应立即报告指导教师进行处理。

（4）试验报告编写、试验资料整理、试验成果分析由各同学独立完成。

（十）预习要求

（1）了解模型试验的相似原理，熟悉试验指导书的内容。

（2）利用线弹性应力模型试验的相似条件，结合本次试验计算模型所要施加的垂直和水平荷载。

二、拱坝整体结构的应力模型试验

（一）原型的基本资料

某拦河大坝为抛物线双曲拱坝加左岸重力坝。拱坝坝顶高程873.00m，坝底高程738.50m，最大坝高134.50m，坝顶厚7.00m，坝底厚23.00～25.00m（拱冠—拱端），厚高比0.186。最大中心角81.61°，最小中心角59.44°，中曲面拱冠处最大曲率半径110.50m，最小曲率半径50.00m，坝顶最大弧长198.43m。拱冠梁剖面如图1-1-8所示。

重力坝坝顶高程873.00m，底部高程800.00m，最大坝高73.00m，重力坝断面：上游为铅直面，顶宽20.00m，底宽78.40m，下游坝坡为1∶0.80，坝顶长89.13m（沿坝轴线）。在820.00m高程以下重力坝沿后坡建基面浇筑形成820.00m平台。

坝顶高程：873.00m。

坝底高程：738.50m。

正常蓄水位：868.00m；相应下游水位：767.00m。

校核洪水位：871.35m；相应下游水位：782.00m。

淤沙高程：754.95m。

淤沙浮容重：8.2kN/m^3。

淤沙内摩擦角：18°。

坝体和坝基的力学参数见表1-1-2。

表 1-1-2　　坝基岩层及坝体混凝土力学参数

岩体及坝体	弹性模量（GPa）	泊松比
P_2w^2	6.5	0.30
P_2w^1	2.0	0.31
P_1q+m	15.0	0.28
坝体混凝土	20.0	0.167

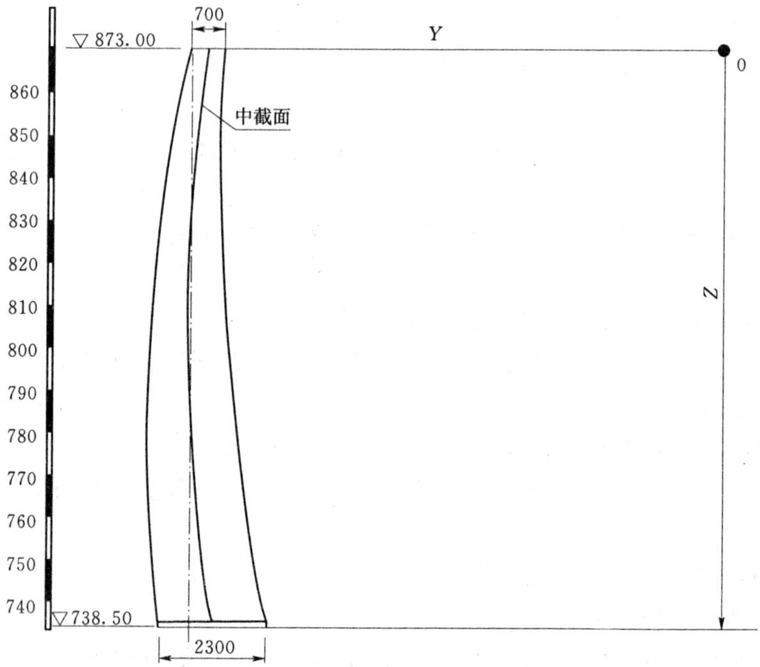

图 1-1-8　拱冠梁剖面图（高程单位：m；其他尺寸单位：cm）

（二）试验任务

在正常蓄水位及相应下游水位的作用下，拱坝坝体各部位应力分布情况。

（三）模型设计与制作

1. 相似常数

根据线弹性模型的相似要求，结合本次试验，原型（P）与模型（M）各物理量之间保持下列相似关系。

几何相似常数：$C_L = L_P / L_M = 180$

弹性模量相似常数：$C_E = E_P / E_M = 12$

容重相似常数：$C_\gamma = \gamma_P / \gamma_M$

应变相似常数：$C_\varepsilon = \varepsilon_P / \varepsilon_M = 1$

应力相似常数：$C_\sigma = \sigma_P / \sigma_M = 12$

位移相似常数：$C_\delta = \delta_P / \delta_M = 180$

泊松比相似常数：$C_\mu = \mu_P / \mu_M = 1$

2. 模型制作

本次试验采用的模型几何比尺 $C_L=180$，拱坝模型最大高度为 74.70cm，坝顶厚度为 3.90cm，坝底厚度为 12.78cm，最大弧长为 110.20cm；重力坝模型最大高度为 40.60cm，坝顶厚度为 11.10cm，坝底厚度为 43.60cm，坝顶长为 49.50cm；模型的地基深度约为坝高的 0.7，上游河床长度取坝高的 0.8，下游河床长度大于 1 倍坝高，两岸山体深度大于相应高程拱厚的 5 倍。

为保证坝体与基岩面接缝的质量，坝体模型浇筑时，取上下游各 6cm 和深度 3cm 的基础整体浇筑。

模型材料采用石膏粉，设计多种水膏比，进行了大量的材料试验，其结果如表1-1-3所示。

表 1-1-3　　坝基岩层及坝体混凝土材料模拟结果　　单位：GPa

岩体及坝体	原型弹性模量	模型弹性模量	实测模型弹性模量
P_2w^2	6.5	1.083	1.086
P_2w^1	2.0	0.333	0.316
P_1q+m	15.0	2.500	2.547
坝体混凝土	20.0	3.333	3.280

加工完成后的试验模型如图 1-1-9 所示。

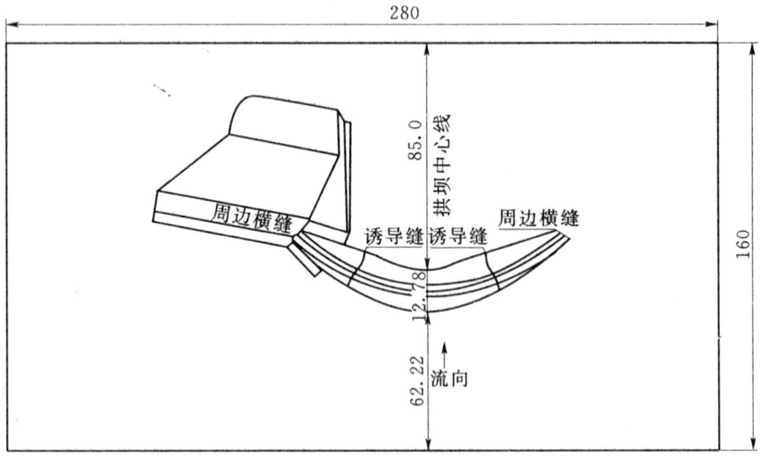

图 1-1-9　试验模型平面图（单位：cm）

3. 加荷方法

本次试验采用气压自动加荷法，其系统组成见图 1-1-10。

作用于坝面的线性水压力采用阶梯状的气压加荷来逼近。气压袋采用高度 6cm、宽度 1cm 的乳胶袋 13 条，其长度按模型拱圈各个高程处的弧长来裁剪，加工简便。气压袋由橡胶管与自动加载系统连接。

气压由空气压缩机供应，空气压缩机产生 1MPa 的压缩空气作为压力源，通过止回阀到储气罐，以保证储气罐的压力在 0.9MPa 以上，储气罐里的压缩空气经过两级过滤后给电/气转换器，电/气转换器将可编程序控制器输出的 4～20mA 压力控制电流信号转换成对应压力的压缩空气输出给气袋。

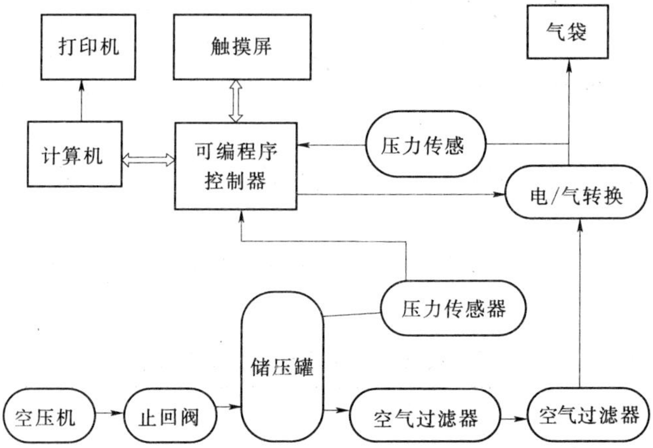

图 1-1-10　气压自动加载系统框图

压力大小由计算机输出信号控制，也可采用“压力设定”按钮在控制设备上进行压力设定，试验时直接调用。

坝面的气压加载装置如图 1-1-11 所示。在坝面与气压袋之间敷设一层泡沫塑料垫层作为传递压力的过渡层，每层气袋之间用 1mm 厚的塑料板隔开，气压袋外围使用了厚度与气压袋高度相同的弧形木板作为支撑。

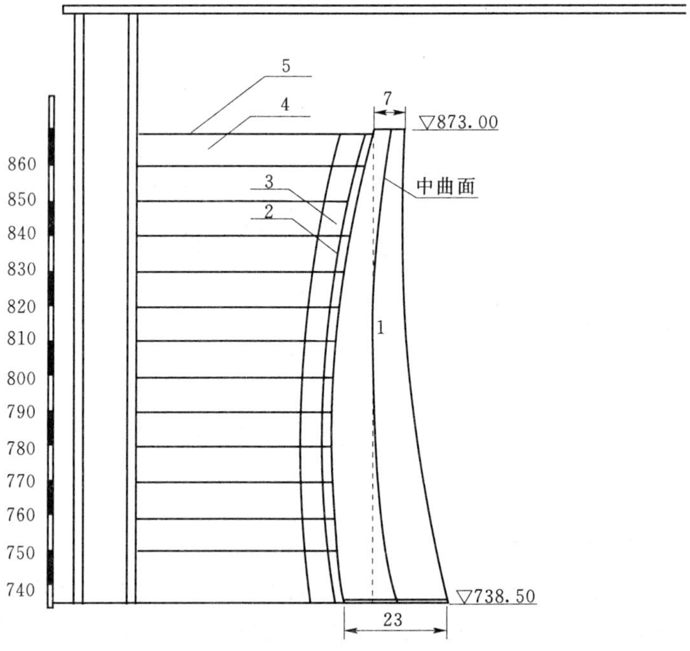

图 1-1-11　气压加载示意图（高程单位：m；其他尺寸单位：cm）

1—拱坝模型；2—塑料泡沫垫层；3—乳胶气袋条；4—木制反力块；5—塑料板隔层

4. 加载设计

由于石膏模型材料的局限性，本次结构模型试验不考虑自重荷载及温度荷载，确定本次试验的荷载组合为：正常蓄水位时的上、下游水压力＋泥沙压力。

因为$\frac{C_\sigma}{C_L C_x}=1$，所以有 $C_x=1/15$，其中 C_x 为体力相似常数。

因为 $C_x=C_\gamma=\frac{\gamma_P}{\gamma_M}$，所以有

$$\gamma_M=15\gamma_P=15\times9.8\text{kN/m}^3=147\text{kN/m}^3$$

模型上任一点的水压强为

$$p_M=\gamma_M h_M=147h_M\quad \text{kN/m}^2 \tag{1-1-12}$$

已知：泥沙内摩擦角为 18°，浮容重为 8.2kN/m³，$\gamma'_M=15\gamma'_P=15\times8.2\text{kN/m}^3=123\text{kN/m}^3$，则任一点的泥沙压强为

$$p'_n=\gamma'_M h'_M \tan^2\left(45°-\frac{\varphi_n}{2}\right)=123\times h'_M\times0.5279=64.9273h'_M \tag{1-1-13}$$

从底部开始，每 10m 一层，共分 13 层。由式（1-1-12）和式（1-1-13），计算模型各层中点的压力，正常蓄水位情况下的计算结果见表 1-1-4。

表 1-1-4　在正常蓄水位及相应下游和泥沙压力作用下模型各层水平荷载

序号	原型各层中点高程 (m)	模型上游水压 (kPa)	模型下游水压 (kPa)	模型泥沙压力 (kPa)	模型各层中点的压强 (kPa)
1	863.50	3.68			3.68
2	853.50	11.84			11.84
3	843.50	20.01			20.01
4	833.50	28.17			28.17
5	823.50	36.34			36.34
6	813.50	44.51			44.51
7	803.50	52.67			52.67
8	793.50	60.84			60.84
9	783.50	69.01			69.01
10	773.50	77.18			77.18
11	763.50	85.34	−2.86		82.48
12	753.50	93.51	−11.03	0.52	83.00
13	743.50	101.67	−19.19	4.13	86.61

5. 测点布置

（1）应力测点布置。整体结构模型的上、下游面应力测点布置见图 1-1-12 和图 1-1-13。上游面共布置 41 个测点。下游面共布置 39 个测点。

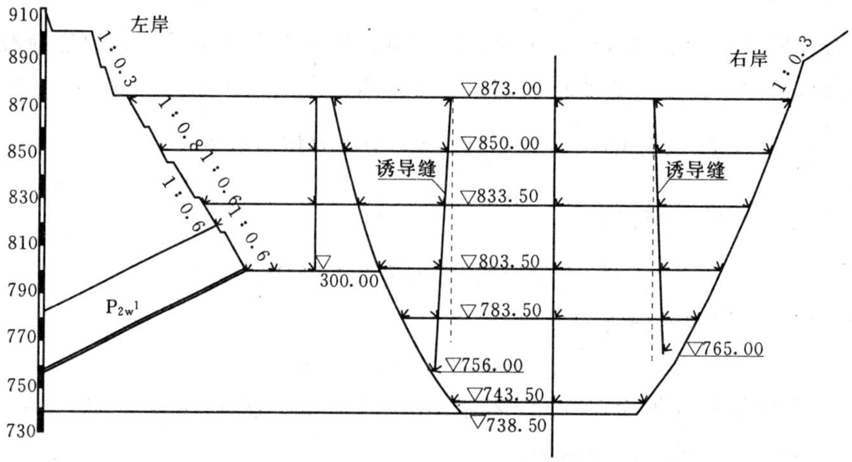

图 1-1-12　上游面应变测点布置图（单位：m）

↙—应变测点

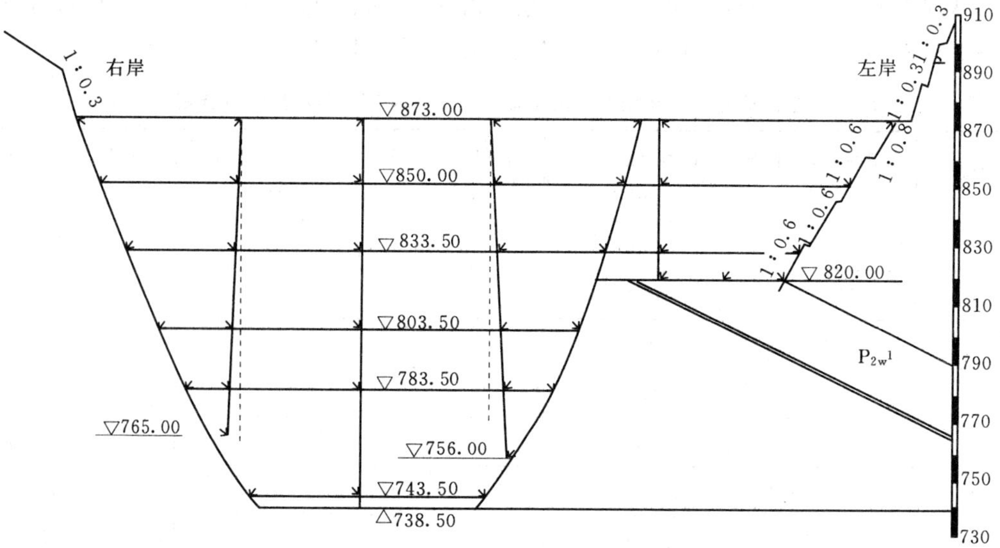

图 1-1-13　下游面应变测点布置图（单位：m）

↙—应变测点

（2）位移测点布置。在模型下游面，布置了 25 个径向变位测点，见图 1-1-14。

（四）试验步骤

本次试验按表 1-1-4 中的 $P/4$ 进行加载。模型加荷，按 1～13 层气压袋的次序，从底部（第 13 层）开始加载，待气压稳定后再进行上一层的加载，13 层荷载全部加毕后，稳定 20min 后开始进行应变和位移测量。为了保证试验成果的可靠性，在试验中应重复进行多次试验。具体操作步骤如下。

（1）打开电源对各种仪器、设备做测试前检查及准备工作。

（2）量测应变和位移的初始读数。

（3）分别按表 1-1-4 中的 $P/4$ 的荷载级别，先从第 13 层开始分层，均匀地施加荷载直至设计荷载值。

（4）等变形基本稳定后，开始读各点位移及应变值。

（5）测量完毕，先从第1层开始分层卸除荷载。对于一种荷载情况至少应进行3～5次加载测试。

（6）试验结束先关闭所有仪器电源。然后将模型、仪器设备整理复原。

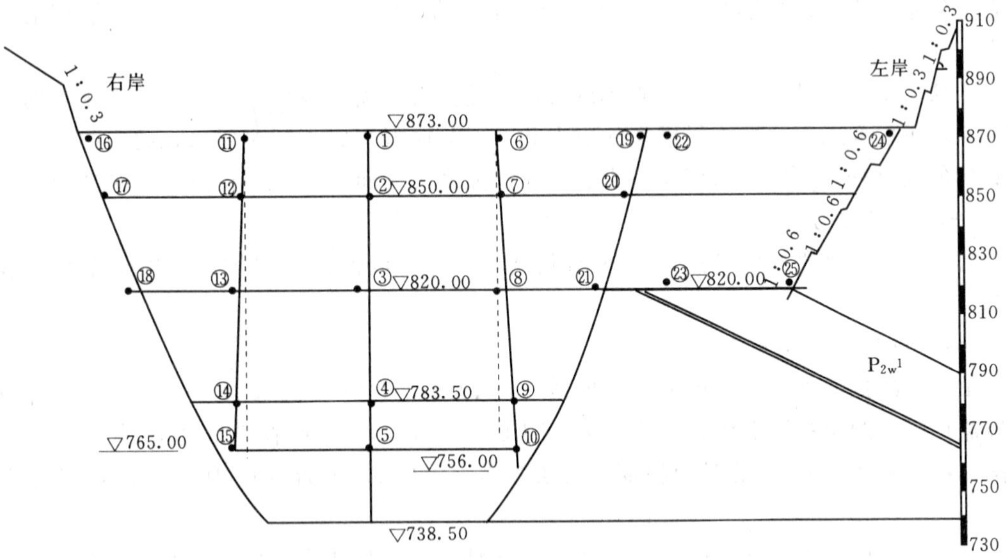

图1-1-14　位移测点布置图（单位：m）

•—位移测点

（五）试验成果整理和分析

（1）根据相似原理计算原型各点应力、位移值。取各点三次相近读数平均值，按公式（1-1-11）计算各点应力值。位移计算可按模型测量值由相似关系式 $\delta_P = C_\delta \delta_M$ 换算成原型值。

（2）绘制上、下游坝面应力分布图及位移分布图。

（3）根据试验结果，评价结构在正常蓄水位荷载作用下的工作状态。

（4）编写完整的试验报告。试验报告应该包括：试验任务、原型基本资料、模型相似设计、原始试验数据、成果整理和分析等内容。

（六）注意事项

本次试验在加载过程中一定要注意加载和卸载的顺序，严格按照试验步骤进行操作。

（七）预习要求

熟悉原型的基本资料。根据相似条件，计算出模型所要施加的相关荷载。

三、混凝土重力坝结构模型破坏试验

（一）试验目的

结构模型破坏试验的目的，是研究结构本身的极限承载能力或安全度。同时，结构模型破坏试验还要研究结构的破坏形态及破坏的发生和发展的过程，即所谓破坏机理。其目的就是要找出结构的薄弱环节，从而对结构进行改进，使它的各部分材料都能最大限度地发挥作用，达到既经济又安全的目的。

（二）地质力学模型试验的主要特点

地质力学模型试验是指与工程及其岩石地基有关的、能反映小范围内具体的工程地质构造条件的另一类模型试验。在这种模型中应模拟出岩体中的断层、破碎带及软弱夹层，有时还包括一些主要节理裂隙组，应能体现出岩体的非均匀等向、非弹性及非连续性、多裂隙体等岩石力学特性。同时，模型的几何尺寸，边界条件及作用荷载，模拟岩体的模型材料的容重、强度及变形特性等方面均须满足相似要求。这些都是地质力学模型的主要特点。

地质力学模型试验也是一种破坏试验，因此它必须满足破坏试验的相似要求。对于这类试验，不仅要求在弹性阶段模型的应力和变形与原型相似，同时要求在超出弹性阶段直至破坏的全过程，模型与原型在应力、变形、强度等方面都要满足相似理论的要求。

（三）试验任务

对所取溢流坝段的模型进行一次超载破坏试验，以便定性提供超载安全系数及破坏情况。

（四）原型的基本资料

某枢纽的拦河坝为实体重力坝，坝顶全长 422m，共分为 22 个坝段，其中河床部位布置溢流坝段，两岸布置非溢流坝段，顶宽 10～17.5m，上淤面在 930.00m 高程以上为垂直面，在 930.00m 高程以下为斜面，其坡度为 1：0.2，下游坝坡为 1：0.7，最大坝高为 126m。

水电站厂房布置在溢流坝后，每台机组分别从溢流坝闸墩下的深式进水口引水，进口底板高程为 945.00m，进水口后接坝内钢管引水至厂房，钢管直径为 7.5m，斜式布置，每根钢管长 96.3m。

主厂房断面内孔尺寸约为 25m×23.75m，布置在溢流坝后，主变压器布置在主厂房的上游侧，其断面内孔尺寸约为 20m×23.75m，深入坝体内部，主厂房下游侧布置有副厂房，顶部为尾水平台。

厂坝之间为接缝形式，在施工期厂坝分别浇筑，厂坝分离，即自重荷载由各自的基础独立承担，完工后将 895.75m 高程以下的缝封堵，使其连成整体，即起整体作用。

坝址区工程布置范围都为流纹岩，属中三叠统忙怀组上段，为一套酸性火山岩，岩性相对统一，无原生软弱夹层。

坝顶高程：999.00m

坝底高程：873.00m

正常蓄水位：994.00m

相应尾水位：900.20m

混凝土容重：24kN/m^3

混凝土静弹性模量：18000MPa

混凝土泊松比：1/6

基岩容重：26kN/m^3

基岩变形模量：8000～12000MPa

基岩泊松比：0.25

单块岩石抗压强度：80MPa

基岩允许抗压强度：15MPa

坝体混凝土平均按 C15 考虑。

（五）模型设计

1. 相似常数

根据相似理论及所提供的原始资料，确定本次试验原型（P）与模型（M）各物理量之间保持下列相似关系。

几何相似常数：$C_L = L_P / L_M = 100$

变形模量相似常数：$C_E = E_P / E_M = 100$

容重相似常数：$C_\gamma = \gamma_P / \gamma_M = 1$

应变相似常数：$C_\varepsilon = \varepsilon_P / \varepsilon_M = 1$

位移相似常数：$C_\delta = \delta_P / \delta_M = 100$

泊松比相似常数：$C_\mu = \mu_P / \mu_M = 1$

2. 模型材料

对于用作破坏试验的较为复杂的模型，由于事先不可能确定破坏发生的位置及其发展过程，因此，要求模型的各个部位的应力状态在试验过程中应尽可能反映客观实际。因此，主要问题是必须首先做到自重应按体积力模拟。也就是所选用的模型材料应具有容重高、强度低、变模低的特点。具有这一特点的材料就是目前被称为地质力学模型材料的一类新型模型材料。它们通常由加重料、掺合料以及黏合料组成。通过调整各部分之间的用量比例来满足或近似地满足相似要求。模型材料配比及力学性能列于表 1-1-5。

表 1-1-5　模型的材料配比及力学性能

项目名称	材料配比				容重（kN/m³）	变型模量（MPa）	抗压强度（MPa）	抗拉强度（MPa）
	重晶石粉	石膏粉	甘油	水				
坝体	35	1	1.2	8	23.5	170	0.15	0.022
基岩	35	1	1.4	10	23.0	120	0.25	0.033

3. 模拟范围

本次试验以最高的一个溢流坝段作为研究对象，由于坝内模拟了非对称布置的钢管，以及非对称布置的厂坝之间的两个通道，因此，本次试验所采用的模型基本上属于半整体空间模型类型，它不纯粹是平面问题。

由于这项破坏试验研究目前还只能是一项宏观的定性分析，因此为了更好地反映其主流，在模型制作中对原型做某些局部简化是必要的。大坝上游面自折坡点以上部分做垂直面制作，拦污栅等细部构造不予模拟；只模拟主、副厂房及主变压器 3 个大型孔洞，其他小型孔洞不予模拟；钢管、蜗壳及尾水管在模型中相应挖空，但试验中不考虑它们的重量；靠近坝底部的宽缝，由于尺寸较小不予模拟；厂坝分缝由于涉及应力分布，因此按设计要求模拟；895.75m 高程以下部分的缝是在厂、坝模型分别制作完工后加以封堵的。

基础深度：50m

上游坝基长度：100m

下游坝基长度：130m

由于上游坝面加载的需要，将坝顶溢流孔部分局部地简化为实体，模型厚度相应于原型坝段厚 26m。

（六）试验装置及检测设备

模型采用上述材料所制作的预制块砌筑加工成型，在砌筑过程中，对厂坝分缝处理完全满足设计提出的施工程序，即 395.75m 高程以下的缝是在全部砌筑完工后封堵的。

1. 加载方法

试验只考虑两种基本荷载，即建筑物与地基的自重及作用于上游坝面的静水压力和作用于下游面的尾水压力。自重由模型材料本身的容重来实现，上、下游水压力采用水压加载方式模拟水平荷载。即在坝的上、下游面设置乳胶盛水袋，并使其与水源及压力表连通，即可进行加载及超载。

试验采用超水位方式，见图 1－1－15 所示。其具体做法及程序如下。

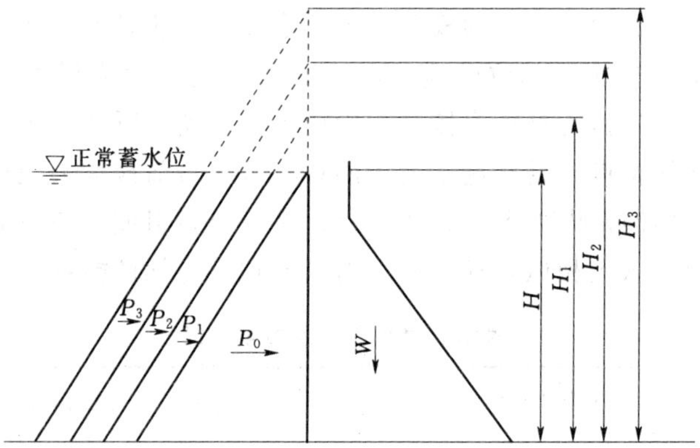

图 1－1－15 超载方式示意图

首先使上、下游水位升高至尾水位 900.20m 高程，封堵尾水乳胶袋出气管，使尾水位保持不变。然后将上游水位升高至正常蓄水位，这时坝所受到的上游水压力等于 P_0。以 P_0 作为超载的起始状态，第一次超载是将上游水位升高至 H_1 的位置，比如令 $H_1=1.2H$，这时大坝经受的总荷载应为 $P=P_0+P_1$，如果坝未发现有什么问题，继续进行第二次超载，将水位提高到 H_2 位置，那么 $H_2=1.4H$。这时坝需要承受的总推力 $P=P_0+P_1+P_2$，如此连续进行下去，直到模型开始出现裂缝乃至达到崩塌时为止。

超水位方式每次所增加的荷载为一平行四边形压力图形，假如水位达 H_y 时模型破裂，这时超水头系数 $K_H=H_y/H$，而超载系数应为荷载比，即 $K_P=P_y/P_H=2H_y/H_1$。

2. 监测系统

为了有效地监测大坝、厂房等结构在承受超负荷下的性态变化及其破坏过程，在模型上布置了位移，应力，应变三组监测系统。

位移监测点布置在坝顶、主变压器室顶部，厂房顶板以及尾水平台、顶板等高程较高，位移相对大些的地方，见图 1-1-16 中的 A、B、C 处左右两边共布置 6 个位移计，进行超载过程的实时跟踪。

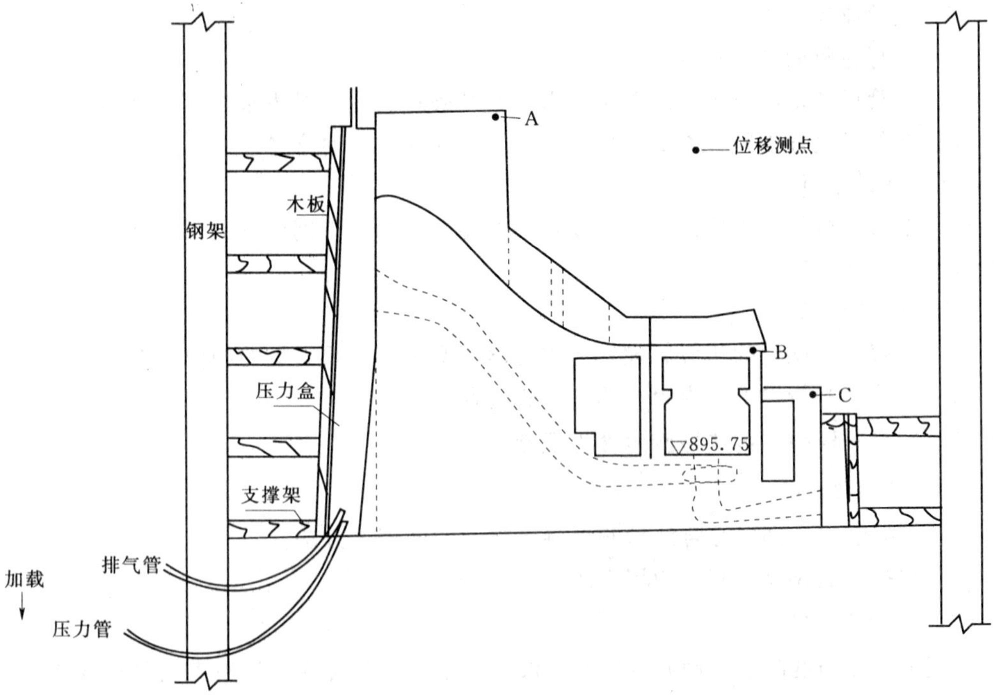

图 1-1-16 模型加载系统及位移测点布置示意图

在主、副厂房及主变压器室三个大型孔洞的角缘处，可能是应力集中的地方，布置了应力监测点，通过应变量测系统，对角缘应力进行实时跟踪。

为了能及时发现开裂，还在断面比较薄弱的地方，例如主厂房和主变室的侧墙等处，布置了一些单向的应变测点，进行实时跟踪。

通过对监测系统所得资料的综合分析，可以确定破坏的发生及其发展。

（七）试验步骤

（1）启动全部监测仪器。

（2）开始对上、下游水袋同时充水，待达到 900.20m 高程时封闭下游水袋，保持尾水位不变。

（3）将上游水袋充水至正常蓄水位 994.00m 高程，封闭上游水袋，以此作为超载的起始状态。

（4）提高水位，开始逐段超载，前三级超载水深按每级提高正常高水位时水深的 20% 考虑，即 $H_1=1.2H$，$H_2=1.4H$，$H_3=1.6H$，以后依每级增加 $0.1H$ 递增，即 $H_4=1.7H$，$H_5=1.8H$，…

（5）当监测系统的实时跟踪记录出现突变信号时，在模型上找出开裂位置或裂缝的发展程度，直到结构崩塌为止。

（八）试验成果整理和分析

根据相似原理来计算原型各点应力、位移值。

（1）各点应力按公式（1－1－11）计算。

（2）位移计算可按模型测量值由相似关系式 $\delta_P = C_\delta \delta_M$ 换算成原型位移值。

（3）试验成果分析。

（4）编写完整的试验报告。

本次试验任务是研究结构的破坏形态以及其破坏的发生及发展过程，所以应力、应变成果仅供在测量过程中监控裂缝的发生、发展及成果分析时参考。

（九）注意事项

因为本次进行的是破坏试验，所以是不可能重复的。特别要求同学们认真对待每一个试验环节，不能出错。

（十）预习要求

（1）了解模型试验的相似原理和地质力学模型试验必须满足的相似条件。

（2）熟读试验指导书的内容。熟悉试验过程及具体步骤。

四、超声—回弹综合法检测混凝土强度

（一）目的要求

（1）掌握超声—回弹综合法检测混凝土强度的原理及方法。

（2）掌握测试仪器的基本使用方法。

（二）基本原理

混凝土强度与混凝土表面硬度以及声波在混凝土中的传播速度有着密切的关系，混凝土表面硬度反映了混凝土的塑性性质，声波在混凝土中的传播速度反映了混凝土的弹性性质。采用低频超声波仪和中型回弹仪，在结构混凝土同一测区分别测量声时值及回弹值，然后利用已建立起来的测强公式推算该测区混凝土强度，这种测试方法是基于混凝土强度与声学参数和回弹值之间有较好的相关关系，以声速和回弹综合值反映混凝土的抗压强度。

（三）检测设备及基本工作原理

1. 设备

（1）HT－225 回弹仪。

（2）CTS－25 非金属超声波检测仪。

（3）混凝土构件。

（4）耦合剂（黄油或凡士林）、钢直尺、卷尺等。

2. 回弹仪检测混凝土强度的基本工作原理

利用一定重量的钢锤，连接在一定能量的弹簧上，借助于已获得一定能量的弹击拉簧，使弹击锤冲击弹击杆，在弹击杆冲压混凝土后弹击锤向后弹回，并在机壳的刻度尺上示出回弹值，以回弹值作为与强度相关的指标，来推定混凝土强度，回弹仪构造如图1－1－17所示。由于测量是在混凝土的表面进行，所以应属于表面硬度法的一种。混凝土的表面硬度和混凝土的抗压强度在一定条件下存在着良好的实验关系。回弹值则是钢锤冲击过程中能量损失的反映。能量的变化反映了混凝土的弹塑性性能。弹击拉簧的最大拉伸值 L 就是钢锤与击杆之间的间距。刻度尺上的读数即回弹值 R。

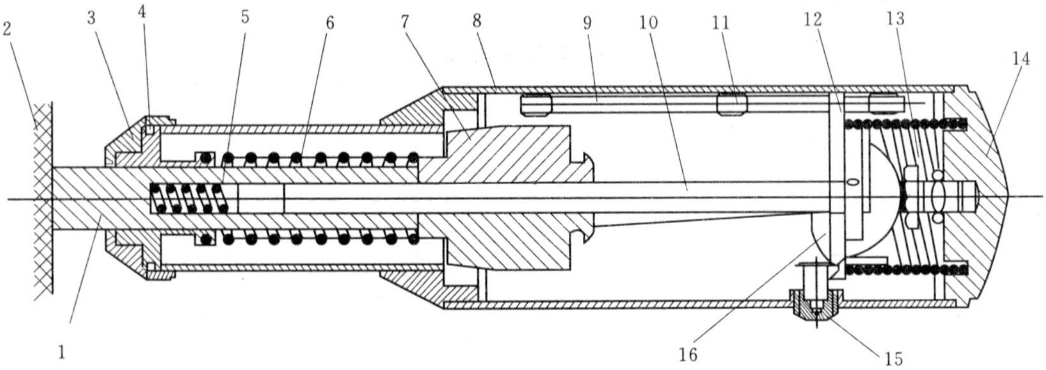

图 1-1-17 回弹仪构造图

1—弹击杆；2—混凝土构件测试面；3—盖帽；4—卡环；5—缓冲压簧；6—弹击拉簧；7—弹击锤；8—外壳；9—刻度尺；10—中心导件；11—指针滑块；12—导向法兰；13—压力弹簧；14—尾盖；15—按钮；16—挂钩

3. 超声波检测仪检测混凝土强度的基本工作原理

超声波检测仪是超声检测的基本装置，如图 1-1-18 所示。它的作用是产生重复的电脉冲去激励发射换能器。发射换能器发射的超声波经耦合进入混凝土中传播后为接收换能器所接收并转换成电信号，电信号被送至超声波检测仪，经放大后显示在示波器上。根据超声波在混凝土中的传播速度（简称波速）来推求结构混凝土强度。采用超声—回弹综合法，从原理上讲基本可以抵消混凝土湿度状态、龄期及内部密实度对其强度推定值造成的影响。

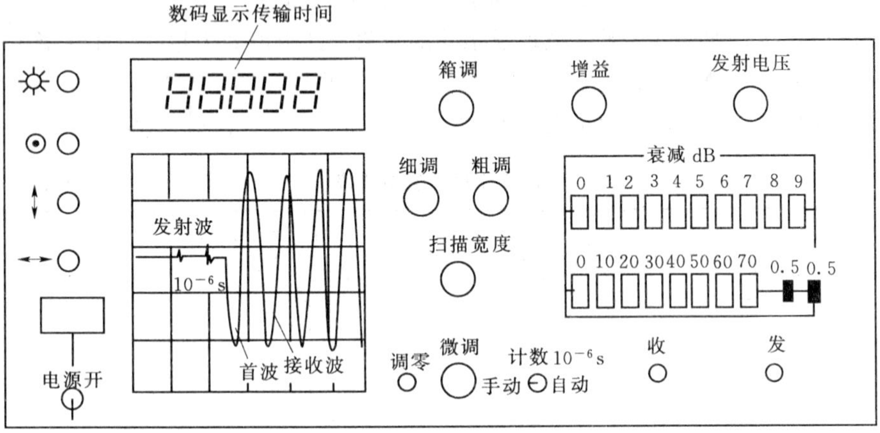

图 1-1-18 CTS—25 型非金属超声波检测仪的操作面板示意图

（四）混凝土强度的检测步骤

（1）混凝土构件测区布置。在混凝土构件的浇注侧面上选择 10 对相对测区（构件尺寸较小的可少于 10 对，但最少不能少于 5 对）每对测区中心点连线要与测试面垂直，避开蜂窝、麻面的部位，避开预埋件。测区均匀分布，每个测区尺寸为 200mm×200mm。

（2）回弹值的测量。将回弹仪垂直于混凝土表面，进行弹击，每对测区弹击 16 个点（每边 8 个回弹值测点），相邻两测点的间距不宜小于 30mm。回弹测试时要求回弹仪的轴线应与试块侧面保持垂直，同一测点只允许弹击一次。每一测点的回弹值，测读精确度至

1。将测试数据记录在表 1-1-6 中。

表 1-1-6　　回弹值记录表

测区	回弹值 R_i															
	1	2	3	4	5	6	7	8	9	10	11	12	13	14	15	16
1																
2																
3																
4																
5																
6																
7																
8																
9																
10																

（3）声时值测点布置。在每对测区中选择 3 对测点作为超声测点，要求每对测点的中心连线与测试面垂直，并测量超声测距 L。

（4）超声波声时值的测量。将涂上耦合剂的发射和接收换能器放置在选取的测点上，发射电压置于 200V 上，打开"增益"，并调节"粗调"旋钮，使示波器上有波形显示，再调节"增益"旋钮，使首波波形高度占屏幕总高度的 2/3，然后调节"细调"、"微调"旋钮使光标移动到接收波的起始处，读取显示器的数值，此数值即为超声波在混凝土中的传播时间（单位：10^{-6}s）。测试数据记录在表 1-1-7 中。声时测量应精确至 0.1×10^{-6}s，超声测距测量应精确至 1.0mm，且测量误差不应超过±1%。声速计算应精确至 0.01km/s。

表 1-1-7　　超声波声时值记录表

测　区	测距 L（mm）	测点传输时间 t_m（10^{-6}s）		
		t_1	t_2	t_3
1				
2				
3				
4				
5				
6				
7				
8				
9				
10				

（5）平面式换能器声时初读数（t_0）的测量。采用仪器出厂时附带的标准棒进行直接测量。方法是：将涂有耦合剂的收、发换能器辐射面与标准棒两端面耦合好，调节仪器，使声时显示值与标准棒的标注声时值相吻合即可。此时的声时初读数已在仪器中被扣除，即 $t_0=0$。

（五）混凝土强度的推定

1. 平均回弹值的计算

测区回弹代表值应从该测区的 16 个回弹值中剔除 3 个较大值和 3 个较小值，根据其余 10 个有效回弹值按下列公式计算。

$$R=\frac{1}{10}\sum_{i=1}^{10}R_i \tag{1-1-14}$$

式中：R 为测区有效回弹值的平均值，精确至 0.1；R_i 为第 i 个测点的有效回弹值。

2. 超声波波速的计算

各测区声速按下列公式计算：声速计算应精确至 0.01km/s。

$$v=\frac{1}{3}\sum_{i=1}^{3}\frac{l_i}{t_i-t_0} \tag{1-1-15}$$

式中：v 为测区混凝土中声速代表值，km/s；l_i 为第 i 个测点的超声测距，mm；t_i 为第 i 个测点的声时读数，10^{-6}s；t_0 为声时初读数，10^{-6}s。

3. 测区混凝土抗压强度换算值 $f^c_{cu,i}$ 的计算

根据所计算的回弹值和超声波波速在《超声回弹综合法检测混凝土强度技术规程》（CECS 02：2005）的附录 C（碎石）中查测区混凝土强度换算表，查表的另一目的是校验回弹值和声速值的对应关系，以保证数据测试的准确性。也可按下面的公式计算。

当粗骨骨料为碎石时

$$f^c_{cu,i}=0.0162(v_i)^{1.656}(R_i)^{1.410} \tag{1-1-16}$$

式中：$f^c_{cu,i}$ 为第 i 个测区混凝土抗压强度换算值，MPa，精确至 0.1MPa。

当结构或构件中的测区数不少于 10 个时，各测区混凝土抗压强度换算值的平均值和标准差应按下列公式计算。

$$m_{f^c_{cu}}=\frac{1}{n}\sum_{i=1}^{n}f^c_{cu,i} \tag{1-1-17}$$

$$s_{f^c_{cu}}=\sqrt{\frac{\sum_{i=1}^{n}(f^c_{cu,i})^2-n(m_{f^c_{cu}})^2}{n-1}} \tag{1-1-18}$$

式中：f^c_{cu} 为结构或构件第 i 个测区的混凝土抗压强度换算值，MPa；$m_{f^c_{cu}}$ 为结构或构件测区混凝土抗压强度换算值的平均值，MPa，精确至 0.1MPa；$s_{f^c_{cu}}$ 为结构或构件测区混凝土抗压强度换算值的标准差，MPa，精确至 0.01MPa；n 为测区数，对单个检测的构件取一个构件的测区数，对批量检测的构件取被抽检构件测区数之总和。

4. 混凝土抗压强度 $f_{cu,e}$ 的推定

结构或构件混凝土抗压强度推定值 $f_{cu,e}$ 应按下列规定确定。

（1）当结构或构件的测区抗压强度换算值中出现小于 10MPa 的值时，该构件的混凝

土抗压强度推定值 $f_{cu,e}$ 取小于 10MPa。

(2) 当结构或构件中测区数少于 10 个时

$$f_{cu,e}=f^{c}_{cu,\min} \tag{1-1-19}$$

式中:$f^{c}_{cu,\min}$ 为结构或构件最小的测区混凝土抗压强度换算值,MPa,精确至 0.1MPa。

(3) 当结构或构件中测区数不少于 10 个或按批量检测时

$$f_{cu,e}=m_{f^{c}_{cu}}-1.645s_{f^{c}_{cu}} \tag{1-1-20}$$

本次试验按单个构件处理,取最小的测区混凝土抗压强度换算值作为该构件的混凝土强度推定值。

(六) 编写试验报告

根据检测的内容,编写完整的试验报告。报告内容包括:试验任务、试验步骤、原始数据、成果整理等内容。

(七) 注意事项

(1) 参加做试验的同学必须提前预习,按时到达实验室。

(2) 认真听从指导教师讲解,严格遵守操作规程,以免损坏仪器设备。坚持先弄懂后操作的原则。保证试验安全进行。

(3) 试验完毕后,应将设备和仪器擦拭干净,并恢复到原来正常状态。

(八) 预习要求

(1) 了解回弹仪及非金属超声波检测仪的基本工作原理。

(2) 熟悉超声—回弹综合法检测混凝土强度试验过程。

(3) 掌握混凝土构件声学参数计算和强度的推定方法。

五、超声法检测混凝土内部空洞和浅裂缝深度

(一) 目的要求

(1) 掌握超声法检测混凝土不密实区和空洞的基本原理和方法。

(2) 掌握超声波平测法测定混凝土浅裂缝深度的基本原理和方法。

(二) 基本原理

采用超声波检测混凝土结构缺陷的基本原理是,利用脉冲波在技术条件相同(指混凝土的原材料、配合比、龄期和测试距离一致)的混凝土中传播的时间(或速度)、接收波的振幅和频率等声学参数的相对变化,来判定混凝土的缺陷。由于超声脉冲波传播速度的快慢与混凝土的密实程度有直接关系,对于原材料、配合比、龄期及测试距离一定的混凝土来说,声速高则混凝土密实,相反则混凝土不密实。当有空洞或裂缝存在时,便破坏了混凝土的整体性,超声脉冲波只能绕过裂缝或空洞传播到接收换能器,因此传播路程增大,测得的声时必然偏长或声速降低。

另外,由于空气的声阻抗率远小于混凝土的声阻抗率,脉冲波在混凝土中传播时,遇到蜂窝、空洞或裂缝等缺陷,便在缺陷界面发生反射和散射,声能被衰减,其中频率较高的成分衰减更快,因此接收信号的波幅明显降低,频率明显减小或者频率谱中高频成分明显减少。再者经缺陷反射或绕过缺陷传播的脉冲波信号与直达波信号之间存在声程和相位差,叠加后互相干扰,致使接收信号的波形发生畸变。

根据以上原理,可以利用混凝土声学参数测量值和相对变化,综合分析判别其缺陷的

位置和范围，或者估算缺陷的尺寸。

（三）检测设备及材料

（1）CTS—25 非金属超声波检测仪。

（2）内部有空洞的混凝土构件一块。

（3）带裂缝的混凝土构件一块。

（4）耦合剂（黄油或凡士林）、卷尺、钢直尺等。

（四）超声法检测混凝土内部空洞

1. 超声法检测混凝土内部空洞的基本方法

（1）采用平面对测法进行混凝土内部空洞的检测。

（2）结构被测部位应具有两对平行表面，在两对平行表面被测部位分别画出网格，并逐点编号，如图 1-1-19 所示。

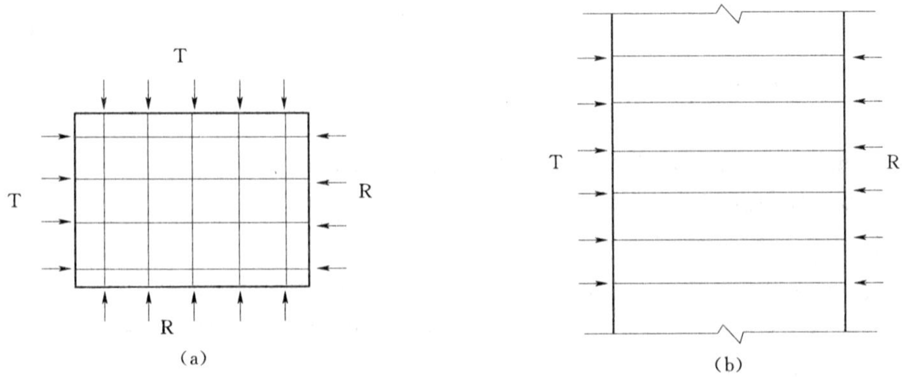

图 1-1-19 平面对测法换能器布置示意图

（a）平面图；（b）立面图

（3）表面处理。超声测点处表面必须平整、干净。对于不符合测试条件的需要进行打磨等必要的处理。

（4）分别在两对互相平行的表面上定出相对应测点的位置，可采用一对厚度振动式换能器，然后将 T、R 换能器分别涂上耦合剂后置于对应测点上，逐点读取相应的声时、波幅、频率和测距。

2. 数据处理及判定

由于混凝土本身的不均匀性，即使是没有缺陷的混凝土，测得的声时、波幅等声学参数值也会在一定范围内波动，更何况混凝土的原材料品种、用量及混凝土的湿度和测距等因素都不同程度地影响着声学参数值。因此，不可能确定一个固定的临界指标作为判断缺陷的标准，一般都利用统计方法进行判别。

统计学方法的基本思想在于，给定一置信概率（如 0.99 或 0.95），并确定一个相应的置信范围（如 $m_x \pm \lambda_1 S_x$），凡超过这个范围的观测值，就认为它是由于观测失误或者是被测对象性质改变所造成的异常值。如果在一系列观测值中混有异常值，必然歪曲试验结果。为了能真实地反映被测对象，应剔除测试数据中的异常值。

对于超声测缺技术来讲，认为一般正常混凝土的质量服从正态分布，在测试条件基本一致，且无其他因素影响的条件下，其声速、频率和波幅观测值也基本属于正态分布。在一系列观测数据中，凡属于混凝土本身质量的不均匀性或测试中的随机误差带来的数值波动，都应服从统计规律，在给定的置信范围以内。当某些观测值超过了置信范围，可以判断它是属于异常值。

在超声检测中，凡遇着读数异常的测点，一般都要检查其表面是否平整、干净或是否存在别的干扰因素，必要时还要加密测点进行重复测试。因此，应该说不存在观测失误的问题，出现的异常测值，必然是混凝土本身性质改变所致。这就是利用统计学方法判定混凝土内部存在不密实和空洞的基本思想。

（1）混凝土声学参数的统计计算。混凝土构件的同一测试部位声学参数的平均值和标准差应分别按下式计算。

$$m_x = \frac{1}{n}\sum x_i \tag{1-1-21}$$

$$S_x = \sqrt{\frac{\sum_{i=1}^{n} x_i^2 - n m_x^2}{n-1}} \tag{1-1-22}$$

式中：m_x、S_x 分别为某一声学参数的平均值和标准差；x_i 为第 i 点某一声学参数的测量值；n 为参与统计的测点数。

（2）异常值的判别方法。

1）将测区各测点的波幅（A_i）、频率（f_i）或由声时换算成的声速（v_i）按大小顺序排列为 $x_1 \geqslant x_2 \geqslant x_3 \geqslant \cdots \geqslant x_n \geqslant x_{n+1} \geqslant \cdots$，视排于后面明显小的数据视为异常值，将异常值中最大的一个连同其前面的数据按式（1-1-21）和式（1-1-22）进行平均值（m_x）和标准差（S_x）的计算。

2）以 $x_0 = m_x - \lambda_1 S_x$ 为异常值的判断值，当参与统计的异常值的最大值 x_n 小于 x_0 时，则 x_n 及排列于其后的参数值均为异常值。并且去掉 x_n，再用 $x_1 \sim x_{n-1}$ 进行计算和判断，直至判断不出异常值为止。若 $x_n > x_0$，说明 x_n 是正常值，应将 x_{n+1} 重新进行计算和判别，依次类推，直至判别不出异常值为止。其中 λ_1 为异常值判定系数，λ_1 按表 1-1-8 取值。

表 1-1-8　　统计数的个数 n 与对应的 λ_1、λ_2、λ_3 值

n	20	22	24	26	28	30	32	34	36	38
λ_1	1.65	1.69	1.73	1.77	1.80	1.83	1.86	1.89	1.92	1.94
λ_2	1.25	1.27	1.29	1.31	1.33	1.34	1.36	1.37	1.38	1.39
λ_3	1.05	1.07	1.09	1.11	1.12	1.14	1.16	1.17	1.18	1.19
n	40	42	44	46	48	50	52	54	56	58
λ_1	1.96	1.98	2.00	2.02	2.04	2.05	2.07	2.09	2.10	2.12
λ_2	1.41	1.42	1.43	1.44	1.45	1.46	1.47	1.48	1.49	1.49
λ_3	1.20	1.22	1.23	1.25	1.26	1.27	1.28	1.29	1.30	1.31
n	60	62	64	66	68	70	72	74	76	78
λ_1	2.13	2.14	2.15	2.17	2.18	2.19	2.20	2.21	2.22	2.23
λ_2	1.50	1.51	1.52	1.53	1.53	1.54	1.55	1.56	1.56	1.57
λ_3	1.31	1.32	1.33	1.34	1.35	1.36	1.36	1.37	1.38	1.39

续表

n	80	82	84	86	88	90	92	94	96	98
λ_1	2.24	2.25	2.26	2.27	2.28	2.29	2.30	2.30	2.31	2.31
λ_2	1.58	1.58	1.59	1.60	1.61	1.61	1.62	1.62	1.63	1.63
λ_3	1.39	1.40	1.41	1.42	1.42	1.43	1.44	1.45	1.45	1.45
n	100	105	110	115	120	125	130	140	150	160
λ_1	2.32	2.35	2.36	2.38	2.40	2.41	2.43	2.43	2.48	2.50
λ_2	1.64	1.65	1.66	1.67	1.68	1.69	1.71	1.73	1.75	1.77
λ_3	1.46	1.47	1.48	1.49	1.51	1.53	1.54	1.56	1.58	1.59

3）在某些异常测点附近，可能存在处于缺陷边缘的测点，为了提高缺陷范围判定的准确性，可对异常值相邻点进行的判别。按 $x_0=m_x-\lambda_2 S_x$ 计算异常值的判断值，进一步判别异常值（λ_2 值见表 1-1-8）。

（3）混凝土内部空洞尺寸的估算。设检测距离为 l，空洞中心（在另一对测试面上声时最长的测点位置）距一个测试面的垂直距离为 l_h，声波在空洞附近无缺陷混凝土中传播的时间平均值为 m_{ta}，绕空洞最大声时值为 t_h，空洞半径为 r，如图 1-1-20 所示。设 $X=(t_h-m_{ta})/m_{ta}\times 100\%, Y=l_h/l, Z=r/l$，根据表 1-1-9 查得空洞半径 r 与测距 l 的比值 z，再计算空洞的大致半径 r。

表 1-1-9　　空洞半径估算表

Y \ X, Z	0.05	0.08	0.10	0.12	0.14	0.16	0.18	0.20	0.22	0.24	0.26	0.28	0.30
0.10（0.90）	1.43	3.77	6.26										
0.15（0.85）	1.00	2.56	4.06	5.97	8.39								
0.20（0.80）	0.78	2.02	3.18	4.62	6.36	8.44	10.9	13.9					
0.25（0.75）	0.67	1.72	2.69	3.90	5.34	7.03	8.98	11.2	13.8	16.8			
0.30（0.70）	0.60	1.53	2.40	3.46	4.73	6.21	7.91	9.38	12.0	14.4	17.1	20.1	23.6
0.36（0.65）	0.55	1.41	2.21	3.19	4.35	5.70	7.25	9.00	10.9	13.1	15.5	18.1	21.0
0.40（0.60）	0.52	1.34	2.09	3.02	4.12	5.39	6.84	8.48	10.3	12.3	14.5	16.9	19.6
0.45（0.55）	0.50	1.30	2.03	2.92	3.99	5.22	6.62	8.20	9.95	11.9	14.0	16.3	18.8
0.50	0.50	1.28	2.00	2.89	3.94	5.16	6.55	8.11	9.84	11.8	13.3	16.1	18.6

当被测部位只有一对可供测试的表面时，只能按空洞位于测距中心考虑，空洞尺寸可按下式计算。

$$r=\frac{l}{2}\sqrt{\left(\frac{t_h}{m_{ta}}\right)^2-1} \tag{1-1-23}$$

式中：r 为空洞半径，mm；l 为 T、R 换能器之间的距离，mm；t_h 为缺陷处的最大声时值，10^{-6}s；m_{ta} 为无缺陷区的平均声时值，10^{-6}s。

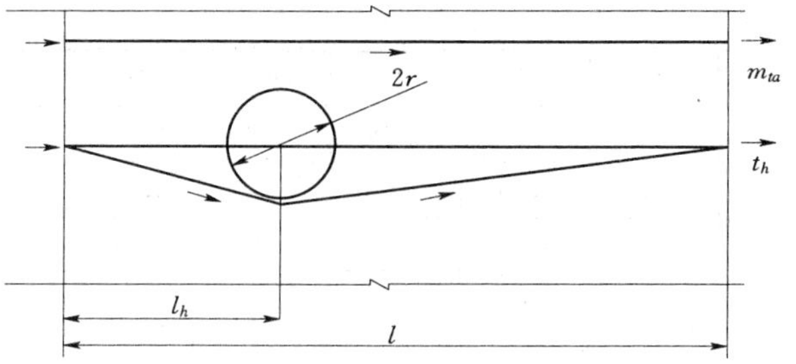

图 1-1-20 空洞尺寸估算模型示意图

（五）超声波检测混凝土浅裂缝深度

1. 超声波检测混凝土裂缝深度的基本原理

由于在混凝土超声检测中所用的是低频超声波，当换能器平置于裂缝两侧表面平测时，低频超声波又可以从裂缝尾端绕过而传播到接收换能器。严格地讲，也有极少部分声波经由混凝土表面穿裂缝而过。但由于换能器平置时，沿表面传播的能量本来微弱，再加上裂缝的反射，以致由表面直达的信号不能被显示出来，显示出来的是绕裂缝末端的信号。由于声波绕裂缝末端传播，其传播时间比经表面直达时大得多。根据声时增加的多少，由几何原理的推算即可确定裂缝的深度。

2. 混凝土浅裂缝检测方法

所谓浅裂缝，是指局限于结构表层、开裂深度不大于 500mm 的裂缝。当然实际检测工作中事先不会知道裂缝的深浅。一般情况下可根据结构物的断面尺寸和裂缝在结构表面的宽度，大致估计被测的是浅裂缝还是深裂缝。一般工程结构中的梁、柱、板和机场跑道出现的裂缝，都属于浅裂缝。

根据被测结构的实际情况，浅裂缝检测方法可分为单面平测法和对穿斜测法。

当结构的被测部位只具有一个可供超声检测的表面，且裂缝深度在 500mm 以内时，可采用单面平测法进行检测。如混凝土路面、飞机跑道、洞窟建筑及其他大体积结构的浅裂缝都可用此方法进行检测。本次试验采用单面平测法。平测时应在裂缝的被测部位以不同的测距同时按跨缝和不跨缝布置测点（布置测点时应避开钢筋的影响）进行声时测量，其检测方法如下。

（1）不跨缝的声时测量。将涂有耦合剂的 T 和 R 换能器置于裂缝同一侧，以两个换能器内边缘间距 l' 等于 100mm、150mm、200mm、250mm、…时分别读取声时值 t_i，绘制时—距图（见图 1-1-21）或用统计的方法求出声时与测距两者之间的回归直线方程式。

$$l_i=a+bt_i$$

每个测点超声波实际传播的距离应为

$$l_i=l'_i+|a| \tag{1-1-24}$$

式中：l_i 为第 i 点的超声波实际传播距离，mm；l'_i 为 i 点的 R、T 换能器内边缘的间距，mm；a 为“时—距”图中 l' 轴的截距或回归方程式的常数项，mm。

不跨缝平测的混凝土声速值为

$$v=\frac{l'_n-l'_1}{t_n-t_1} \tag{1-1-25}$$

或 $$v=b$$

式中：v 为声速值，km/s；l'_n、l'_1 分别为第 n 点和第 1 点的测距，mm；t_n、t_1 分别为第 n 点和第 1 点读取的声时值，10^{-6}s；b 为回归系数。

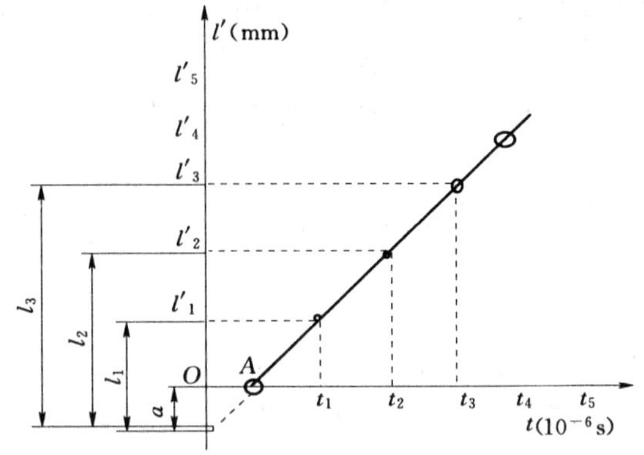

图 1-1-21　平测"时—距"图

(2) 跨缝的声时测量。如图 1-1-22 所示，将涂有耦合剂的 T、R 换能器分别置于以裂缝为轴线的对称两侧，两换能器中心连线垂直于裂缝走向，以 $l'=100$mm、150mm、200mm、250mm、300mm、…分别读声时值 t_i^0。

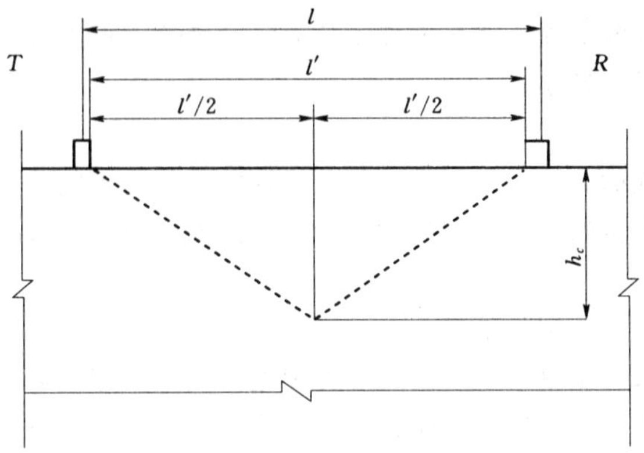

图 1-1-22　声波绕过裂缝示意图

(3) 在保持耦合良好的状态下，缓慢滑动 T、R 换能器同时观测接收信号的首波相位是否反相。

3. 裂缝深度的计算和确定

(1) 平测法的裂缝深度计算公式。各测点裂缝深度值和平均值按以下公式计算

$$h_{ci}=\frac{l_i}{2}\sqrt{\left(\frac{t_i^0 v}{l_i}\right)^2-1} \tag{1-1-26}$$

$$m_{hc}=\frac{1}{n}\sum_{i=1}^{n}h_{ci} \tag{1-1-27}$$

式中：h_{ci} 为第 i 点计算的裂缝深度，mm；t_i^0 为第 i 点跨缝平测的声时值，10^{-6}s；l_i 为不跨缝平测时第 i 点的超声波实际传播距离，mm；m_{hc} 为各测点计算裂缝深度的平均值，mm；n

为测点数。

（2）裂缝深度的确定方法。①跨缝测量中，当在某测距发现首波反相时，可用该测距及两个相邻测距的测量值按式（1-1-26）计算 h_{ci} 值，取此三点 h_{ci} 的平均值作为该裂缝的深度值 h_c；②在跨缝测量中如果未发现首波反相，则以不同测距按式（1-1-26）、式（1-1-27）计算 h_{ci} 及其平均值 m_{hc}。将各测距 l'_i 与 m_{hc} 相比较，凡测距 $l'_i < m_{hc}$ 或 $l'_i > 3m_{hc}$，应剔除该组数据，然后余下 h_{ci} 的平均值为该裂缝的深度值 h_c。

（六）编写试验报告

根据检测的内容编写完整的试验报告。报告内容包括：试验任务、试验步骤、原始数据、成果整理等内容。

（七）注意事项

（1）参加做试验的同学必须提前预习，按时到达实验室。

（2）认真听从指导教师讲解，严格遵守操作规程，坚持先弄懂后操作的原则。保证试验安全进行。以免损坏仪器设备。

（3）试验完毕后，应将设备和仪器擦拭干净，并恢复到原来正常状态。

（4）试验报告及试验资料的整理、分析由各同学独立完成。

（八）预习要求

（1）了解超声波检测混凝土结构缺陷的基本原理。

（2）了解混凝土不密区和空洞的超声波检测步骤以及数据处理及判定方法。

（3）了解超声波检测混凝土浅裂缝深度的方法和裂缝深度的计算和确定方法。

六、水工水力学模型试验

（一）试验目的

运用水工模型试验的方法，不仅可以论证设计中水工建筑物的安全性和合理性，而且还可以预见原型可能发生的现象，同时对设计时所依据的理论和技术前提进行论证，从而获得学理上的进步。

通过水工模型试验，达到如下目的。

（1）巩固所学泄水建筑物泄流方面的有关理论知识并加深理解。

（2）学习水工模型试验方法、操作技能、试验资料的整理与分析，锻炼和提高编写试验报告的能力。

（3）培养科学试验、实事求是、精益求精的工作作风。

（二）试验原理

水工模型主要遵循重力相似准则，即按弗劳德模型定律（重力相似定律）进行设计。原型与模型主要作用力为重力，略去次要影响力。

（1）几何相似。根据试验场地、供水能力，结合试验任务和要求选定模型长度比尺 L_r。

$$L_r = \frac{L_P}{L_M} \tag{1-1-28}$$

式中：L_P 为原型长度；L_M 为模型长度。

（2）运动相似。一般取重力相似比尺 $g_r = 1$，省去中间推导过程，得到下面运动相似的几个主要比尺。

$$\left.\begin{aligned}&\text{流量比尺 } Q_r=L_r^{2.5}\\&\text{流速比尺 } v_r=L_r^{\frac{1}{2}}\\&\text{时间比尺 } T_r=L_r^{\frac{1}{2}}\end{aligned}\right\}\qquad(1-1-29)$$

(3) 动力相似。教学模型试验中尚不涉及。

（三）试验模型及测试仪器设备

1. 试验模型

本次教学试验采用科研模型——新集水电站泄水闸水工单体模型，如图 1-1-23 所示。

(1) 工程概况。新集水电站位于汉江中游河段，湖北省襄樊市境内，坝址位于襄樊市襄城区的白马洞，上距已建成的王甫洲水利枢纽约 48km，下距正在建设的崔家营航电枢纽约 64km。是一座以发电、航运为主的Ⅱ等大（2）型工程。坝址控制流域面积 10.32 万 km^2。水库正常蓄水位 76.23m，水库总库容 4.218 亿 m^3。

泄水闸坝段长 420m，左侧布置长 972m 的左岸阶地土石坝和长 21m 的左岸土石坝。泄水闸右侧布置 20m 门库坝段，电站厂房坝段长 82.4m，安装场坝段长 49m，连接段土石坝长 90m，船闸坝段长 32m，船闸右侧为长 516m 的主河床土石坝。坝轴线总长 2202.4m，大坝坝顶高程 79.30m。

经比较，推荐泄水闸采用平底闸型，拟定闸底板高程为 63.20m。泄水闸共设 24 孔，每孔净宽 13.5m，中墩厚 3m，边墩厚 2.5m，溢流前缘总宽 324m。闸室底板上游设 15m 长的铺盖，板面高程 63.2m，上游端设齿槽。消力池下游设 50m 长混凝土板海漫，海漫前端水平段长 15m，顶面高程 62.3m，其后沿流向以 1：10 下降，斜坡段长度 35m。海漫末端设防冲槽，抛填块石至高程 58.8m，以防淘刷，防冲槽后以 1：2.5 的逆坡与河床相接。

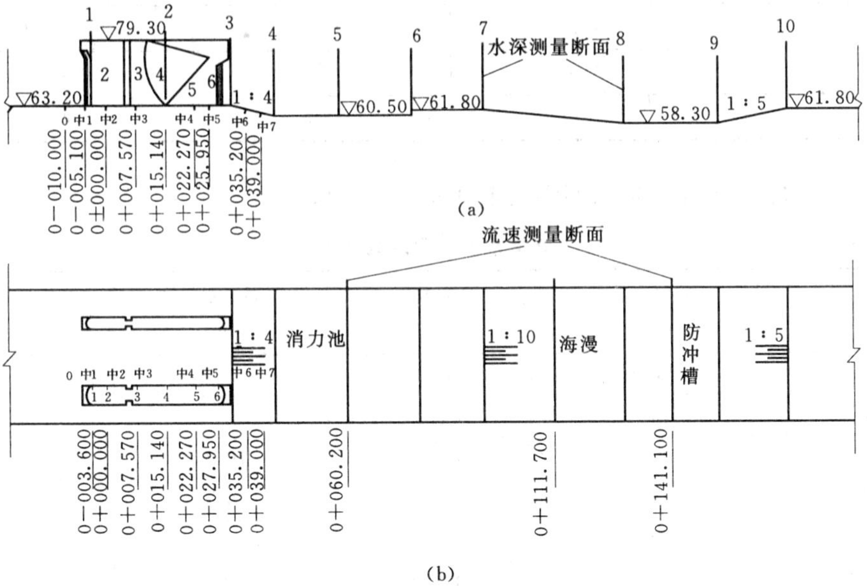

图 1-1-23 泄水闸单体模型纵剖面图及平面图（单位：m）
(a) 泄水闸单体模型纵剖面图；(b) 泄水闸单体模型平面图

新集水电站按山区丘陵区枢纽工程设计洪水标准为 100 年一遇洪水设计，相应洪峰流量 18700m³/s。校核洪水标准考虑上下游梯级衔接及规范规定，土石坝按照 1000 年一遇洪水校核，相应洪峰流量 38400m³/s，其中泄水闸的过流能力按照 30000m³/s（河段设计洪量 27000m³/s 加大 10%）进行设计。采取右岸主河床土石坝中预留非常溢洪道，当坝址来流量超过 30000m³/s 时，采用爆破扒口方式，由非常溢洪道宣泄 8400m³/s，以满足枢纽下泄 1000 年一遇 38400m³/s 校核洪峰流量要求。

新集水电站泄水闸下游消能防冲建筑物洪水标准按照山区丘陵区枢纽工程设计洪水标准确定为 50 年一遇洪水设计，相应设计洪量 17400m³/s。基岩的允许不冲流速 3.5m/s（岩石）、2.0m/s（河床砂砾石）。

（2）天然河道过流能力。坝址河道水位-流量关系见表 1-1-10。

表 1-1-10　　坝址河道水位-流量关系表

水位（m）	流量（m³/s）	水位（m）	流量（m³/s）
64	141	70	9430
64.5	237	70.5	11400
65	378	71	13600
65.5	566	71.5	16100
66	800	72	18900
66.5	1220	72.5	21900
67	1840	73	25200
67.5	2640	73.5	28600
68	3620	74	32300
68.5	4780	74.5	36100
69	6130	75	40300
69.5	7670	75.5	44600

（3）特征水位。新集水电站调洪成果见表 1-1-11。

表 1-1-11　　新集水电站调洪成果表

P（%）	洪峰流量（m³/s）	最大泄量（m³/s）	最高水位（m）	相应坝下游水位（m）
0.1	38400	38143	77.7	74.74
0.2	33700	32616	76.8	74.04
0.5	22300	22300	76.23	72.56
1	18700	18700	76.23	71.96
2	17400	17400	76.23	71.73
5	14900	14900	76.23	71.26
20	11200	11200	76.23	70.45

2. 测试仪器设备

试验中所用仪器设备及工具主要有电磁流量计、流速仪、测压牌、钢尺、卷尺、水准仪等。

（四）试验内容

（1）测量单孔泄流能力。

（2）测量指定部位压力。

（3）测量指定断面流速。

（4）测量指定断面水深。

（五）试验步骤

1. 准备工作

（1）试验课前必须预习试验指导书，熟悉原型基本资料，了解试验目的、内容和要求，并参阅水力学及水工建筑物教材相关内容。

（2）试验时请自备记录、计算或绘图用具（可用 Excel 工作表或 CAD 软件）。

2. 试验步骤

（1）泄流能力试验。

1）全开泄水建筑物弧形闸门（中间一孔，左侧半孔，右侧半孔），全开尾门。

2）从闭到开状态（即流量从小到大）逐步开启蝶阀到某个位置，待上游水位稳定后，记录电磁流量计（模拟水库来流量）显示读数（模型流量 Q_M）及上游水位测针读数（表 1-1-12）。

表 1-1-12　　泄流能力试验记录表

模型流量（m^3/s）	上游水位测针读数（cm）	上游水位（m）

记录者：________；　计算者：________；　　　　年　月　日

3）计算原型流量和上游水位以及相应流量系数，现场绘制水位-流量关系曲线（亦可采用 CAD 软件作图），以便及时发现和解决问题，然后将试验曲线与理论曲线进行比较，供设计单位参考。

根据试验场地、供水能力并结合试验任务和要求，选定模型长度比尺 $L_r=35$。经测量拟定，上游水位测针零点高程为 79.81m，下游水位测针零点高程为 60.67m，测压牌零点高程为 49.17m。

（2）压力测量。将测压牌水柱读数记入表 1-1-13 中。

表 1-1-13　　压力测量记录表

测点编号	测点桩号	测点高程（m）	测点位置	测压管读数（cm）
0	0－010.000	63.20	闸室前护底	
1	0－003.600	65.00	闸墩内侧	

续表

测点编号	测点桩号	测点高程（m）	测点位置	测压管读数（cm）
2	0＋000.000	65.00	闸墩内侧	
3	0＋007.570	65.00	闸墩内侧	
4	0＋015.140	65.00	闸墩内侧	
5	0＋022.270	65.00	闸墩内侧	
6	0＋027.900	65.00	闸墩内侧	
中1	0－005.100	63.20	闸室底板中	
中2	0＋000.000	63.20	闸室底板中	
中3	0＋007.570	63.20	闸室底板中	
中4	0＋022.270	63.20	闸室底板中	
中5	0＋025.950	63.20	闸室底板中	
中6	0＋035.200	62.25	闸室后坡	
中7	0＋039.000	61.30	闸室后坡	

（3）流速及水深测量。选定试验工况为设计水位及相应流量和下游水位。

1）水深 h_i。测量图示指定断面水深，将数据记入表 1－1－14 中。

表 1－1－14　　　水深测量记录表

测点断面	1—1	2—2	3—3	4—4	5—5
水深读数（cm）					
测点断面	6—6	7—7	8—8	9—9	10—10
水深读数（cm）					

记录者：＿＿＿＿＿；　计算者：＿＿＿＿＿；　　　　　　年　月　日

2）流速 V_i。测量图示指定桩号流速。仪器显示读数为模型流速，单位为 m/s，将数据填入表 1－1－15 中。

表 1－1－15　　　流速测量记录表

流量：＿＿＿＿m^3/s；　上游水位：＿＿＿＿m；　下游水位：＿＿＿＿m

桩　号	测线编号	模型测点流速（m/s）				原型垂线平均流速（m/s）	原型断面平均流速（m/s）
		部位	①	②	③		
0＋060.200	1	$V_{底}$					
		$V_{中}$					
		$V_{表}$					
	2	$V_{底}$					
		$V_{中}$					
		$V_{表}$					
	3	$V_{底}$					
		$V_{中}$					
		$V_{表}$					

续表

桩　　号	测线编号	模型测点流速（m/s）				原型垂线平均流速（m/s）	原型断面平均流速（m/s）
		部位	①	②	③		
0+111.700	1	$V_{底}$					
		$V_{中}$					
		$V_{表}$					
	2	$V_{底}$					
		$V_{中}$					
		$V_{表}$					
	3	$V_{底}$					
		$V_{中}$					
		$V_{表}$					
0+141.100	1	$V_{底}$					
		$V_{中}$					
		$V_{表}$					
	2	$V_{底}$					
		$V_{中}$					
		$V_{表}$					
	3	$V_{底}$					
		$V_{中}$					
		$V_{表}$					

记录者：＿＿＿＿＿＿；　　计算者：＿＿＿＿＿＿；　　　　年　月　日

（4）水流流态。观察并描述该试验工况下建筑物沿程水流流态（可进行拍照和摄像描述）。

（六）数据处理及成果分析

1. 溢流堰泄流能力试验

溢流堰堰顶高程为1176.35m，净宽32m，分4孔布置，每孔净宽8m，每孔设8m×5m弧形钢闸门控制泄流量。堰面采用三圆弧驼峰堰b型，上游堰高 $P_1=1$m，中圆弧半径 $R_1=1.05$m，上、下圆弧半径 $R_2=4$m，总长度 $L=6$m。闸墩上游为弧形，墩厚为2m，半径 $R=1$m。

（1）模型流量按比尺关系换算成原型流量。

（2）上游水位按下式计算

$$Z_u=\frac{上游测针读数（cm）}{100}\times L_r+上游测针零点高程（m）$$

（3）流量系数可通过下列实用堰计算公式反演

$$Q=\varepsilon_1\sigma_s mnb\sqrt{2g}H_0^{3/2} \qquad (1-1-30)$$

式中：ε_1为侧收缩系数（无侧收缩$\varepsilon_1=1$）；σ_s为淹没系数（试验自由泄流时，$\sigma_s=1$）；m为流量系数；n为孔数；b为单孔净宽；H_0为堰上全水头（堰上水头与行近流速水头之和）。

分别将计算结果填入表1-1-16中，并与表1-1-11数据在同一图上绘制水位—流量关系曲线。

表1-1-16　　泄流能力成果表

流量（m^3/s）	上游水位（m）	流量系数m	备　注

2. 压力计算成果

（1）将表1-1-13中测压管读数换算成原型压力并填入表1-1-17。

表1-1-17　　压力测量成果表

测点编号	测点桩号	测点高程（m）	测点位置	压力（MPa）

（2）计算表1-1-14原型各处水位（或水深）并绘制水面线。

（3）计算表1-1-15垂线平均流速和断面平均流速，绘制流速分布线。

（4）综合分析成果并论述水闸设计的合理性，提出修改意见或建议。

（5）编写并提交试验报告（报告中必须含有表1-1-16和表1-1-17数据以及泄流能力曲线、沿程水面线、流速分布线）。

第二节　《水电站》课程实（试）验

一、水轮机形式及构造的认识

（一）目的和要求

（1）通过模型水轮机的参观和讲解，了解各种型号水轮机各主要部件的名称、构造、作用以及它们的相对位置。

（2）对水轮机各主要部件及其整体结构建立初步的感性认识。要求看到实物或模型能说出各主要部件的名称，看到机组的立面图、剖面图能分辨出各主要部件的位置和构造形式。

（二）参观内容

主要是了解反击式水轮机（混流式和轴流式）及水斗式水轮机的主要构件及其构造。

（1）混流式水轮机。主要构件为：引水部件，包括蜗壳和座环；导水机构，包括导叶、拐臂、连杆、调节环和水轮机顶盖；能量转换部件，即转轮，包括上冠、轮叶、下环、泄水锥、减压孔、止漏环以及转轮主轴等；泄水部件，即尾水管，包括直锥形及弯肘形。

（2）轴流式水轮机。主要构件与混流式相同。重点了解引水部件如混凝土蜗壳的构造特点及转轮的构造（即轮叶、轮毂、支承盖、泄水锥及止漏环的位置）。

（3）水斗式水轮机。主要构件为进水机构（喷嘴、针阀）和转轮（斗叶、轮盘）两部分，此外还有机壳等。

（4）水力发电厂。参观装有混流式机组的厂房整体模型，了解水轮机各过流部件在厂房中的相对位置及构造，并通过模型水轮发电机组的放水、发电演示，了解水能转换成旋转机械能并进而转换为电能的全过程。

（三）注意事项

（1）本次参观实习，重点是认识各种型式水轮机的构造、作用及各部件间的相对位置。

（2）要特别弄清水轮机各过流部件水流的运动路线。

（3）应有比较地进行参观，注意各种水轮机在构造上的差别及特点。

（4）应特别注意水轮机转轮进出口的位置及各种水轮机标称直径 D_1 的表示方法和含义。

（5）对水电站厂房的结构及设备布置只作一般了解，目的是建立感性认识。重点是了解水轮机各过流部件在厂房中的相对位置及构造。

（四）课外作业

（1）反击式水轮机及水斗式水轮机各由哪些主要部件组成？它们的功用、相对位置及构造特点是什么？

（2）以混流式水轮机为例，说明水流从上游水库经压力水管、水轮机各过流部件直到下游河道的过流过程。

（3）分别指出图 1-2-1 所示的水轮机转轮结构图中各种编号部件的名称。

（4）试比较混流式、轴流式和水斗式水轮机各主要部件（包括引水机构、导水机构、工作部件、泄水部件等）的特点及适用条件。

二、混流式水轮机性能试验

（一）试验目的

掌握水轮机模型试验的原理及基本操作方法，了解混流式水轮机的能量特性。

（二）试验要求

（1）绘制以单位转速 n'_1、单位流量 Q'_1、单位出力 N'_1 表示的，以开度 a 为参数的水轮机转速特性曲线：$N'_1 = f(n'_1, a)$，$Q'_1 = f(n'_1, a)$ 及效率 $\eta = f(n'_1, a)$。

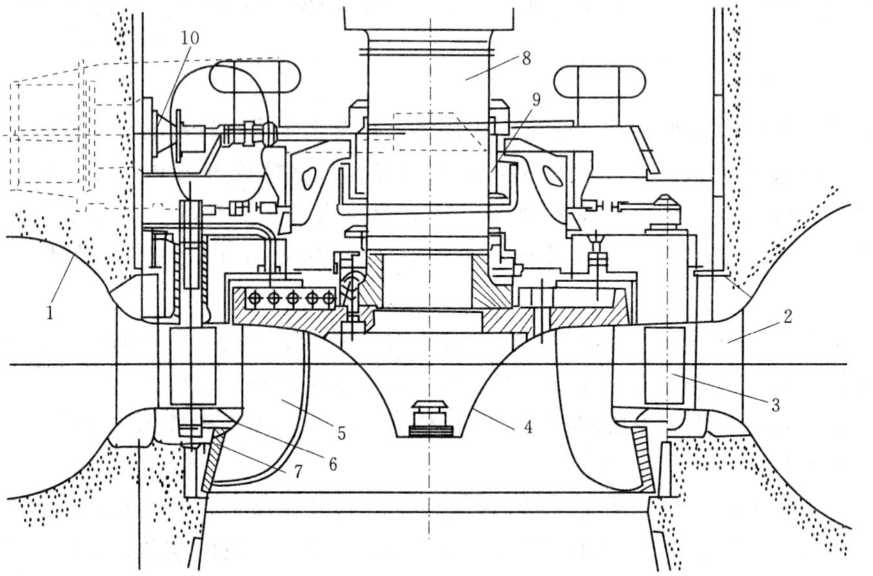

(a)

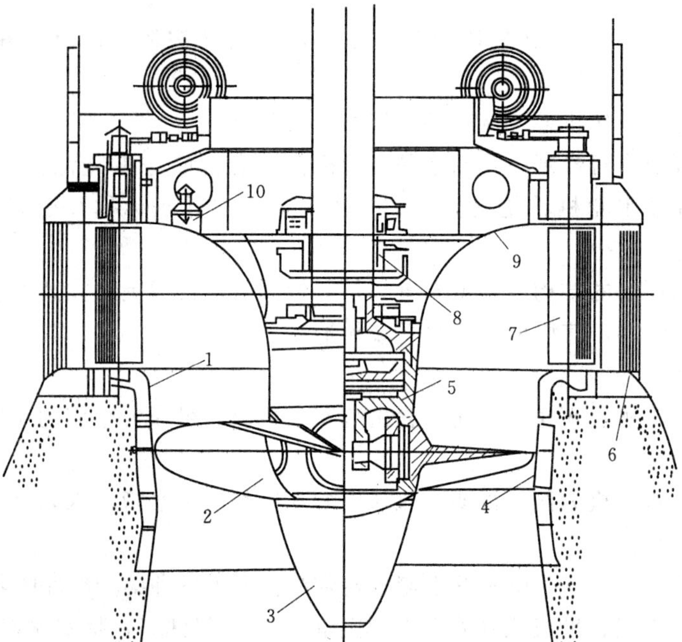

(b)

图 1-2-1 水轮机转轮构造

(a) 混流式;(b) 轴流式

(2) 绘制实验水轮机的主要综合特性曲线。绘制曲线时要选用适当的比例尺,将试验所得的原始数据通过水轮机相似律公式转换为单位工作量后,清楚地点绘在坐标纸上,并连成光滑曲线。

（三）试验装置及试验设备

试验装置如图 1-2-2 所示。所使用的仪器和设备如下。

（1）转轮直径为 D_1 的混流式水轮机。

（2）压力表：测定水轮机前的水头。

（3）测功器：测定水轮机的输出功率。

（4）砝码：测定制动负荷 P。

（5）量水堰：测定水轮机的过水流量。

（6）转速传感器、数字式转速表：测定转速。

（7）水位测针：测定尾水位，以求算压力表中心高程至尾水位的高度 H'。

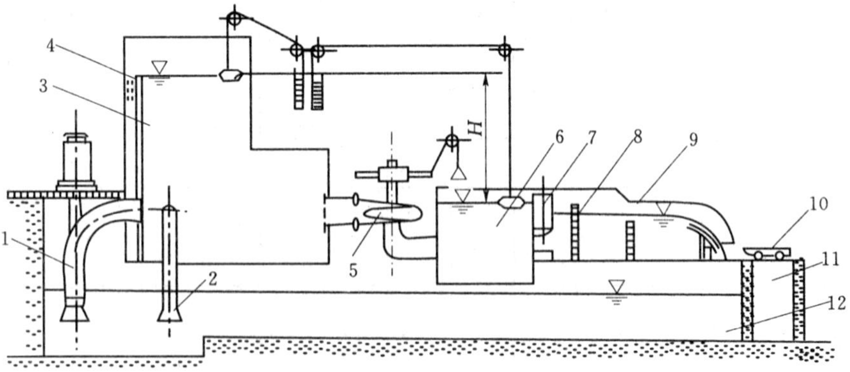

图 1-2-2 混流式水轮机能量试验装置示意图

1—水泵；2—旁通管；3—压力水箱；4—溢流板；5—模型水轮机；6—尾水箱；7—调节栅；8—稳流栅；9—测流槽；10—截流小车；11—流量率定槽；12—集水池

（四）试验步骤

（1）将导叶的开度置于全开位置，并放松皮带测功器（使处于空载状态），供水管路及阀门全部打开，待水轮机的工作状态趋于稳定后（即转速不变）同时记录水轮机转速、压力表读数、尾水测针读数和尾水位距压力表中心的高度。此时的转速为水轮机的飞逸转速。

（2）保持导叶的开度不变（即全开），适当增加测功器上的负荷，此时水轮机的转速会降低，流量也发生了变化，等到水轮机在这个新的工况下稳定（转速不变）之后，同时记下水轮机转速、压力表读数、尾水测针读数、尾水位距压力表的中心高度及机械测功器闸块处于平衡位置时的荷重砝码 P。

（3）在导叶开度继续保持不变的情况下，逐渐加大测功器上的负荷，使水轮机转速逐渐降低，直到完全停转时为止。针对每一工况都应同时测定以上各种参数（大致应测量 8～10个不同工况下的参数）。这时，导叶全开的试验结束。

（4）松开测功器，改变导叶开度（一般从最小开度到最大开度之间选取 8～10 个开度），重复上述步骤。将试验数据记入表 1-2-1。

表 1-2-1 混流式水轮机性能试验实测记录

水轮机型号： 工作轮直径 D_1： cm 班号：

装置方式： 尾水管型式： 姓名：

三角堰零点测针读数： cm 压力表中心高程： m 记录人：

试验点编号	开度（%）	转速（r/min）	制动负荷（kg）	水头			流量			输入功率（W）	输出功率（W）	效率 η（%）	单位参数			备注
				压力表读数（kg/cm²）	尾水高度 H'（cm）	H（m）	测针读数（cm）	堰上水头（cm）	Q（L/s）				n'_1（r/min）	Q'_1（L/s）	N'_1（kW）	
1	2	3	4	5	6	7	8	9	10	11	12	13	14	15	16	17

试验完成日期： 指导教师：

（五）参数计算与测量

（1）流量 Q。利用90°三角堰测定，由 Q—h 曲线查出，也可按下列公式算出

$$Q=1.343h^{2.47} \tag{1-2-1}$$

式中：Q 为流量，L/s；h 为堰顶水头，cm。

（2）水轮机工作水头 H。从试验装置可以看出

水轮机工作水头 H=压力表读数（水柱高）+尾水位至压力表中心高度 H'

（3）水轮机的输出功率 N_T。

$$N_T=M\omega=9.81PL\frac{2\pi n}{60} \tag{1-2-2}$$

或

$$N_T=1.026PLn \tag{1-2-3}$$

式中：N_T 为输出功率，W；P 为砝码荷重，kg；L 为测功器臂长，m；n 为水轮机转速，r/min。

(4) 水轮机输入功率 N_0。

$$N_0=9.81QH \tag{1-2-4}$$

(5) 水轮机的效率 η。

$$\eta=\frac{N_T}{N_0}=\frac{\pi PLn}{30QH} \tag{1-2-5}$$

(6) 水轮机单位参数的计算。

单位转速： $$n'_1=nD_1/\sqrt{H} \tag{1-2-6}$$

单位流量： $$Q'_1=Q/(D_1^2\sqrt{H}) \tag{1-2-7}$$

单位出力： $$N'_1=N_T/D_1^2H\sqrt{H} \tag{1-2-8}$$

(六) 注意事项

(1) 试验前应详细阅读实验指导书，明确试验目的和要求，同时对试验装置及试验步骤应有很好的了解。

(2) 为了保证试验的正确性，对每一工作状态必须等完全稳定以后再测试，并且应在同一时间内测定上述各项数值。

(3) 试验分组进行，分工明确，注意相互配合，操作要认真，记录一定要及时整理，计算时要注意单位的换算。

(4) 注意安全，爱护仪器设备。

(七) 试验报告

应包括试验目的要求、试验方法步骤、试验原始记录与计算成果（列于表 1-2-1）以及特性曲线的绘制和分析等。

特性曲线要求至少有三个开度为参变量，分别绘制 $N'_1=f(n'_1,a)$，$Q'_1=f(n'_1,a)$，$\eta=f(n'_1,a)$，以及 $\eta=f(Q'_1,n'_1)$。

三、轴流定桨式水轮机性能试验

(一) 试验目的

通过试验掌握水轮机模型试验的原理及基本操作方法，了解轴流定桨式水轮机转速特性曲线的形态和性能。

(二) 试验要求

在水头不变的情况下，绘制以水轮机导叶开度 a 为参数的水轮机转速特性曲线：$\eta=f(n)$，$N=f(n)$ 及 $Q=f(n)$。绘制曲线时要选用适当的比例尺，将试验所得的原始数据清楚地点绘在坐标纸上，并连成光滑的曲线。

(三) 试验装置及试验设备

试验装置如图 1-2-3 所示。所使用的仪器和设备如下。

(1) 转轮直径为 D_1 的明槽立式轴流定桨式水轮机。

(2) 测功器：测定水轮机的输出功率，由皮带轮（直径 $d=20$cm）、弹簧秤及砝码组成。

(3) 量水堰：测定水轮机的过水流量，采用90°三角堰。

(4) 转速计：测定水轮机的转速，由测速传感器及数字式转速表组成。

(5) 木尺：标定水轮机工作水头。

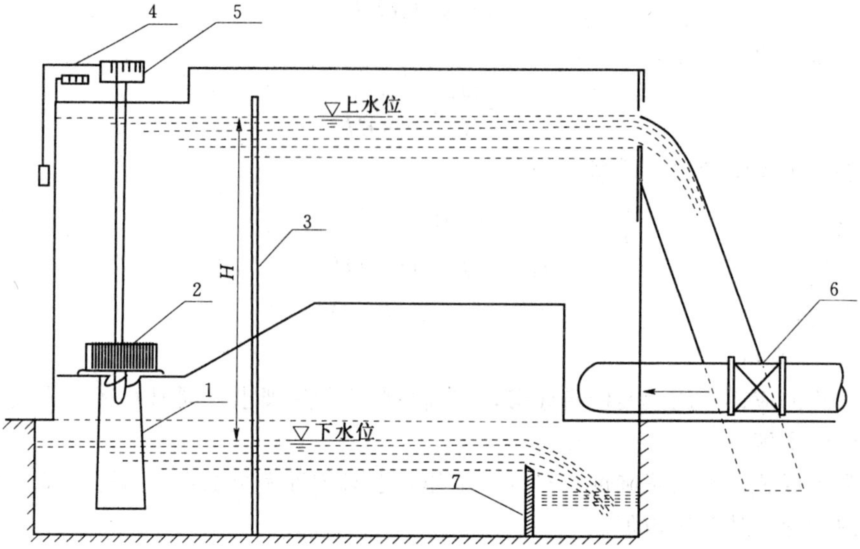

图 1-2-3 轴流定桨式水轮机试验装置示意图

1—尾水管；2—水轮机；3—木尺；4—测功器；5—皮带机；6—进水阀门；7—三角堰

（四）试验步骤

（1）将导叶的开度置于全开位置，并放松皮带测功器（使处于空载状态），控制进水阀门和溢流堰，使水轮机工作水头 H 在整个试验过程中保持常数，待水轮机的工作状态趋于稳定（即转速不变）后，同时记录水轮机转速、水轮机工作水头及尾水测针读数。此时的转速为水轮机的飞逸转速。

（2）保持导叶的开度不变（即全开），适当增加测功器上的负荷，此时水轮机的转速会降低，流量也将发生变化，等到水轮机在这个新的工况下稳定（转速不变）之后，同时记录水轮机的转速、尾水测针读数、弹簧秤读数 W_1 及砝码重量 W_2。

（3）在导叶开度继续保持不变的情况下，逐渐加大测功器上的负荷，使水轮机转速逐渐降低，直到完全停转时为止。针对每一工况都应同时测定以上各种参数（大致应测量8～10个不同工况下的参数）。这时，导叶全开的试验结束。

（4）松开测功器，改变导叶开度（一般从最小开度到最大开度之间选取 8～10 个开度），重复上述步骤。将试验数据记入表 1-2-2。

（五）参数计算与测量

（1）流量 Q：利用90°三角堰测定，由 $Q—h$ 曲线查出，也可按下列公式算出

$$Q=1.343h^{2.47} \qquad (1-2-9)$$

式中：Q 为流量，L/s；h 为堰顶水头，cm。

（2）水轮机的输出功率 N_T

$$N_T=9.81M\omega \qquad (1-2-10)$$

式中：M 为皮带轮的旋转力矩，kg·m；ω 为水轮机旋转角速度，rad/s。

表 1-2-2　　　　轴流定桨式水轮机性能试验实测记录

水轮机型号：　　　　　　　　工作轮直径 D_1：　　cm　　　　班号：

装置方式：　　　　　　　　　尾水管型式：　　　　　　　　　姓名：

水轮机工作水头：　　　　　　三角堰零点测针读数：　　cm　　记录人：

试验编号	开度（%）	转速（r/min）	制动负荷（kg）			流量（L/s）			输入功率（W）	输出功率（W）	效率 η（%）	备注
			W_1	W_2	$T=W_1-W_2$	测针读数（cm）	堰上水头（cm）	Q（L/s）				
1	2	3	4	5	6	7	8	9	10	11	12	13

试验完成日期：　　　　　　　　　　　指导教师：

设皮带机的切向受力为 T(kg)；皮带轮直径为 d(m)；因弹簧秤读数为 W_1(kg)；砝码重量 W_2(kg)；则有

$$T=W_1-W_2$$

$$M=Td/2$$

$$N_T=9.81T\frac{d}{2}\frac{2\pi n}{60}\text{（W）}=0.513Tdn \qquad (1-2-11)$$

式中：N_T 为输出功率，W；n 为水轮机转速，r/min。

（3）水轮机输入功率 N_0

$$N_0=9.81QH\text{（W）} \qquad (1-2-12)$$

（4）水轮机的效率 η

$$\eta=\frac{N_T}{N_0}=\frac{\pi Tdn}{60QH} \qquad (1-2-13)$$

（六）注意事项

（1）试验前应详细阅读试验指导书，明确试验目的和要求，同时对试验装置及试验步骤应有很好的了解。

（2）为了保证试验的正确性，对每一工作状态必须等完全稳定以后才能测试，尤其应注意水头 H 是否保持不变，并应在同一时间内测定上述各项数值。

（3）试验分组进行，分工明确，注意相互配合，操作要认真，记录一定要及时整理，计算时要注意单位的换算。

（4）注意安全，爱护仪器设备。

（七）试验报告

应包括试验目的要求、试验方法步骤、试验原始记录与计算成果以及特性曲线的绘制和分析等。

四、水击现象试验

（一）试验目的

（1）通过试验，增强对“水击现象”的感性认识，巩固和加深对课堂上讲授的基本水击理论的理解。

（2）了解输水系统中流量变化率、阀门关闭时间 T_s 和输水系统管道长度对水锤压力幅值的影响。

（二）试验要求

（1）试验前要预习教材中有关内容和试验大纲，了解试验的目的，要求和具体试验方法。

（2）试验时，要按照试验大纲规定的试验条件、步骤和操作方法进行。

（3）试验时要服从分工，各分工岗位要互相配合、协调一致、服从指挥。

（4）要遵守实验室有关规章制度，爱护公物，爱护试验设备。

（5）按照规定的时间和要求完成试验，每人提交试验报告一份。

（三）试验装置及试验设备

试验装置如图 1-2-4 所示，水流由循环水泵从地下水池抽到压力水箱，其水位由溢流堰控制，经过电磁流量计流入试验压力管道，最后从管道末端的流量控制阀门流到回水池，形成循环水流系统。所使用的仪器设备如下。

（1）钢管或铜管，长度为 L，直径为 D。

（2）电磁流量计，测定管道中的流量。

（3）压力传感器，测定管道中点和末端的压力。

（4）快速电动阀门，安装在管道末端控制流量，并模拟机组导叶的关闭或开启，由调速器控制，阀门关闭时间 T_s 可调节。

（5）计算机实时数据采集处理系统，获得水击现象中的压力和流量变化过程。

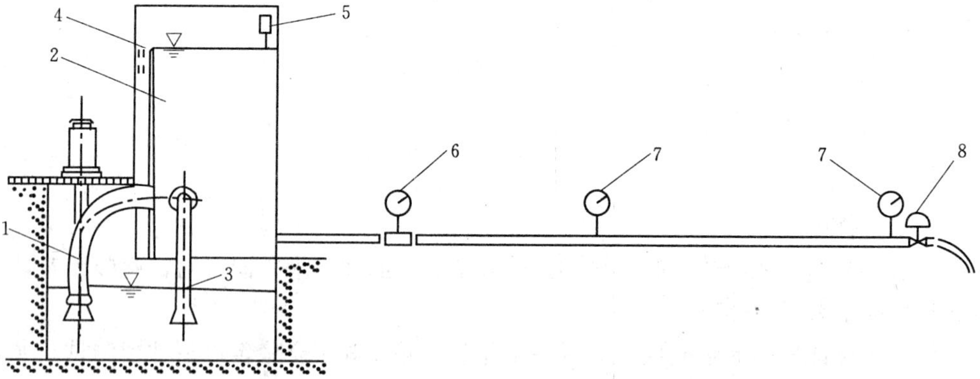

图 1-2-4 水击试验装置示意图

1—水泵；2—压力水箱；3—旁通管；4—溢流板；5—液位指示仪；6—流量计；7—压力传感器；8—快速电动阀门

（四）试验步骤

（1）对照试验装置图熟悉试验现场的试验设备，包括模拟水电站机组流量变化元件，水锤压力值动态量测的电测仪器及其使用方法。

（2）启动水泵，然后开启管道上所有阀门到最大开度，排除管道内气体。打开电测仪器进行预热。

（3）当系统流量稳定，电测仪器完成预热后，记录管道内流量、末端阀门的开度、各测点的初始压力。

（4）设定快速阀门关闭规律和关闭时间 T_s，然后进行阀门关闭的水击试验，将压力波动过程和流量变化过程存入相应的文件中。

（5）改变阀门的关闭规律关闭时间 T_s，重复以上过程（至少进行 3～4 组试验）。

（6）进行测试结果的对比分析，并撰写试验报告。

（五）试验原理

根据阀门关闭时间 T_s 和水击波传播的相长 $2L/a$（L 为管道长度，a 为水击波速）之间的关系，水击现象可以分为直接水击和间接水击。

（1）直接水击。若阀门关闭时间很快，即 $T_s<\frac{2L}{a}$，此时的水击称为直接水击。其水击压力计算公式为

$$\Delta H = H_{\max} - H_0 = -\frac{a}{g}(V - V_0) \tag{1-2-14}$$

（2）间接水击。若阀门关闭时间大于相长，即 $T_s\geqslant\frac{2L}{a}$，此时的水击称为间接水击。在阀门关闭采用直线关闭时，其水击压力计算公式与管道特性和初始开度有关，又可分为一相水击和末相水击。

管道特性常数 $\rho=\frac{aV_0}{2gH_0}$；水击特性常数 $\sigma=\frac{LV_0}{gH_0T_s}$；$\tau_0$ 为初始开度，当阀门全开时 $\tau_0=1$；V_0 为初始流速；H_0 为初始压力。

当 $\rho\tau_0<1$ 时发生一相水击，其计算公式为

$$\xi_1 = \frac{H_{\max} - H_0}{H_0} = 2\rho(\tau_0 - \tau_1\sqrt{1+\xi_1}) \approx \frac{2\sigma}{1+\rho\tau_0-\sigma} \tag{1-2-15}$$

当 $\rho\tau_0\geqslant 1$ 时发生末相水击，其计算公式为

$$\xi_m = \xi_i = -\rho\Delta\tau_i\sqrt{1+\xi_i} \approx \frac{2\sigma}{2-\sigma} \tag{1-2-16}$$

据此可算出最大水击压力，并与测试结果进行对比分析。

五、圆筒式调压室水位波动试验

（一）试验目的

（1）通过试验掌握调压室水位波动试验的基本技术并熟悉和了解试验所需各项设备的性能及构造。

（2）了解圆筒式调压室水位波动的特性以及影响水位波动过程的各种因素。

（二）试验要求

（1）记录和观察以下几种工况下调压室水位波动过程。

1）阀门全开→阀门全关。

2）阀门全关→阀门全开。

3）阀门25%开度→阀门全关。

4）阀门25%开度→阀门全开。

（2）比较各种水位波动过程的特性（着重了解影响波动衰减特性的各种因素）。

（三）试验装置及量测设备

试验装置如下图1-2-5所示，其量测设备及仪器如下。

（1）引水管道：长26m，直径10cm。

（2）调压室：圆筒式，直径40cm。

（3）平水箱：相当于上游水库通过溢流槽，可使水位保持不变。

（4）三角量水堰：测流量用，也可在管道上设置电磁流量计测试流量。

（5）快速闸门：采用电动蝶阀控制流量并实现快速开启和关闭。

（6）电容液面计：测量调压室水位波动过程的感应、传感元件。

（7）压力传感器及测试系统：用来记录水位波动过程。

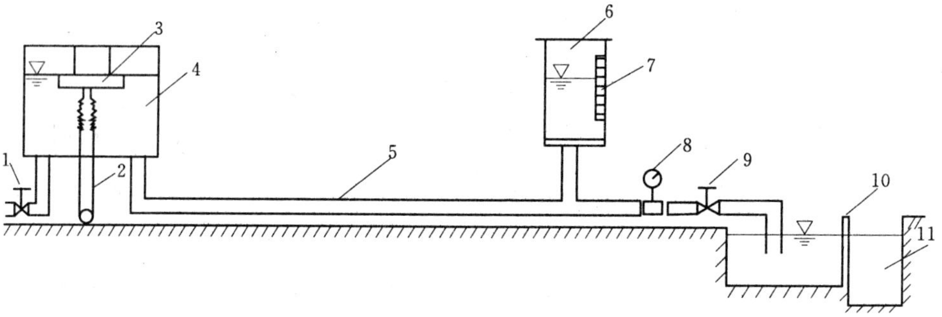

图1-2-5 圆筒式调压室水位波动试验装置示意图

1—进水阀门；2—溢水管；3—平水槽；4—压力水箱；5—引水管；6—调压室；7—标尺；8—流量计；9—快速阀门；10—量水堰；11—水池

（四）试验步骤

（1）开启进水管阀门，调节控制阀门的开度（甩负荷工况），待平水箱及尾水位稳定后，同时测定尾水测针读数及调压室中初始稳定水位值。

（2）开启压力传感器及测试系统。

（3）启动快速闸门（开启或关闭）。这时测试系统开始记录调压室水位波动，同时观察水位波动现象，并利用装置在调压室上的标尺读出水位波动的最高及最低值。

（4）待水位波动基本达到新的稳定状态后测量尾水测针读数（开启的情况下）及调压室中新的稳定水位值，至此即完成了一次水位波动试验。

（5）选择另一阀门开度值，按试验要求重复上述试验步骤，本次试验要求完成4种工况的水位波动过程。将试验数据记入表1-2-3。

表 1-2-3 **圆筒式调压室水位波动试验实测记录**

平水箱稳定水位： 三角堰零点测针读数： 班号：

调压室直径： cm 姓名：

引水管直径： cm 长度： m 记录：

点号	启闭情况	流量			调压室水位（cm）				振幅（cm）						水位波动现象简单描述
		测针读数（cm）	堰上水头（cm）	Q（L/s）	起始水位	最高涌浪	最低涌浪	最终水位	Z_1	Z_2	Z'_1	Z'_2	Z''_1	Z''_2	

试验完成日期： 指导教师：

（五）试验报告

内容应包括：

（1）4 种不同工况下水位波动过程的实测记录及水位波动现象的简单描述（如波动振幅大小，衰减快慢等）。

（2）根据实测记录及测试系统提供的水位波动图形绘制水位波动过程曲线，即 $z=f(t)$（要求按比例在方格纸上点绘）。

（3）分析并比较试验成果。水位波动特性可以从最高最低涌浪（即波动振幅）、波动周期及水位波动衰减快慢（可用振幅比值 z_1/z_2 反映）来描述，着重说明：

1）为什么全关时水位波动的衰减要比其他情况慢，并且很长时间才能消失？

2）为什么弃荷的流量愈小，衰减的程度也愈慢？

3）为什么增荷时水位没有显著的波动？

4）引水道水头损失的大小与调压室水位波动过程有什么关系？

（4）试用解析法计算阀门全开至阀门全关工况下的最高涌浪，并说明与实测成果相差的原因。

第三节　《水利工程施工》课程实（试）验

一、施工水力学模型试验

（一）试验目的

水利水电工程施工建设过程中，为了解决施工期复杂的水流控制问题，达到施工过程安全和合理、施工建设方案优化等目的，需要借助施工水力学模型试验进行研究。施工水力学模型试验即仿照施工期建筑物原型，按照相似准则将原型缩制成模型，通过试验来研究和改善施工期水流运动状况及建筑物的布置、型式和构造等。

本试验的目的是：

(1) 通过施工水力学模型试验，观测水流运动现象，认识施工水流条件的复杂性，验证所学有关施工导截流建筑物泄流、挡水时的水力学理论知识。

(2) 学习施工水力学模型试验的方法和操作技能。

(3) 学习施工水力学模型试验资料的整理分析方法，提高编写试验报告的能力。

(4) 培养认真细致的数据采集态度及严谨的科学分析作风。

（二）试验模型

施工水力学模型试验主要研究施工期水流问题，一般包括导流模型试验、截流模型试验、围堰（含过水围堰）模型试验等。本次选择截流模型进行试验，实验室供水系统主要由水池、水泵、流量计、试验模型组成。模型布置见图 1-3-1。

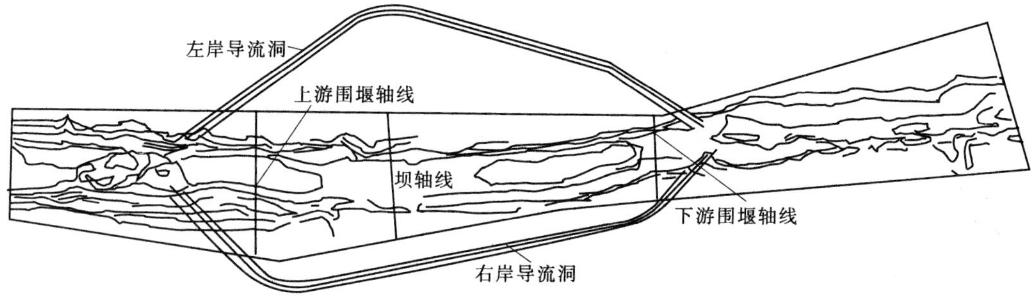

图 1-3-1　截流模型布置图

（三）试验原理

施工水力学模型试验与一般水工模型试验的基本要求相同。根据相似性要求，截流试验主要由重力相似律控制，模型在时、空方面都要与原型相吻合，以保证定床正态模型能够复演原型水流，要求模型与原型几何相似、运动相似、动力相似。一般情况下，模型按重力相似准则设计，并考虑阻力相似，模型设计中相关物理量的比尺如下。

模型几何比尺：λ_L

流量比尺：$\lambda_Q=\lambda_L^{2.5}$

单宽流量比尺：$\lambda_q=\lambda_L^{1.5}$

流速比尺：$\lambda_V=\lambda_L^{0.5}$

时间比尺：$\lambda_T=\lambda_L{}^{0.5}$

糙率比尺：$\lambda_n=\lambda_L{}^{1/6}$

（四）模型设计与测试设备

1. 模型设计

该模型的原型为一混凝土双曲拱坝，坝高305m，装机容量3300MW，正常蓄水位1880m，电站总库容77.7亿m^3，调节库容49.1亿m^3，属不完全年调节水库。

导流建筑物包括初期导流洞与上下游围堰，中、后期导流建筑物包括坝上开设的导流底孔以及永久放空深孔。初期左右岸导流洞进口高程1638.50m，出口高程为1634.00m，洞身为断面尺寸15m×19m（宽×高）的城门洞型。上下游围堰为土石围堰。上游围堰堰顶高程1691.50m，最大堰高64.5m。下游围堰堰顶高程1656.00m，最大堰高23m。导流底孔设置高程为1700.00m，孔口尺寸为5－6.5m×9m（数目－宽×高）。永久放空深孔平均孔口高程1780.00m，孔口尺寸为4－5.5m×6m（数目－宽×高）。

河道截流采用立堵进占方式，利用左、右岸初期导流洞过流。河道截流时间拟定为11月下旬，截流设计流量为11月下旬10年一遇旬平均流量（814m^3/s），计算截流最大落差4.76m。

模型比尺主要根据实验室的供水能力、场地大小、试验任务、水流相似等要求确定。本导截流模型选定正态模型，几何比尺为$\lambda_L=60$。模型按重力相似准则设计，并考虑阻力相似，模型设计中相关物理量的比尺如下：流量比尺$\lambda_Q=27885.48$，单宽流量比尺$\lambda_q=464.758$，流速比尺$\lambda_V=7.746$，时间比尺$\lambda_T=7.746$，糙率比尺为$\lambda_n=1.07$。

2. 测试设备

试验采用恒定流试验方法，用IFM4080K电磁流量计控制模型来流量。用HD－4B型电脑流速仪测量各测点的流速及流向，水位采用固定测针测量，水深采用活动测针结合钢尺测量。人工观察记录水流流态，并用数字摄像机（如DV等）记录。

（五）试验任务及要求

（1）观察截流戗堤进占不同情况下各区段水流流态及抛投物的稳定程度，描述戗堤垮塌范围和频率、抛投料的流失情况及流失量、原河床的冲刷情况。

（2）测量试验工况下预进占各区段水力学指标，缩窄河道平均流速、戗堤上、下游水位、戗堤边坡及河床流速分布及其他水流现象。

（3）测量龙口各区段最大平均流速、戗堤堤头和龙口的流速。

（4）根据模型试验成果绘制截流水力要素特性曲线。

（5）根据试验结果，分析选择合理的龙口位置及宽度。

（六）试验步骤

（1）选定试验工况，根据试验任务的要求，工况的选择结合给定的特征流量和本工程的实际情况，选取11月下旬$P=20\%$、10%，12月上旬$P=10\%$的旬平均流量进行截流模型试验。如表1－3－1所示。

（2）调节进水口来流量为试验工况，调节尾门，控制下游水位。

（3）在截流轴线处模拟堆渣，抛投石渣，抛投料水下堆成1∶1.4的上下游坡，戗堤进占方向边坡达1∶1.5～1∶1.6，预抛采用左右岸同时进占。

表 1-3-1　　**截流模型试验工况表**

工况	流量（m^3/s）	下游水位（m）	分流建筑物	备 注
J1	701	1640.32	两条隧洞分流	考虑截流过程中左、右坝肩同时下渣。水上堆渣模型边坡为 1∶1.4
J3	752	1640.50		
J5	814	1640.60		

注　下游水位导流洞出口下游 350m 断面的水位流量关系曲线中的水位控制。

(4) 观察进占至龙口戗堤顶口门宽 B_m 为何值时，进占料开始流失。测量预进占龙口流速。测量隧洞水力指标，记录水位、流速、施测部位。

(5) 继续向龙口抛投截流材料，直至合龙。记录不同龙口宽度下龙口水面线、流速分布、实际落差、水深。计算隧洞分流量。

（七）试验数据处理及成果分析

(1) 试验施测导流流量时，由测得的不同流量下的水位组成水位曲线，可以反映导流过程中隧洞的泄流能力。如图 1-3-2 所示，以水位为纵坐标，流量为横坐标，反映不同工况下的泄流能力。

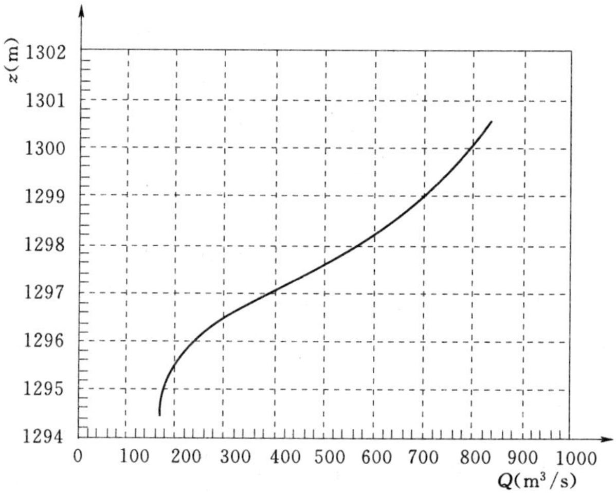

图 1-3-2　某模型导流过程中隧洞导流能力曲线

计算导流流量时，在水流平稳情况下对流速进行测量并记录于流速施测记录表（见表 1-3-2），测多条垂线，流速按垂线平均流速计算公式（1-3-1）计算，断面平均流速按式（1-3-2）计算。

$$v_m = \frac{1}{n}\sum_{i=1}^{n} V_i \tag{1-3-1}$$

式中：v_m 为垂线平均流速，m/s；n 为垂线上测点总数，$n=3$；V_i 为垂线上某测点的水流流速值，m/s。

$$\bar{v} = \frac{1}{A}\sum_{i=1}^{m} v_{m,k} \cdot A_k \tag{1-3-2}$$

式中：$\bar{v}$ 为断面平均流速，m/s；A 为过水断面面积，m^2；m 为过水断面上测流垂线的总条数；$v_{m,k}$ 为第 k 条垂线的平均流速，m/s；A_k 为第 k 条垂线所包围的过水断面面积，m^2。

表 1-3-2 **流速施测记录、计算表**

测线位置		水深 H (m)	J1 工况流速观测值 (m/s)									流速平均值 (m/s)		
			表 (0.2H)			中 (0.6H)			底 (0.8H)			表 (0.2H)	中 (0.6H)	底 (0.8H)
			1	2	3	1	2	3	1	2	3			
左岸隧洞进口（断面 1）	左													
	中													
	右													
右岸隧洞进口（断面 2）	左													
	中													
	右													
左岸隧洞出口（断面 3）	左													
	中													
	右													
右岸隧洞出口（断面 4）	左													
	中													
	右													

（2）截流时，测量龙口段特征水力参数。参数主要包括在不同流量和不同龙口宽度下的戗堤上下游水位、隧洞分流量、龙口分流量、龙口水深、龙口水底宽和龙口平均流速等，并将测得的数据汇总成表（见表 1-3-3），绘制截流参数曲线（如图 1-3-3 所示）。

表 1-3-3 **截流龙口水力学指标表**

来流量 (m^3/s)						
龙口宽 (m)						
戗堤上游 (m)						
戗堤下游 (m)						
戗堤落差 (m)						
隧洞分流量 (m^3/s)						
龙口分流量 (m^3/s)						
分流比 (%)						
龙口水面宽 (m)						
龙口过水底宽 (m)						
龙口最大水深 (m)						
龙口平均流速 (m/s)						
龙口处实测最大流速 (m/s)						
龙口平均单宽流量 [m^3/(s·m)]						
龙口平均单宽功率 [t·m/(s·m)]						

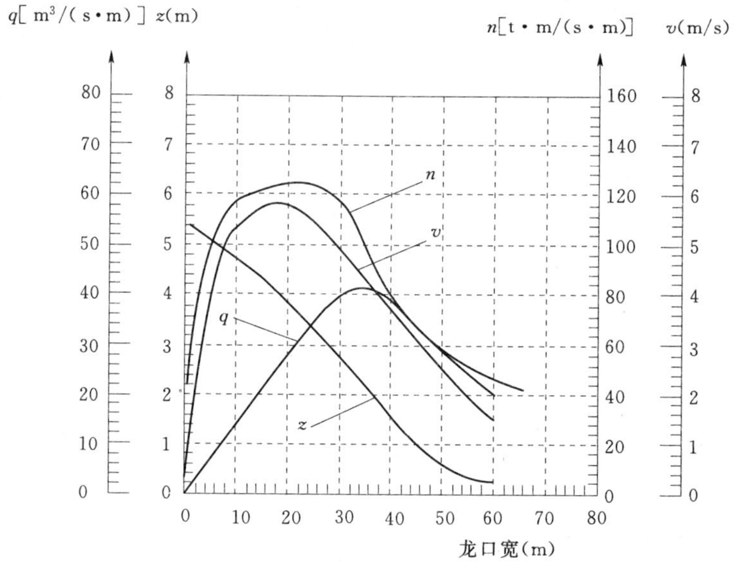

图 1-3-3　某模型截流过程中特定流量下随着龙口进占水力参数的变化曲线

v—平均流速；n—龙口平均单宽功率；z—龙口水深；q—龙口平均单宽流量

（3）观察流态及进占石渣稳定情况。观察隧洞进口流态及龙口处流态，使用照片（如图 1-3-4 所示）加文字描述的形式，包括隧洞进口水流是否平顺、入流流态、截流材料流失及堤头冲刷情况的描述，填写各工况流失料统计表，如表 1-3-4 所示。

表 1-3-4　各工况流失料统计表

工况	工况说明	进占方式	流量（m^3/s）	流失量（m^3）	流失比（%）

图 1-3-4　某模型龙口流态照片

（4）确定龙口分区备料。根据分析，填写龙口分区备料表，如表1-3-5所示。

表1-3-5 龙口分区备料表

龙口分区	Ⅰ	Ⅱ	Ⅲ	备注
龙口宽度（m）				
抛投料类型				
抛投料粒径（m）				
分区戗堤体积（万 m^3）				
备料系数				
分区备料量（万 m^3）				

二、水利水电工程爆破振动测试试验

（一）试验目的

现代水利水电工程中，大坝基础开挖、高陡边坡开挖、地下洞室群开挖、溢洪道及渠道开挖、水下岩石开挖、围堰等临时结构物拆除以及各种石料的开采等均离不开爆破技术。三峡、溪洛渡、向家坝、锦屏、小湾、白鹤滩、乌东德等一批大型、特大型水电站，这些工程无一例外地涉及大规模、高强度的高陡边坡以及地下洞室群的岩体爆破开挖。

随着爆破技术的广泛应用，人们越来越关注爆破有害效应对建（构）筑物和周围环境的影响，特别对公认的爆破有害效应之首——爆破振动引起的危害十分重视，因此，对爆破振动的研究一直是人们所关注的重要问题。为了有效地预测、控制爆破振动，对爆破振动进行准确的测试是关键的一步。通过对爆破振动进行测试，一是可以了解和掌握爆破地震波的特征、传播规律以及对建筑物的影响和破坏机理等；二是根据测试结果可及时调整爆破参数和施工方法，制定防震措施，指导爆破安全作业，避免或减少爆破振动的危害。

通过爆破振动测试试验，达到以下目的。

（1）了解爆破振动测试系统及测试原理。

（2）掌握爆破振动测试方法与要点。

（3）掌握爆破振动原始数据的记录方法，并能对原始数据进行初步分析，得到振动的幅值、主频率及衰减规律。

（4）能利用初步分析成果对爆破设计参数进行反馈分析。

（二）测试系统

爆破质点振动测试包括质点振动速度、加速度和位移测试。由于爆破质点振动速度与建（构）筑物的损伤破坏具有很好的相关性，因此目前工程上应用最多的仍是质点振动速度测试。以往，常用的爆破振动测试系统主要由三部分组成：感受振动信号并输出信号的传感器（拾振器）；完成信号放大或衰减的二次仪表（放大器）；记录信号的记录装置（光线示波器、磁带记录仪、瞬态记录仪等)。记录装置记录下信号再由人工或专门仪器对波形进行分析处理。这一测试系统在振动测试领域发挥了很大的作用，但也存在一些问题。如采用光线示波器作为记录仪器，采集的波形后期量化处理难度大，误差也大，而且记录下的波形保存时间短；磁带记录仪和瞬态记录仪在波形处理上也需要配接专用的分析仪器，使得测试系统价格昂贵。另外，传感器与放大器之间需用几十米或几百米的信号传输电缆连接，在测试准备工作中，不仅时间长、工作量大，而且由于敷设线路过长，也易出现系统误差。

经过多年的探索和努力，我国在爆破振动测试领域已基本形成了自己的观测系统和手段，在爆破监测技术方面已取得了较大进步，已基本与国际接轨。首先表现在测试仪器的突破上，随着电子技术、计算机技术以及网络技术的发展应用，研制出了轻便、灵活、操作简单、测试数据精确可靠、传输便捷的数字式测振仪器，同时也将数据采集技术以及处理软件向前推进了一大步，将测试数据的分析提高到了更精确的水平。过去使用的光学示波器因其不便于现场应用，现已基本淘汰，磁记录系统也因存在价格昂贵、体积庞大等缺点而逐渐被数字测振系统所替代。数字测振系统智能化程度高，其记录仪一般内置直流电源和放大器（省去了传统的二次仪表），省去了连接电缆及交流电，可以进行分散测量，使用更方便、可靠，抗干扰能力强，便于野外使用，而且所记录的数字化波形易于在计算机上进行分析以及数据共享，故数字测振系统已成为目前主流的测振设备。常规的振动测试系统框图如图 1－3－5 所示。

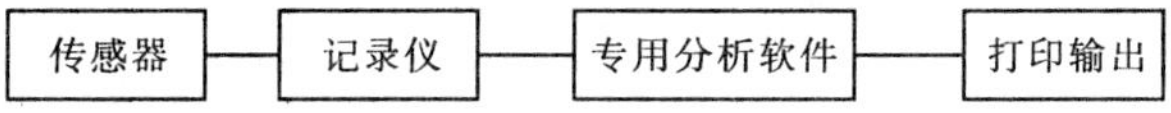

图 1－3－5　振动测试系统框图

其主要组成详述如下。

1. 传感器

传感器是反映被测信号的关键设备。目前国内爆破振动速度计主要是磁电式，其工作频带范围一般在 10～500Hz 之间，灵敏度 0.2～0.5V/(cm・s)，线圈最大限位 1.5～4mm，谐波失真≤0.2%，适用温度范围为－40～70℃。

国内生产速度传感器的厂家较多，可选的设备型号也较多，常用的主要有重庆地质仪器厂生产的 CDJ 系列传感器等。

2. 便携式数字振动记录仪

目前国内生产的爆破振动记录仪种类繁多，其中多为数字便携式，如四川拓普测控科技有限公司的 UBOX20016 和 TOPBOX508S 振动信号自记仪、成都中科测控有限公司的 TC－4850。其主要特点是均采用 12bit 以上精度的 A/D 转换，内置程控放大器及直流电源，可不带计算机独立测试，带自触发方式记录，具有掉电数据存储保护功能，多采用 USB 或网络接口与计算机进行数据传输，体积小，自重轻（低于 1kg)。另有部分为高速海量数据采集系统，主要用于高速大容量数据记录。

便携式爆破振动记录仪主要技术指标如下。

(1) 通道：1～4 通道可选，并行采集。

(2) A/D 精度：12～16bit。

(3) 前置放大：程控手动可选或自适应选择。

(4) 量程：±20V，部分带量程自动设置功能。

(5) 触发方式：带通阈值触发，内触发，外触发。

(6) 记录容量：128MB～1GB，可扩展。

(7) 采样速率：1～200kHz，多档可调。

(8) 直流精度：＜0.5%。

(9) 记录方式：可多次触发，自动记录，分段存储，单段、多段任意可调。

(10) 数据接口：RS232、USB2.0 接口、网络接口（支持 TCP/IP 协议）。

(11) 时间系统：内置 COMS 掉电保护时钟，能自动记录事件发生时刻并提供时间修改及校正时间功能。

(12) 供电模式：外接直流电源、内置锂电池（可充电）等多种供电模式，最大单次工作时间 4～30h。

(13) 实时显示：部分产品带 LCD，现场可直接设置采集参数以及快速浏览最大值、频率、电量等参数指标，或采用手持式数据采集终端可实现利用 PDA（掌上电脑）对设备的现场移动控制。

(14) 重量：≤1kg。

TOPBOX508S 振动信号自记仪的测试原理如图 1-3-6 所示。

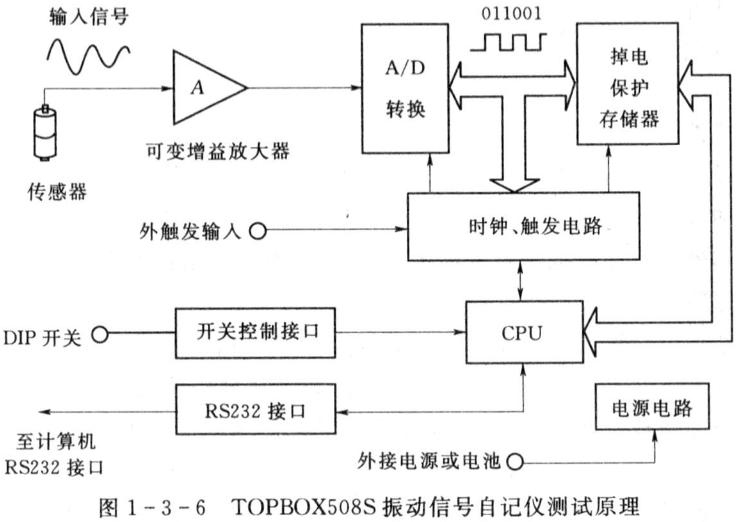

图 1-3-6 TOPBOX508S 振动信号自记仪测试原理

3. 分析软件

测试系统的好坏与测试方法的正确与否，直接关系到爆破振动测试的成败，而信号的分析处理则是把所采集的振动信号的特性和规律尽可能如实地反映出来。所以，这两个环节是标志一次爆破振动测试是否有效的关键所在，因而对测试分析软件的功能也有严格要求。目前配置的分析软件均是基于 Windows 操作平台开发的，主要功能包括通信、显示、分析处理、打印输出等，而且不同厂家的测试设备配备的均是专业的分析软件。分析软件主要处理功能一般包括以下几个方面。

(1) 基本处理功能。包括各通道最大值，主频的快速读取并迅速定位到波形，采样参数的快速浏览，定义文件、编辑数据内容以及转换生成十进制数据等。

（2）信号处理功能。包括各通道波形叠加、相减，分离显示，波形的拉伸（鼠标截选放大）、压缩，去直流等。

（3）频谱分析功能。包括 FFT 分析、功率谱分析等。

（4）数字滤波功能。包括低通、带通、带阻和高通滤波。

（5）积分、微分功能。包括频域积分（由加速度计算速度、位移）和频域微分（由位移计算速度、加速度）。

此外，部分产品还有安全判据功能以及数据回归分析功能等。

国内常用的测试系统包括四川拓普测控科技有限公司的 UBOX20016 测试系统、成都中科测控有限公司的 TC－4850 测试系统，以及加拿大的 MiniMate Plus 测振系统和美国 Mini－Seis Ⅰ 测振系统。

（三）测试方法与要点

爆破振动测试方法中的爆破振动监测主要通过以下步骤实现。

（1）仪器标定。

（2）实验检验。

（3）测点布置设计。

（4）设备调试。

（5）监测准备。

（6）现场测试。

（7）成果分析与整理。

（8）信息反馈。

应按监测设计要求布置测点，统一编号并绘制测点布置图。每一测点一般宜布置竖直向、水平径向和水平切向三个方向的传感器，经论证并有相关经历或经验的，也可只布置两个方向的传感器。当需获取爆破振动传播衰减规律时，测点至爆源的距离按近密远疏的原则布置，测点数应不少于 5 个。

传感器安装前，应根据测点布置情况对测点及其传感器进行统一编号。岩石介质或基础上的传感器安装应对基础表面进行清理、清洗，使速度传感器与被测目标的表面形成刚性连接。砂土质介质或基础上的传感器安装，应将传感器上的长螺杆全部插入被测介质内，使传感器与介质紧密连接。在传感器安装过程中，应严格控制每一测点不同方向的传感器安装角度，误差不大于 5°。内部测点传感器的充填材料的声阻抗应与被测介质相一致，可与静态观测仪器一同埋设。

现场测试前收集爆破规模、爆破方式、孔网参数及起爆网路等爆破参数。合理选择自触发设定值，设置的量程、记录时间及采样频率等应满足被测物理量的要求。应依据记录设备电源的待机时间，合理选择开机时间。无线测量时，应采用同步测试装置将多测点的自记系统相连接。

在进行爆破振动测试试验时，选择可靠、稳定、精度高且简便快速的仪器和方法监测，重点部位还应对同一效应量采取多种方法和仪器监测，以使成果相互验证。应以自动观测为主，人工观测为辅，保证观测数据连续可靠。

爆破振动测试要点主要有以下几个方面。

（1）测试系统在使用或运输过程中，某些部件会发生变化，某些电子元件也会随时间增加发生某些改变，它们将会引起仪器灵敏度或频率响应范围的变化，故应使用定期送检、处于标定有效期的仪器设备。其中敏感器件如传感器每年至少应标定一次，发现线性度偏差较大的一定要停止使用。

（2）测试系统记录设备的采样频率应大于 12 倍被测物理量的上限频率，其测量幅值范围应满足被测物理量的预估幅值要求。

（3）传感器的频率范围、量程、灵敏度等指标，各种拾振传感器都受其结构的限制而有其自身适用的范围，选用时需要根据被测系统的振动频率范围来选用。传感器频带线性范围应覆盖被测物理量的频率，其测量幅值范围也应满足被测物理量的预估幅值要求。此外，传感器选择时应力图使最重要的参数能以最直接、最合理的方式测得，例如考察惯性力可能导致的破坏或故障时，宜作加速度测量；考察振动环境时，宜作振动速度的测量。为保证真实反映被测对象的特征，除了传感器本身的性能指标要满足要求外，传感器的安装、定位极其重要，传感器必须与测点牢固结合在一起，否则在爆破振动时往往导致传感器松动、滑落，造成相对运动寄生二次振动，使振动信号失真。目前有关传感器的安装方法有不同意见，但无论在何种情形下进行测试，都要尽量保证传感器与地震波传播介质较好的耦合。

（4）传感器频带线性范围应覆盖被测物理量的频率，对被测物理量的频率范围进行预估可参照表 1-3-6。

表 1-3-6　被测物理量的频率范围　　单位：Hz

<table>
<tr><th>频率范围 / 爆破类型 / 监测项目</th><th>洞室爆破</th><th colspan="2">深孔爆破</th><th>地下开挖爆破</th></tr>
<tr><td rowspan="3">质点振动速度</td><td rowspan="3">2～50</td><td>近区</td><td>30～500</td><td rowspan="3">20～500</td></tr>
<tr><td>中区</td><td>10～200</td></tr>
<tr><td>远区</td><td>2～100</td></tr>
<tr><td>质点振动加速度</td><td>0～300</td><td colspan="2">0～1200</td><td>0～3000</td></tr>
</table>

（5）质点振动速度测试导线宜选用屏蔽电缆，质点振动加速度测试导线应选用专用屏蔽电缆。

（6）测试仪器设备应满足抗高（低）温、防潮及防水等测试环境要求。

（7）爆破振动信号属非平稳信号，需要从时间及频率等多个角度研究其特性。针对爆破振动这种变化剧烈的非平稳信号，采用具有信号自适应性以及更高频率分辨率、更好时频特性的分析方法，例如小波（包）分析法等应是更为有效的。

（四）数据处理及成果分析

每次监测后，都应填写爆破安全监测记录表（参见表 1-3-7）。需要进行爆破振动传播衰减规律分析时，测试记录应分别按垂直向、水平径向和水平切向，将振动峰值及其对应的频率输入分析系统进行处理，按一元或二元线性回归分析方法，分别求出垂直向、水平径向和水平切向爆破质点振动速度传播衰减规律。

在同一高程的爆破质点振动速度传播规律，按下式进行回归整理

$$v=K\ (Q^{1/3}/R)^{\alpha} \tag{1-3-3}$$

式中：v为质点振动速度，cm/s；K、α分别为与爆区至测点间的地形、地质条件有关的系数和衰减指数，由统计分析获得；Q为炸药量，kg，齐发爆破为总装药量，延时爆破为对应于v值时刻起爆的单段药量；R为测点至爆源的距离，m。

表1-3-7　　爆破振动监测记录表

<table>
<tr><td>起始时间</td><td colspan="5">年　月　日　时　分　秒</td><td colspan="2">天　气</td><td colspan="2"></td></tr>
<tr><td>爆破位置</td><td colspan="9">X=　m　Y=　m　H=　m</td></tr>
<tr><td rowspan="3">爆破参数</td><td colspan="2">孔数：</td><td colspan="2">孔深：</td><td>孔距：</td><td colspan="4">排距：</td></tr>
<tr><td colspan="9">单孔装药量：　kg　最大段药量：　kg　总装药量：　kg</td></tr>
<tr><td colspan="9">孔内雷管：　孔间雷管：　排间雷管：　分段数：</td></tr>
<tr><td rowspan="10">监测数据</td><td>测点号（位置）</td><td>爆心距</td><td>仪器编号</td><td>水平切向振速（加速度）(m/s²)</td><td>频率(Hz)</td><td>竖直向振速（加速度）(m/s²)</td><td>频率(Hz)</td><td>水平径向振速（加速度）(m/s²)</td><td>频率(Hz)</td></tr>
<tr><td rowspan="4"></td><td rowspan="4">X=　m
Y=　m
H=　m</td><td rowspan="4"></td><td></td><td></td><td></td><td></td><td></td><td></td></tr>
<tr><td>合速度(m/s)</td><td>最大位移(m)</td><td colspan="2">最大加速度(m/s²)</td><td colspan="2">相应频率(Hz)</td></tr>
<tr><td></td><td></td><td colspan="2"></td><td colspan="2"></td></tr>
<tr style="display:none"></tr>
<tr><td>测点号（位置）</td><td>爆心距</td><td>仪器编号</td><td>水平切向振速（加速度）(m/s²)</td><td>频率(Hz)</td><td>竖直向振速（加速度）(m/s²)</td><td>频率(Hz)</td><td>水平径向振速（加速度）(m/s²)</td><td>频率(Hz)</td></tr>
<tr><td rowspan="3"></td><td rowspan="3">X=　m
Y=　m
H=　m</td><td rowspan="3"></td><td></td><td></td><td></td><td></td><td></td><td></td></tr>
<tr><td>合速度(m/s)</td><td>最大位移(m)</td><td colspan="2">最大加速度(m/s²)</td><td colspan="2">相应频率(Hz)</td></tr>
<tr><td></td><td></td><td colspan="2"></td><td colspan="2"></td></tr>
</table>

记录：　　　　校核：　　　　页码：

对存在高差的高边坡上的爆破质点振动速度传播规律，按下式进行回归整理

$$V=K\left(\frac{Q^{\frac{1}{3}}}{R}\right)^{\alpha}\left(\frac{Q^{\frac{1}{3}}}{H}\right)^{\beta} \tag{1-3-4}$$

$$V=K\left(\frac{Q^{\frac{1}{3}}}{R}\right)^{\alpha}e^{\beta H} \tag{1-3-5}$$

进行回归分析，以求出场地常数K、α、β。式中，振速V以cm/s计，单段药量Q以

kg 计，爆源至测点的水平距离 R 和高度差 H 以 m 计。

需要指出的是，采用振动传播规律进行预报时，选择的 R 值应与统计值一致；$Q^{1/3}/R$ 及 $Q^{1/3}/H$ 不得超出统计值范围，只能内插，不能外延。

根据爆破振动的衰减规律及保护对象的控制标准，可按式（1-3-6）计算爆破振动安全允许距离。

$$V=\left(\frac{K}{V}\right)^{\frac{1}{\alpha}}Q^{\frac{1}{3}} \tag{1-3-6}$$

式中各符号意义同式（1-3-3）。其中，当 K，α 值缺少现场实测资料时，可按表 1-3-8 选取。

表 1-3-8　　爆区不同岩性的 K，α 值

岩性	K	α
坚硬岩石	50～150	1.3～1.5
中硬岩石	150～250	1.5～1.8
软岩石	250～350	1.8～2.0

为了全面利用爆破振动监测信号，需要利用相关的数学分析计算工具对爆源近区信号进行详细分析。首先收集爆破设计起爆网路及爆破使用的器材特性，分析爆破设计段间延时、总爆破延续时间及其误差值；然后详细研究爆破振动信号，分析波形峰值、持续时间、间隔时间，并利用快速傅里叶变换、小波和小波包变换、HHT 变换等方法，对振动信号进行平稳化处理，将时间信号经过经验模态分解使真实存在的不同尺度波动或趋势逐级分解开来，产生一系列具有不同特征尺度的数据序列，然后分别对每个经验模态分解后的数据序列进行 Hilbert 变换，以得到信号的时频分布；最后比较分析爆破设计与振动信号分析得到的爆破延时、微差间隔，以确定爆区是否按照爆破设计要求起爆，并分析是否存在盲炮等安全隐患。

另外爆破振动分析中需要注意的几个问题如下。

（1）根据爆破网路特点分析，统计中采用的各次大规模爆破振动峰值，不一定是预裂爆破、主爆破孔或缓冲孔爆破的最大单段振动引起的，也不一定是预裂爆破本身单段振动叠加、主爆破孔本身爆破单段振动叠加引起的，较有可能是预裂爆破单段与主爆破孔爆破单段振动叠加引起的，以目前的测试方法和手段，还不能将其精确分开。但是，回归公式中的最大单段药量 Q 值采用的是各次爆破设计中的最大单段。

（2）该公式中的距离约为测点至爆区主爆破孔最大振源部位（通过波形判读）的水平距离，高差为测点至爆区孔口高差与爆区台阶一半高度之和。

（3）开挖中各部位地质、地形条件差异较大，且随着开挖高程的下降不断变化，故应分区分部位对其振动衰减规律分别进行回归计算。如用于施工控制，应参照地形、地质条件选取相应区域内回归公式为宜。

（4）振动衰减规律公式具有统计分析意义，即是通过对大量实测值的线性拟合分析而得到的，而非精确的函数计算公式。根据数值分析的原理，该回归公式用于爆破振动预报

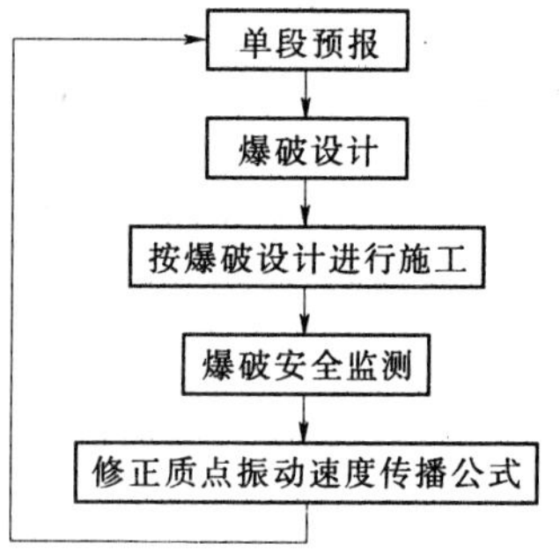

图 1-3-7　安全监测对爆破方案和爆破参数的反馈示意图

和控制时，应符合前述的自变量取值办法以及统计计算条件，即 ρ、H 的取值范围只宜内插，不可外延。

（5）爆破振动衰减规律与爆破方式密切相关。当爆破方式（起爆方向、排数等）、地形条件（前排抵抗线较大、大量压渣等）、爆破情况（局部缺孔及连续缺孔、局部拒爆、前排布孔不当等）有较大变化时，峰振动测值与爆破振动衰减规律公式计算值必有较大变化。

最后，根据爆破振动监测分析结果，对爆破方案及参数进行优化调整，示意图见图1-3-7。

第二章　课　程　设　计

第一节　《水工建筑物》课程设计

《水工建筑物》课程设计是与水利水电工程专业《水工建筑物》课程配套的、必修的实践性教学环节，是培养学生综合运用所学《水工建筑物》基础理论和专业知识解决水利水电工程实际问题能力的一个基本训练。《水工建筑物》课程设计的主要目的是：

（1）强化学生在课堂上所学习的基础理论和专业知识。

（2）培养学生运用所学知识综合分析和独立解决工程问题的能力。

（3）训练学生计算、绘图和编写设计说明书的能力。

一、平山水利枢纽工程设计（土石坝方案）

（一）基本资料

1. 工程概况

平山水利枢纽工程位于华中地区平山河中上游。平山河系睦水的主要支流，全长284km，流域面积556km^2，坝址控制流域面积491km^2。平山河属于山区性河流，河床平均比降为0.3%，沿河有地势较为平坦的小平原，最低高程为62.50m左右。

平山水利枢纽工程以灌溉、发电为主，兼有防洪、航运、养殖、给水等多种功能。

2. 地形地质

平山河流域以山陵及山区为主，河谷山坡陡峻，坡度约为60°～70°，地势高差为80～120m，河床宽一般为400m，河道弯曲，坝址处成S形，沿河沙滩及两岸坡积层发育，坝址处两岸河谷呈马鞍形，覆盖层较厚，基岩产状零乱。

靠近坝址上游为泥盆纪五通砂岩，坝址下游为二叠纪石炭岩，坝轴线位于五通砂岩上。

在平山咀以南石灰沙岩分界处，发现一大断层，走向近东西，倾向大致北西。在坝轴线左岸的五通砂岩特别破碎，产状零乱，两岸岩石破碎，岩石裂隙发育。坝址处沿轴线存在1.5～5.0m厚度不等的覆盖层。

坝区地震烈度为Ⅴ度，可不考虑。

3. 水文气象

暴雨洪峰流量$Q_{0.05\%}$=1860m^3/s，$Q_{0.5\%}$=1550m^3/s，$Q_{1\%}$=1380m^3/s。

多年平均流量13.3m^3/s，多年平均来水量4.22×10^{8}m^3，多年平均最大风速10m/s，水库吹程8km，多年平均降雨天数78d/a，坝区气候温和。

4. 交通

枢纽工程的对外交通有水路、公路和铁路，交通方便。

本工程坝顶无交通要求。

5. 水库规划资料

（1）正常蓄水位 113.00m，设计洪水位 113.50m（P=1%，100 年一遇），校核洪水位 113.90m（P=0.1%，1000 年一遇）。

（2）死水位 105.00m（发电极限工作深度 8m），灌溉最低库水位 108.00m。

（3）水库总库容 2 亿 m^3，水库有效库容 1.15 亿 m^3。

（4）发电最大引用流量 $Q=28m^3/s$，相应下游水位 68.65m。

（5）通过调洪演算，设计工况下，溢洪道下泄流量 $Q_{1\%}=840m^3/s$，相应下游水位 72.65m；校核工况下，溢洪道下泄流量 $Q_{0.1\%}=1340m^3/s$，相应下游水位 74.30m。

（6）水库淤积高程 85.00m。

6. 枢纽各主要建筑物设计条件

（1）主坝：沿坝轴线布置。

（2）河岸溢洪道：堰顶高程 107.50m。

（3）水电站：单机装机容量 9MW，机组台数 3 台，厂房尺寸 30m×9m，引水隧洞直径 3.5m，尾水底板高程 62.00m。

（4）导流建筑物：可采用导流隧洞，其底部高程 70.00m，直径 5m，上游土石围堰顶部高程 85.00m，下游土石围堰顶部高程 70.00m。

7. 筑坝材料

坝轴线下游 1.5～3.5km，土料储量丰富，质量可满足筑坝要求。砂料在坝轴线上、下游 1～3km 的河滩开采，石料可以在坝轴线下游左岸的山沟里开采。材料的性质及各项指标如表 2-1-1 所示。

表 2-1-1　　坝址筑坝材料性质及指标表

土壤类别	干容重 (kN/m^3)	最优含水量 (%)	孔隙率 (%)	内摩擦角 φ (°)	凝聚力 (kN/m^2)	渗透系数 (cm/s)
壤土	15.8	15	42	24（干） 20（湿）	12	1×10^{-5}
黏土	15.4	25	25	20（干） 18（湿）	37	1×10^{-6}
山皮土	16.0	23	39	33（干） 22（湿）	7.5（湿） 10（干）	1×10^{-3}
覆盖层	16.0			35	0	1×10^{-4}
砂料	16.0		40	30	0	1×10^{-3}
堆石	18.0		33	38	0	

8. 坝址地形地质图

平山水利枢纽工程坝址地形剖面图、地质剖面图详见图 2-1-1。

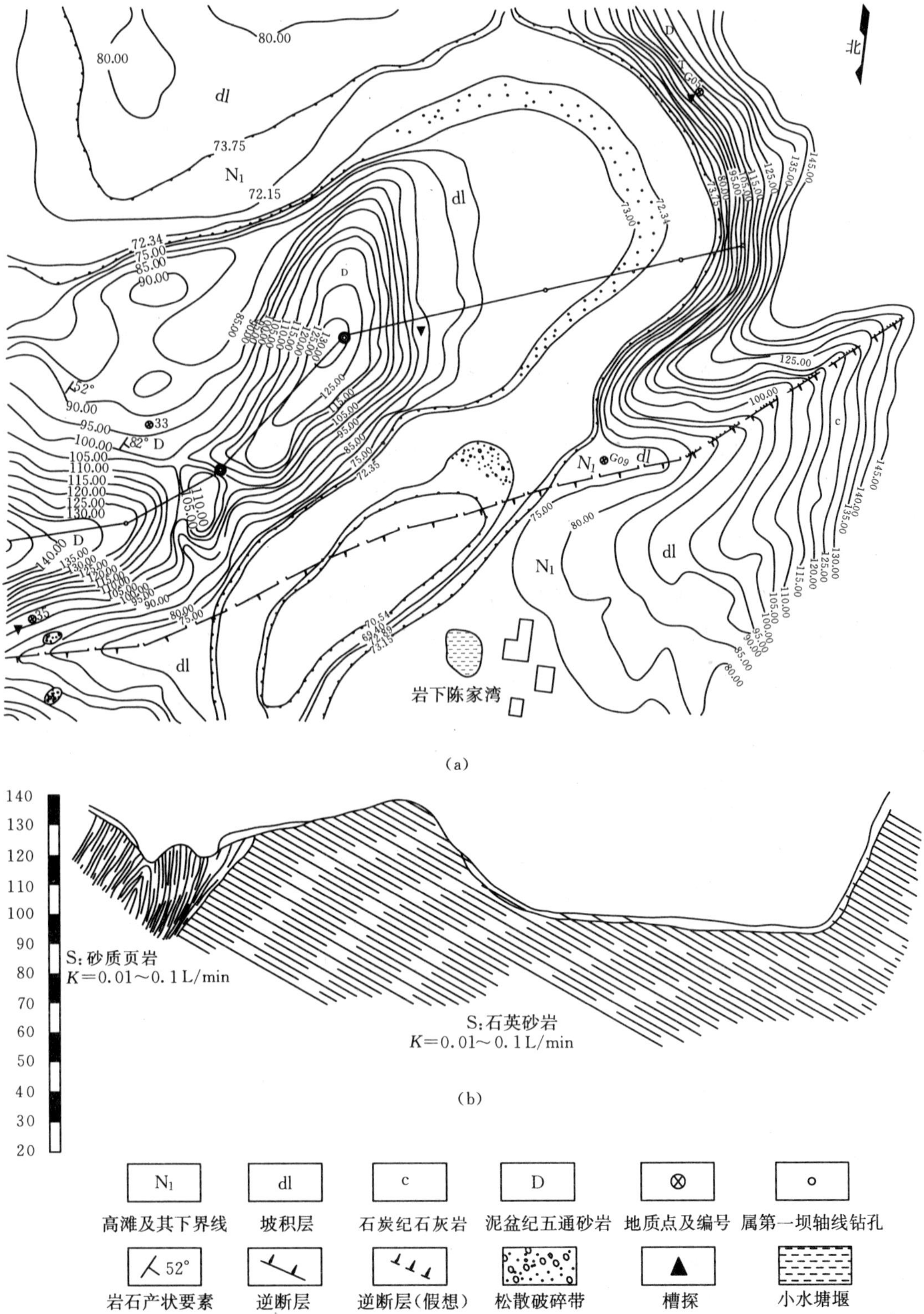

图 2-1-1 平山水利枢纽工程坝址地形剖面图、地质剖面图

(a) 坝址地形图；(b) 平山坝轴线地质剖面图

（二）设计内容

1. 枢纽布置

完成枢纽组成的确定、枢纽等别和建筑物级别的确定、各主要建筑物型式的选择、各主要建筑物位置的确定（即枢纽布置的比较和选定）等内容。

2. 土坝设计

完成土坝具体坝型的确定、土坝断面尺寸的拟定、排水设施的选择、渗流计算、稳定计算、剖面优化设计等内容。

3. 溢洪道设计

完成溢洪道位置的选择、型式的选择、孔口尺寸的拟定、纵断面和横断面尺寸的拟定、消能型式的选择和消能计算、细部结构设计等内容。

（三）设计步骤

在进行设计之前，应认真阅读和理解设计任务书、设计基本资料，并以《碾压式土石坝设计规范》（SL 274—2001）和《碾压式土石坝设计规范》（DL/T 5395—2007）作为设计依据。

1. 枢纽布置

（1）枢纽建筑物组成。根据设计资料中给定的本枢纽任务来确定。

（2）枢纽及建筑物的分等分级。根据所给资料（发电、防洪、库容、灌溉面积等），对照《水利水电工程等级划分及洪水标准》（SL 252—2000），确定枢纽等别（先按发电、防洪、库容分别确定分项等级，再按最大者确定枢纽等级）和建筑物级别（应分清主要建筑物和次要建筑物）。

确定枢纽及建筑物等级的主要目的是要确定设计和校核洪水标准，从而通过调洪演算来进一步确定设计洪水位和校核洪水位。在课程设计中，考虑到时间的限制，省略了调洪演算的步骤，在设计资料中直接给出了设计洪水位和校核洪水位。调洪演算的训练，将在毕业设计中强化。

（3）各建筑物型式的确定。应综合分析设计资料中提供的地质、地形、建筑材料等技术条件，通过技术经济比较，先合理选择挡水建筑物和泄水建筑物的型式，然后确定发电建筑物和放空建筑物的型式。本工程建议按土坝进行设计。

应根据水利水电工程枢纽布置的一般原则，确定各主要建筑物的相对位置，并绘制平面布置图。在枢纽布置图中，要求土坝和溢洪道严格按设计尺寸绘制，其他建筑物（如电站建筑物、放空建筑物等）可绘示意图。

要求对枢纽布置方案进行充分论证和比较分析。

2. 土坝设计

（1）土坝坝型选择。应充分论证选择均质坝、土质防渗体分区坝或人工材料防渗体分区坝的理由。在确定采用分区坝后，应进一步确定选择心墙坝或斜墙坝以及理由。根据本工程实际情况，建议采用黏土心墙坝。

（2）土坝断面初拟。初步拟定坝顶高程、坝顶宽度、坝顶构造、上游坡度、下游坡度、护坡型式、马道设置等。

（3）防渗体尺寸初拟。初步拟定心墙上游坡度、下游坡度、顶部厚度、底部厚度等，设计过渡层和反滤层，确定心墙与地基的连接方式。

（4）排水设施的选择。建议采用堆石陵体排水，并对堆石陵体排水的基本尺寸进行设计。由于本工程的下游最高水位较高，有兴趣的同学可以考虑选择堆石陵体排水与贴坡排水相结合的组合式排水。

（5）渗流计算。按有限深透水地基上的心墙土坝方法计算。计算工况：按规范规定，应计算 4 种工况，即上游正常蓄水位与下游相应的最低水位，上游设计水位与下游相应的水位，上游校核水位与下游相应的水位，库水降落时上游坝坡稳定最不利情况。本次课程设计作为土坝渗流计算训练，只要求同学们计算其中的 1 种工况，但要求掌握其他工况的计算方法。

计算内容：确定坝体内浸润线位置、坝体渗流量，为坝坡稳定分析提供依据。

（6）稳定计算。采用“瑞典圆弧法”或“简化的毕肖普法”计算。计算工况：按规范规定，应计算 4 种工况，即施工期（含竣工时）的上、下游坝坡稳定，稳定渗流期的上、下游坝坡稳定，水库水位降落期的上游坝坡稳定，正常运用遭遇地震的上、下游坝坡稳定。本次课程设计作为土坝稳定计算训练，只要求同学们计算其中的 1 种工况，但要求掌握其他工况的计算方法。

计算内容：确定上、下游坝坡的最小抗滑稳定系数，判断初拟的剖面是否满足稳定要求。

滑弧面的选择：原则上应先寻找最危险滑动面。本次课程设计指定滑动面为：起点在坝顶，与心墙相交，与坝基相切或附近，端点在坝坡脚附近。

荷载计算：要特别注意自重计算时坝体不同部位土体容重的选择。土坝坝体自重分浸润线以上、浸润线以下与下游水面线以上、下游水面线以下三种情况来考虑。在浸润线以上的土体，按湿容重计算；在浸润线以下、下游水面线以上的土体，按饱和容重计算；在下游水面线以下的土体，按浮容重计算。

稳定判断：土坝坝坡的抗滑稳定安全系数应不小于规范规定的数值。

（7）剖面优化。根据渗流、稳定计算成果，对土坝剖面进行优化。如计算的坝坡抗滑稳定安全系数太大，则不经济，应优化坝体剖面；如计算的坝坡抗滑稳定安全系数小于规范允许值，则不安全，必须调整并优化坝体剖面。

3. 溢洪道设计

（1）溢洪道位置的选择。主要应考虑地形、地质条件和枢纽总体布置等因素。

1）应将溢洪道尽量布置在与水库正常蓄水位高程相近的马鞍形垭口上。这样溢洪道与坝分开，有利于坝的安全；利用垭口，有利于减少开挖工程量。本工程正好有一个符合上述条件的垭口。

2）应将溢洪道尽量修建在岩基上，并力求溢洪道两岸山坡稳定。

3）应考虑与枢纽各建筑物在总体布置上的协调，入流、出流对枢纽其他建筑物的干扰。

溢洪道的水流入口应位于水流顺畅处，并与土石坝保持一定的距离，避免横向水流对土石坝坝坡的冲刷影响；溢洪道的水流出口处，应与坝脚或下游其他建筑物保持一定的距离，避免水流冲刷以及水流波动的影响。

（2）溢洪道型式的选择。应充分论证选择正槽式、侧槽式、竖井式、虹吸式溢洪道的理由。根据本工程实际情况，建议采用开敞式正槽溢洪道。

（3）孔口尺寸的拟定（控制段设计）。

1）堰型选择：建议采用 WES 型实用堰，也可采用宽顶堰。

2）堰顶高程：根据设计资料给出为 107.5m。

3）溢流前缘宽度 L：分别按设计情况和校核情况进行估算，$L=Q/q$，q 为单宽流量，根据下游河床地质条件确定。

4）单孔宽度 b 的确定：$b=L/n$，孔数 n 取为单数，b 一般应为整数。

5）闸门：可采用弧形闸门或平板闸门。闸门高度按正常水位加安全超高确定。

6）闸墩：取决于溢流堰的分缝（跨中分缝或墩中分缝）。

（4）泄槽纵断面和横断面尺寸的拟定（泄槽设计）。

1）泄槽的平面布置。泄槽的平面布置必须牢牢抓住泄槽高速水流这一特点，因此，在布置上，要力求沿水流方向呈直线、等宽、对称布置，避免弯道或横断面尺寸的变化。

2）泄槽纵断面底坡。泄槽纵断面的布置与地形、地质条件十分密切。底坡尽可能采用单一的坡度，一坡到底，$i>i_{坡}$（急流与缓流的临界坡度）。即保证泄槽中的水流流态为急流。

底坡 i 一定要根据地形情况来确定。在保证结构安全稳定、水流流态良好的前提下，也可以采用边坡，尽量减少开挖量。但坡度变化不宜过多、过大。在坡度变化处，应用半径大于（6～12）h 的反弧进行连接，（h 为坡度较陡的一段末端的水深），从而避免产生负压、空蚀等现象。

3）水力计算及水面线推求。主要目的是验证所设计的底坡是否产生急流，并推求水面线，计算泄槽边墙高度。

4）泄槽的横断面尺寸。断面形状：本工程为岩基，可采用矩形或接近矩形的断面。

边墙顶的高程：根据水面的波动情况、掺气水深 Δh、安全超高 $\Delta h''$来确定。

（5）消能计算。应充分论证选择挑流消能、底流消能或其他消能方式的理由。建议采用挑流消能。需要计算挑距、冲坑深度，判断冲坑是否危及主体建筑物的安全。

（6）细部构造。包括泄槽的衬砌、泄槽的分缝、闸室的分缝、闸墩的设计、跳流鼻坎的设计等。

（四）设计时间及成果要求

根据教学计划安排，本课程设计的时间为 1.5 周。

成果要求如下：

（1）设计说明书 1 份。设计说明书应详细说明设计依据、设计步骤、计算公式或方法、设计成果等，要求结构清晰、论证充分、方法正确、成果合理。

（2）完成设计图纸 3 张。其中平面布置图 1 张，枢纽下游展视图和溢洪道纵剖面图 1 张，土坝典型断面和土坝及溢洪道的细部结构图 1 张。采用 CAD 绘制时绘制在 A3 图纸上，采用手绘时绘制在 50cm×75cm 的绘图纸或坐标纸上。

二、春河张谷水利枢纽工程设计（重力坝方案）

（一）基本资料

1. 工程概况

春河属于山区河道，流域内多高山峡谷，山区占70%，垦地占30%。张谷以上河床平均坡度为1/600，以下平均坡度为1/1000。每逢大暴雨，易泛滥成灾，下游农田和居民受到洪水威胁。

本枢纽位于春河上游山区，坝址选定在张谷，主要任务是防洪、发电。

2. 地形地质情况

张谷坝址右岸高山重叠，交通不便。左岸地势较平坦，小丘陵绵延。在张谷上游地形开阔，可以蓄水，水库库容约$13.5\times10^8 m^3$。

坝址地质为青灰色的石灰岩，为整体岩石，石质坚硬。右岸山冈覆有薄层黄土。

坝轴线右岸山冈沙壤土覆盖层最厚的为5m，岩石风化厚度为3m。左岸岩石露头，节理不多，风化层有3m多厚。

经过调查研究，已查明坝址附近无断层。坝址基础石英岩的抗压强度为1000～1200kg/cm^2，摩擦系数为0.65，抗剪断摩擦系数为1.0，抗剪断凝聚力为1.0MPa。

本地区曾发生过轻微地震，据分析地震烈度为Ⅳ级。

3. 水文气象资料

（1）河流特性。降雨是形成春河洪水的主要原因，本流域水灾多由暴雨产生。洪水一般出现在7～10月，因坡陡流急，洪峰涨落时间很短，一般为2～3天。

（2）洪峰流量。各种频率下的最大洪峰流量见表2-1-2。

表2-1-2 各种频率下的最大洪峰流量表

频率（%）	0.01	0.02	0.1	0.5	1	2	5	10
夏秋季（m^3/s）	11100	10060	9020	7700	7300	6750	6000	5400
冬春季（m^3/s）						350	330	285

（3）气温情况。本流域气候温和，实测年平均温度约为17℃，最高日平均温度为33.9℃，最低日平均温度为4.6℃，极少冰冻现象，一年四季均可施工。

（4）河流泥沙情况。泥沙大部分是页岩风化的产物，颗粒很细。据资料统计，多年平均输沙总量为$185\times10^4 m^3$。淤积泥沙单位重为$1.32\times10^3 kg/m^3$。

（5）其他。水库最大吹程为19.5km，多年平均最大风速为14m/s。

4. 交通运输

春河滩多流急，航行不便，故不能考虑水路运输。

春河左岸有公路干线通过，公路干线距坝址左岸约2km，交通较为方便；右岸则仅有山区小道。

本工程坝顶无交通要求。

5. 水库规划资料

规划部门根据各专业部门的要求，提出了下列数据，可作为设计依据。

（1）特征水位。

1）正常高水位：303.00m。

2）设计洪水位：千年一遇（P=0.1%）设计标准，设计洪水位 305.10m，相应下泄流量 5350m^3/s，相应下游水位 213.20m。

3）校核洪水位：万年一遇（P=0.01%）校核标准，校核洪水位 307.30m，相应下泄流量 6700m^3/s，相应下游水位 214.50m。

4）最有利工作深度：41m。

（2）限制条件。

1）汛前限制水位：299.00m。

2）水库最高水位不得超过 308.00m。

（3）水电站参数。

1）机组数目：3 台。

2）电站装机容量：3×35MW=105MW。

3）电站最大引用流量：140m^3/s。

6. 筑坝材料

（1）石料：距坝址上游 1km 处，两岸石英岩及页岩可供开采，蕴藏量约为 5 万 m^3，石质良好。在 25 次冻融之后，抗压强度为 900kg/cm^2。

（2）砂料：距坝址上游 3km 处，滩地有坚硬的砾石和粗砂，蕴藏量约为 $20\times10^4m^3$，砂为石英颗粒，主要为风化产物。

（3）土料：距坝址上游 5km 处有粘壤土，蕴藏量约为 25 万 m^3，其内摩擦角为 20°（饱和的），天然干容重 $\gamma=1.6\times10^3kg/m^3$，渗透系数 K 值为 $4\times10^{-7}cm/s$。

（4）木材：可自距坝址 15km 处的山内取得。

（5）水泥、钢材：可由公路自离坝址 60km 处的龙城运来。

7. 坝址地形地质图

春河张谷水利枢纽工程坝址地形图、地质剖面图详见图 2-1-2。

（二）设计内容

1. 枢纽布置

完成枢纽组成的确定、枢纽等别和建筑物级别的确定、各主要建筑物型式的选择、各主要建筑物位置的确定（即枢纽布置的比较和选定）等内容。

2. 挡水坝段设计

完成挡水坝段剖面初拟、挡水坝段抗滑稳定及边缘应力计算、挡水坝段剖面优化等设计内容。

3. 溢流坝段设计

完成溢流坝段剖面拟定、消能方式选择、闸门型式选择以及闸墩等设计内容。

4. 细部结构及地基处理设计

完成坝顶构造、分缝、坝体排水、廊道系统、坝体混凝土分区等细部结构设计，完成地基开挖、固结灌浆、帷幕灌浆、坝基排水等地基处理设计。

（三）设计步骤

在进行设计之前，应认真阅读和理解设计任务书、设计基本资料，并以《混凝土重力坝设计规范》（DL 5108—1999）和《混凝土重力坝设计规范》（SL 319—2005）作为设计依据。

(a)

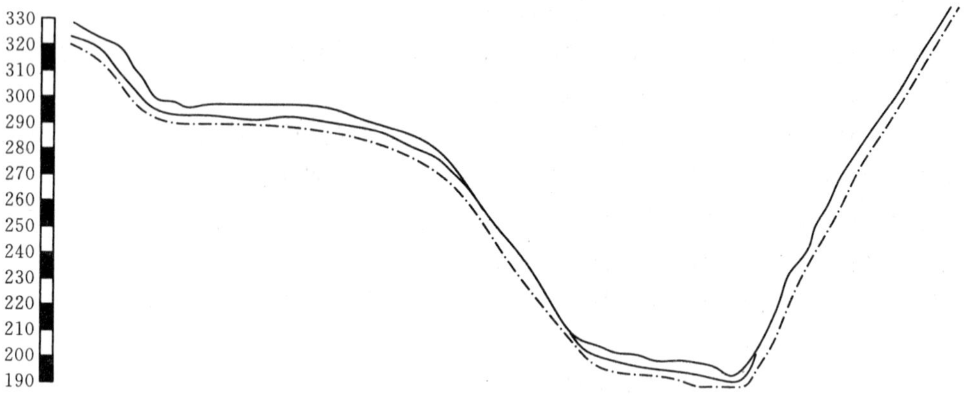

(b)

图 2-1-2 春河张谷水利枢纽工程坝址地形图和地质剖面图

(a) 坝址地形图；(b) 地质剖面图

1. 枢纽布置

(1) 枢纽建筑物组成。根据设计资料中给定的本枢纽任务来确定。

(2) 枢纽及建筑物的分等分级。根据所给资料（库容、电站装机容量等），对照《水利水电工程等级划分及洪水标准》(SL 252—2000)，确定枢纽等别（先按库容、电站装机容量等分别确定分项等级，再按最大者确定枢纽等级）和建筑物级别（应分清主要建筑物和次要建筑物）。

确定枢纽及建筑物等级的主要目的是要确定设计和校核洪水标准，从而通过调洪演算来进一步确定设计洪水位和校核洪水位。在课程设计中，考虑到时间的限制，省略了调洪演算的步骤，在设计资料中直接给出了设计洪水位和校核洪水位。调洪演算的训练，将在毕业设计中强化。

(3) 各建筑物型式的确定。应综合分析设计资料中提供的地质、地形、建筑材料等技术条件，通过技术经济比较，先合理选择挡水建筑物和泄水建筑物的型式，然后确定发电建筑物的型式。本工程建议按混凝土重力坝进行设计。

应根据水利水电工程枢纽布置的一般原则，确定各主要建筑物的相对位置，并绘制平面布置图。在枢纽布置图中，要求挡水坝段和溢洪坝段严格按设计尺寸绘制，其他建筑物（如电站建筑物、放空建筑物等）可绘示意图。

要求对枢纽布置方案进行充分论证和比较分析。

2. 挡水坝段设计

(1) 挡水坝段剖面尺寸初拟。

1) 坝顶高程的确定（分别按设计洪水位和校核洪水位进行坝顶高程计算，然后取较大者）。

2) 坝顶宽度的确定（按有、无交通要求来确定）。

3) 上、下游边坡的确定（$n_1=0\sim0.3$，$n_2=0.6\sim0.8$）。

4) 上、下游折坡点的确定（上游折坡点一般取为泥砂淤积高程，下游折坡点一般根据校核洪水位确定）。

5) 排水管位置及灌浆廊道位置、尺寸的确定。

(2) 挡水坝段抗滑稳定及边缘应力计算分析。采用手算，分别计算挡水坝段抗滑稳定安全系数及边缘应力大小，分析是否满足规范要求。

1) 稳定计算。计算方法：抗剪断强度公式。计算工况：按规范规定，应计算 5 种工况，即正常蓄水位工况、设计洪水位工况、冰冻工况、校核洪水位工况、地震工况。本次课程设计作为重力坝抗滑稳定计算训练，只要求同学们计算其中的设计洪水位工况或校核洪水位工况，但要求掌握其他工况的计算方法。

2) 边缘应力计算。计算方法：材料力学法。计算工况：应力计算工况应与稳定计算工况一致。计算内容：垂直正应力。

3) 分析。分析稳定、应力是否满足规范要求。

(3) 挡水坝段剖面优化。根据上述计算的挡水坝段抗滑稳定及边缘应力成果，分析初拟的剖面是否安全，是否经济。若抗滑稳定安全系数不满足规范要求，此时坝体不安全，应修改基本剖面，直至抗滑稳定系数满足规范要求。若坝体应力不满足规范要求，此时坝体不安全，应修改基本剖面，直至坝体应力满足规范要求。若抗滑稳定安全系数过大，则不经济，应修改基本剖面，直至抗滑稳定安全系数合适。

3. 溢流坝段设计

(1) 溢流坝段剖面形状的确定。在已经设计的挡水坝段剖面的基础上，初拟溢流坝段的尺寸。初拟的主要内容包括：孔数、孔宽、堰型（如 WES 曲线等）、下游消能方式（如挑流消能、面流消能、底流消能、戽流消能等，进行比较选择）、堰顶高程、挑角（$15°\sim35°$）、反弧半径（$R=4h\sim10h$，h 为校核洪水位闸门全开时反弧的最低点处的水深）等的初步确定。

1）堰面曲线：WES曲线（曲线方程及其坐标）。

2）中部直线段：坡度与非溢流坝相同，尽量使之位置与非溢流坝段一致，当难于保持一致时，以下游保持一致为主。

3）上游段曲线：曲线方程。

（2）消能设计。

1）消能方式的选择：根据本工程的特点和地质条件综合考虑。

2）反弧半径、挑射角及鼻坎高程的确定。

3）消能验算：挑距，冲坑深度。

（3）闸门、闸墩及导墙设计。

1）闸门：平板闸门或弧形闸门。

2）闸墩：溢流坝段分缝方式（墩中分缝、跨中分缝），闸墩形状及厚度。

3）导墙：导墙的长度（一般延伸到鼻坎；对分隔溢流坝段与电站坝段水流时，应延伸至挑距外），导墙的高度（由计算出校核洪水泄流时溢流面水面曲线来确定），导墙的厚度等。

4. 细部结构及地基处理设计

（1）坝顶构造。确定坝顶路面设计，坝顶排水设计，坝顶安全防护（护栏）及照明设计。

（2）分缝。明确坝体分缝的目的和原则，进行横缝、纵缝、水平施工缝设计。

（3）止水。明确止水的目的，确定横缝止水型式及其布置。

（4）廊道系统。明确坝体廊道的作用，确定不同廊道的高程及廊道尺寸，包括：基础灌浆廊道、交通观测廊道、排水廊道等。

（5）坝体排水。明确坝体排水的作用，确定坝体排水管距上游面的位置、排水管的间距等。

（6）坝基排水。明确坝基排水的作用，确定坝基排水孔幕的深度、间距等。

（7）防渗帷幕。明确防渗帷幕的作用，确定灌浆帷幕的深度、厚度等。

（8）坝体混凝土的分区。明确坝体混凝土分区的目的，确定坝体不同部位对混凝土材料特性的要求等。

（9）地基处理。明确地基处理的目的，并根据本工程地质条件，确定地基处理方式，例如坝基开挖与清理设计、坝基的固结灌浆设计等。

（四）设计时间及成果要求

根据教学计划安排，本课程设计的时间为1.5周。

成果要求如下。

（1）设计说明书1份。设计说明书应详细说明设计依据、设计步骤、计算公式或方法、设计成果等，要求结构清晰、论证充分、方法正确、成果合理。

（2）完成设计图纸3张。其中：平面布置图1张，挡水坝段及细部结构1张，溢流坝段及细部结构1张。采用CAD绘制时绘制在A3图纸上，采用手绘时绘制在50cm×75cm的绘图纸或坐标纸上。

第二节 《水电站》课程设计

《水电站》课程设计是与水利水电工程专业《水电站》课程配套的、必修的实践性教学环节，是培养学生综合运用所学水电站基础理论和专业知识解决水利水电工程实际问题能力的一个基本训练。《水电站》课程设计的主要目的是：

(1) 进一步巩固和加深水电站厂房部分的理论知识。

(2) 使学生初步掌握水电站厂房设计的步骤和方法。

(3) 培养和提高学生独立分析问题和运用所学理论知识解决实际问题的能力。

水电站课程设计以湘贺水电站地面厂房为对象进行布置设计，基本资料和具体设计任务简述如下。

一、基本资料

(一) 工程概况

湘贺水利枢纽位于向河上游，河流全长 270km，流域面积 6000km^2，属于山区河流。本枢纽控制流域面积 1350km^2，总库容 22.15 亿 m^3，为多年调节水库。

本枢纽的目标是防洪和发电。主要建筑物有重力拱坝，坝高 77.5m，弧长 370m；泄洪建筑物；开敞式溢洪道或泄洪隧洞；发电引水隧洞及岸边地面厂房等工程。水电站总装机 60MW，装机 4 台，单机 15MW。电站担任工农业负荷，全部建成后担任系统灌溉负荷。

(二) 电站枢纽

电站厂房位于右岸坝下游几十米处，由引水隧洞供水，主洞内径 5.5m，支洞内径 3.4m，厂内装置 4 台混流式立式机组，出线方向为下游，永久公路通至左岸，开关站布置在左岸的开阔平地上，厂区地形图见图 2-2-1。

(三) 设计依据及参数

1. 水库及水电站特征参数

(1) 水库水位。水库校核洪水位为 140.00m，水库设计洪水位为 137.00m，水库正常高水位为 125.00m，水库发电死水位为 108.00m，设计洪水尾水位为 77.00m，校核洪水尾水位为 78.50m。

(2) 厂址—水位流量关系见表 2-2-1。

表 2-2-1　　厂址水位—流量关系表

水位 (m)	68.50	69.20	69.55	69.75	69.90	70.20
流量 (m^3/s)	0.0	40.0	80.0	120.0	160.0	200.0
水位 (m)	70.95	71.60	72.20	74.50	76.30	78.50
流量 (m^3/s)	400	600.0	800.0	1000.0	1200.0	1400

(3) 水电站特征水头。最大水头为 56.00m，最小水头为 38.00m，平均水头为 50.84m，计算水头为 48.30m。

(4) 地形地质。电站枢纽地形参见地形图（图 2-2-1）。左岸地势较平缓，右岸地势较陡。枢纽基岩系凝灰岩，岩石抗压强度较高，厂区有第四纪沉积层，厚约 3m，河床砂卵石覆盖层平均深 2～4m。

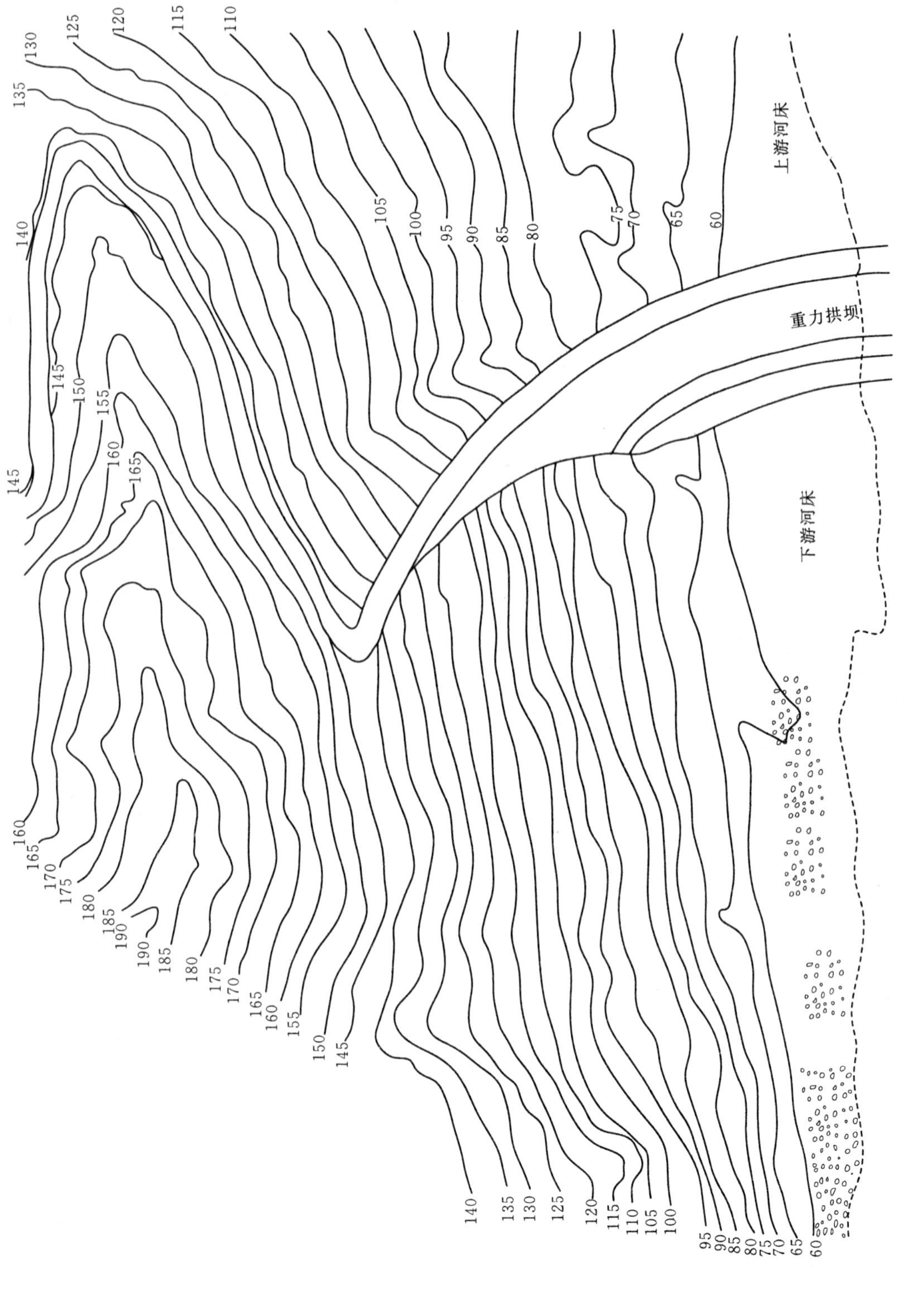

图 2-2-1 湘贺水电站枢纽地形图

（5）供电方式。本电站初期为3台机组，远景为4台机组，投入系统运行。根据系统要求，本电站能作调相运行，水电站主结线采用扩大单元结线方式，采用110kV、35kV及发电机电压10.5kV三种电压等级送电，高压侧采用桥形接线方式。电气主接线见图2-2-2。

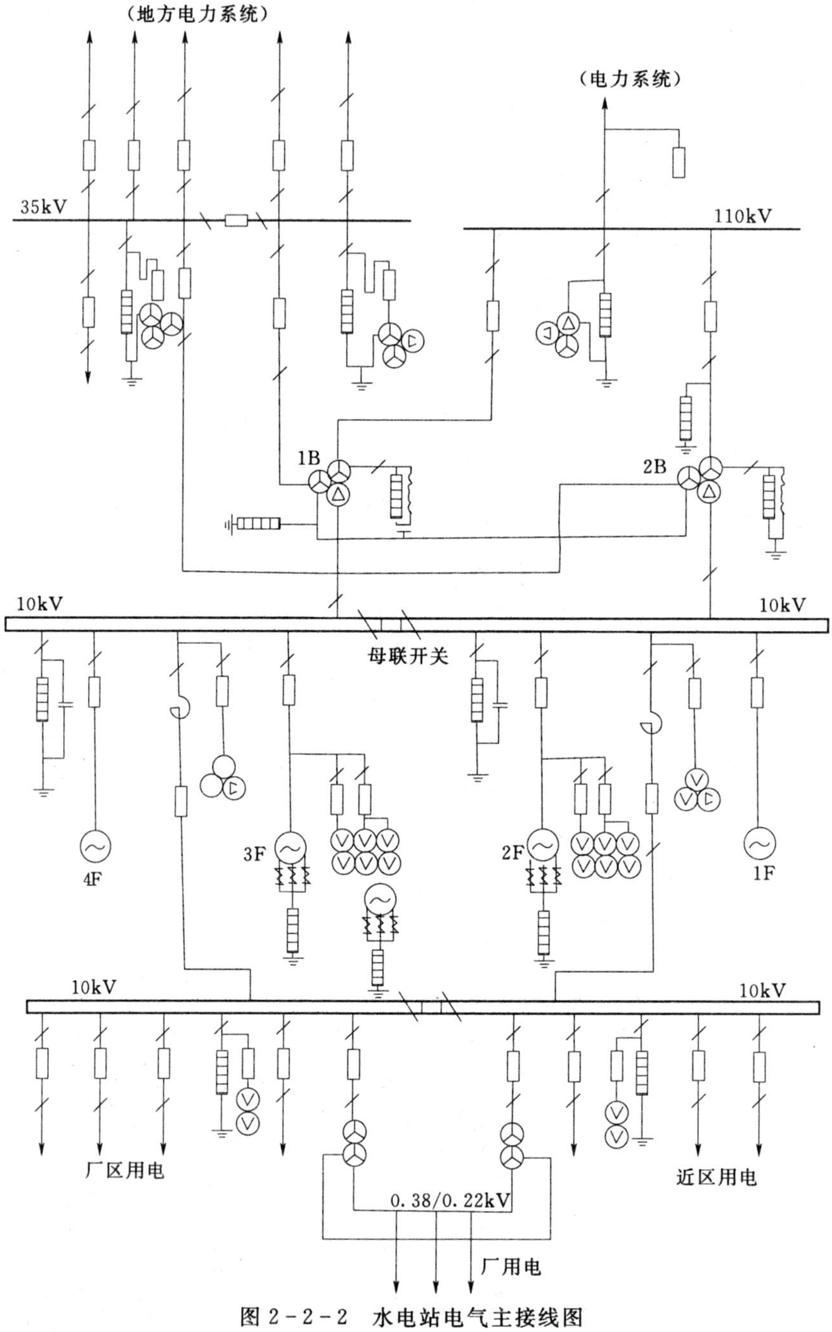

图2-2-2 水电站电气主接线图

（6）对外交通。下游左岸有永久公路通过。

2. 水电站主要动力设备及辅助设备

（1）水轮机：型号HL220－LJ－225，额定出力15.6MW，额定转速214.3r/min，

单机额定（最大）流量 36.2m³/s。

（2）水轮发电机：型号 SF15－28/550，发电机的外形尺寸见图 2－2－3，相关参数见表 2－2－2。

表 2－2－2　　发电机基本参数

额定功率 (kW)	功率因数 $\cos\varphi$	额定转速 (r/min)	额定电压 U (kV)	转子带轴重 G_1 (t)
15000	0.8	214.3	10.5	80

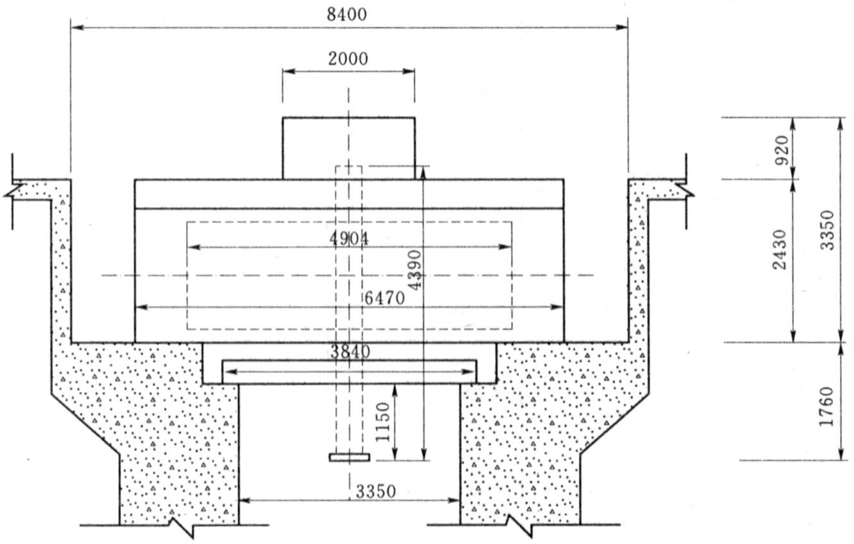

图 2－2－3　发电机外形尺寸示意图（单位：mm）

（3）调速器设备。调速器型号为 DT－100，机械柜尺寸为长×宽×高＝750mm×950mm×1375mm，电气柜尺寸为长×宽×高＝550mm×804mm×2360mm，油压装置型号为 YZ－1.0，其基本参数见表 2－2－3。

表 2－2－3　　油压装置基本参数　　单位：mm

型号	油箱长度 m	油箱宽度 n	油罐总高 H	油罐筒高 h	油罐直径 D
YZ－1.0	1916	1900	2457	1694	930

（4）厂房附属设备。水轮机前的蝴蝶阀型号和尺寸见表 2－2－4。

表 2－2－4　　蝴蝶阀基本参数

型号	直径 (cm)	承受水头 (m)	装置方式	阀重 (t)	阀体长 (m)	吊孔尺寸 (m)
DF340－85	340	85	立轴	20	1.2	1.8×4.3

桥式吊车型号及尺寸详见表 2－2－5，选定吊车型号并选用有关尺寸。

表 2-2-5 桥式吊车型号及尺寸

起重机名称	容重(t)		跨度	起升高度(m)		主要尺寸(mm)				极限尺寸(mm)					
	主钩	副钩	L_K(m)	主钩	副钩	最大宽度	轨道中心至外缘距离	轨道面到机顶面距离	两小车吊钩间距离	吊钩到轨顶距离		吊钩至轨道中心距离			
										主钩	副钩				
						B	B_1	H	L	h	h_1	L_1	L_2		
双小车	2×50	2×10	10.5 11.5 12.5 13.5	26		9200	400	3700	2700	970	500	1100	1600		
双小车	2×75	2×20	10.5 11.5 12.5 13.5	26		9200	400	3700	2700	920	700	1100	1600		
												L_1	L_2	L_3	L_4
单小车	75	20	13.5 16.5 19.5	20/22		8616	400	3654 3654 3660	—	1136 1136 1182	479 479 483	2400	1900	1300	3000
单小车	100	20	13.0 16.0 19.0	20/22		8616	400	3692 3692 3692	—	1476 1474 1472	—105 —107 —109	2055	1300	1000	2355

(5) 电气设备。三相三绕组主变 2 台：型号 SFSL1—50000/110/35/10，尺寸为长×宽×高＝6820mm×4520mm×8200mm，轨距为 1435mm，检修起吊高度 8200mm，主变压器身重 39.5t；厂用变压器 2 台；型号 SJL1—630/10/0.4，其基本参数见表2－2－6。

表 2－2－6　　厂用变压器基本参数

变压器容量（kVA）	厂变室面积（m×m）	门高（m）	吊物孔尺寸（m）
630/10	5×3	2.5	2.5×2.0

每台机有 6 块机旁盘，其中控制盘 1 块，保护盘 1 块，表计盘 1 块，动力盘 1 块，励磁盘 2 块。机旁盘尺寸为宽×厚×高＝800mm×550mm×2360mm

3. 副厂房参考面积

副厂房参考面积见表 2－2－7。

表 2－2－7　　副厂房参考面积　　单位：m^2

厂房名称			参考面积
直接生产副厂房	中央控制室		100～200
	电缆室		与中控室同
	通信室		20～50
	发电机电压配电装置室		40～50
	厂用盘室		30～40
	直流系统室	蓄电池室	40～50
		酸室	10～14
		套间	5～6
		充电机室	10～15
		通风机室	10～15
		直流盘室	20～25
	母线廊道		宽度不少于 2.0m
	厂变室		15
	空压机及储气筒室		30～40
	油桶及油处理室		50～55
	排水泵室		15～20
	集水井容积		30～35m^3
检修、试验用房	测量表计试验室		30～40
	高压试验室		20～30
	电工试验室		20～30
	机修间		40～50
	工具间		10～15
间接辅助生产用房	交接班室		20～25
	值班休息室		15～20
	办公室		15～20
	浴室厕所		10～20
	警卫室		10

二、设计内容

（1）机电设备选择。

（2）厂区枢纽布置。

（3）厂房内部布置。

（4）确定厂房的轮廓尺寸。

三、设计步骤

（1）了解任务、熟悉资料，进行厂区枢纽布置，确定主副厂房、主变压器场及高压开关站等的相对位置。

（2）确定设备尺寸。

1）确定水轮机的安装高程。

2）选择蜗壳型式，进行蜗壳水力计算，确定蜗壳轮廓尺寸。

3）选择尾水管型式，确定尾水管的基本尺寸。

（3）进行厂房布置。

1）根据给定的资料及机电设备，由水轮机的安装高程开始，确定主厂房各项主要高程。

2）根据主要设备及主要辅助设备的布置要求，以及吊车跨度，确定主厂房的平面尺寸。

进行各层布置时应注意辅助设备位置的协调（包括调速系统，油、水、气系统设备的布置）；厂房内吊车的工作范围及其规格尺寸，特别要注意吊车工作范围对边机组段尺寸的影响；厂内外电气设备布置的协调，以保证运行的安全及方便；厂内上下各层的交通联系，楼梯、吊物孔、交通道等的布置及尺寸；厂房各部件的结构尺寸（包括梁、柱、门、窗、墙等）应符合建筑上的基本要求；合理布置梁柱系统，满足结构，施工及安装上的要求。

主要设备的检修条件包括装配场的位置、高程及尺寸，主变压器的检修，蜗壳及尾水管检修时的进人孔位置，厂内集水井位置等。

3）根据机电设备及油水气系统的布置，对与主厂房运转直接有关的副厂房部分进行布置。相应房间尺寸参见本节基本资料中提供的参考面积。布置时应注意各室之间相互关系以及与主厂房的关系，以使运转方便。

（4）按上述要求绘制厂房横剖面图及发电机层、水轮机层及蜗壳层平面布置图。图上应标出各种主辅设备、楼梯等，并注明各项高程及主要尺寸。

（5）根据主副厂房、主变压器场及高压开关站的轮廓尺寸和相对位置，绘制厂区布置简图。图上应标明各主要建筑物的尺寸，并绘出主要交通道。

（6）编写说明书，内容包括以下几个方面。

1）工程概况及设计资料。

2）水电站在整个枢纽中的位置及厂房枢纽布置概述（应包括供水方式、引进方式、回车场及对外交通）。

3）厂房各项主要高程和主要尺寸的决定及应考虑的因素。

4）厂房各层的布置及考虑因素。

5）副厂房布置。

6）厂内外交通条件。

7）其他。

说明书应文句通顺、字迹工整、论据充分。

四、设计时间及成果要求

根据教学计划安排，本课程设计的时间为1.5周。

成果要求如下。

（1）设计说明书1份。应详细说明设计依据、设计步骤、计算公式或方法、设计成果等，要求结构清晰、论证充分、方法正确、成果合理。

（2）完成设计图纸4张，采用CAD绘制时绘制在A3图纸上，采用手绘时绘制在50cm×75cm的绘图纸或坐标纸上。

1）沿机组中心线厂房横剖面图（1∶100）。

2）发电机层平面图（1∶100～1∶200）。

3）水轮机层、蜗壳层综合平面图（1∶100～1∶200）。

4）厂房枢纽布置图（1∶1000）。

第三节 《水利工程施工》课程设计

《水利工程施工》课程设计是重要教学环节，其目的在于巩固所学的基础理论知识，训练学生初步运用水利工程施工专业知识，针对具体的水利水电工程，利用现代组织管理工具——网络计划技术，对水利工程项目施工进度进行安排，从而进一步了解水利水电工程各项目活动之间的逻辑关系，综合掌握水利水电工程施工的全貌，培养统筹全局的观念，为今后的施工组织设计工作打下良好的基础。

该课程设计的主要任务是编制松涛水利枢纽工程施工总进度网络计划。要求学生善于使用图表和文字表达设计意图，能运用有关参考书籍、手册和规范辅助设计，了解国内外最新的施工技术参数和科学成果，适当应用到设计中，编制出技术上可行、经济上合理、施工运用上安全可靠的施工总进度计划。

基本资料和具体设计任务简述如下。

一、基本资料

（一）工程总工期

大中型水利水电工程建设，工程总工期为工程准备期、主体工程施工期、工程完建期之和。施工总进度一般按指令性工期或合理性工期编制，可结合表2-3-1设定总工期。一般分为四个阶段。

（1）工程筹建期。业主单位负责筹建对外交通、用电、通信、征地、移民、招投标等。

（2）工程准备期。承包商进场之日→主体工程开工。

（3）主体工程施工期。河床基础开挖→第一台机组发电（或工程开始收益）。

（4）工程完建期。第一台机组投入运行→工程竣工。

表 2-3-1　　大中型水利水电枢纽工程参考工期

坝型	坝体方量（万 m^3）	总工期（年）	准备工期（年）	主要工期（年）	完建工期（年）	备　注
混凝土坝	40～80	3～4	1～1.5	1.5～2.5	0.5～1	按分期导流方案拟定。若采用隧洞导流，则准备工期加长，主要工期缩短
	80～120	4～5	1～1.5	2.5～3	0.5～1	
	120～200	5～7	1～1.5	3～4	1～1.5	
	200～300	7～8	1～1.5	4～5	1～1.5	
	300～500	8～9	1.5～2	5～5.5	1.5～2	
	>500	9～11	2～3	5～6	2～2.5	

（二）枢纽基本情况

松涛水利枢纽位于柳河干流上的松涛峡，系一级建筑物，由河床混凝土重力坝、溢洪道、右岸土坝和坝后厂房等部分组成。枢纽主要任务是发电，共装 3 台机组，每台机组 150MW，发电的最低水位为 500.00m，相应库容 $19.5\times10^8m^3$。

枢纽右岸的适当位置布置有排砂放空洞，可满足封孔蓄水期对下游供水 $100m^3/s$ 流量的要求。枢纽各组成建筑物的工程量见表 2-3-2。

表 2-3-2　　主要水工建筑物的组成和工程量表

序号	工程项目	挖方（$\times10^3m^3$）			填方（$\times10^3m^3$）				混凝土和钢筋混凝土（$\times10^3m^3$）	灌浆工程（$\times10^2m$）	
		土方①	石方	合计	土方	堆砌石	反滤层	合计		总计	其中固结灌浆
1	河床坝段②	110	327	437					743	207	137
2	右岸混凝土重力坝③	240	35	275					118	85	46
3	溢洪道	1210	510	1720		24		24	150④		
4	右岸土坝	1430	1	1431	700	205	110	1015			
5	坝后厂房		96	96					48		

① 含砂砾石。

② 1～10 坝段。

③ 右 1～15 跨。

④ 底板占 $78\times10^3m^3$，溢流体占 $72\times10^3m^3$。

（三）枢纽基本资料

1. 工程地质条件

坝区为高山峡谷区。峡谷由震旦纪变质岩构成，其上部为第四纪砾石岩，含砂砾石层及黄土。柳河流向在坝址附近转为 S260°W，河谷呈弯曲形。河谷两岸变质岩顶板出露标高，左岸约 520m，右岸约 515m。在标高 515m 时，谷宽约 135m，坝址左右岸基岩上为黄土覆盖。

此坝址处地下水属裂隙补给水，数量很少，主要在构造裂隙及局部破碎带内。在坝区变质页岩中还有裂隙承压水，稳定水位 432.00～446.00m，单宽涌水量一般为 3L/min，最大为 120L/min，随岩石裂隙发育程度、连通情况和深度而变化。

松涛是地震波及区，据上级主管部门提出的松涛水利枢纽地段的地震基本烈度为Ⅶ度。

2. 水文气象资料

柳河的年最小流量多发生在 1 月、2 月，3 月上游开始融雪化冰，流量渐增，6 月以后即进入汛期。年最大流量一般发生在 7～9 月间。

坝址区实测最大流量为 5640m^3/s，最小流量为 205m^3/s，多年平均流量为 830m^3/s。河水含沙量最大达 5kg/m^3（7～9 月），最小为 0.01kg/m^3（1～2 月）。峡内流速最大为 7m/s，最小为 0.8m/s。

坝区为大陆性气候。多年平均气温为 9.6℃，月平均最高气温为 22.9℃，最低为 －6.5℃。绝对最高气温为 39.1℃，绝对最低气温为－23.1℃，日最小变幅 1.3℃。坝址附近历年气温观测统计资料如表 2－3－3 所示。

表 2－3－3　坝区附近近 36 年气温特征　单位：℃

项目 / 月份	日平均最高	绝对最高	日平均最低	绝对最低	月平均
1	7.5	13.8	－18.3	－23.1	－6.5
2	14.9	17.5	－15.4	－22.1	－1.6
3	22.5	26.9	－7.9	－16.3	5.5
4	28.4	33.2	－2.9	－8.4	12.0
5	32.7	35.5	3.2	0.1	17.4
6	34.2	36.5	8.5	2.9	21.0
7	35.9	39.1	11.7	9.3	22.9
8	34.4	38.3	10.6	5.4	21.5
9	29.1	31.9	5.3	0.5	16.4
10	23.6	28.0	－2.5	－6.6	10.1
11	17.4	21.6	－10.4	－15.3	1.8
12	7.6	10.9	－15.7	－21.6	－5.3
年平均					9.6

本地区雨量稀少，年平均降水量为 330.1mm，最大达 471.9mm，其中 60%～70%集中在 7～9 月，最大日降雨量为 71.8mm。最长一次降水延续时间为 4 天，最大一次降雨量为 21mm。暴雨常在下午或晚间出现。

降雪一般于 11 月下旬开始，最大一次为 20mm，积雪最大厚度为 6cm，积雪日期一般从 11 月下旬到次年 3 月上旬，年平均积雪日数为 21.6 天，土壤冰结深度约 1m。

本地区降水统计资料见表 2－3－4 和表 2－3－5。

表 2-3-4　　　　坝区近 36 年各月降水量统计表　　　　单位：mm

项目＼月份	1	2	3	4	5	6	7	8	9	10	11	12	全年
平均	1.3	2.9	7.9	13.9	32.5	38.3	62.3	89.8	56.6	19.0	3.9	2.0	330.5
最大	16.9	9.0	23.4	27.7	63.8	103.2	126.7	218.4	108.9	50.6	13.6	9.1	471.9
最小	0	7	0	0.3	2.1	5.0	18.6	33.2	12.2	0.5	0	0	210.8

表 2-3-5　　　　坝区近 33 年各月不同降水量出现天数统计表　　　　单位：d

降水量＼月份		1	2	3	4	5	6	7	8	9	10	11	12	全年
<5mm	最多	6	5	7	13	18	20	16	17	11	8	5	15	112
	最少	1	2	4	6	11	12	6	12	9	5	1	3	93
	平均	4.3	2.3	5.7	8.7	15	17	12	14	9.7	7	2.7	6	104.3
>5mm	最多	0	0	0	0	2	3	4	5	5	2	0	0	16
	最少	0	0	0	0	1	1	2	3	1	1	0	0	7
	平均	0	0	0	0	1	1.7	3	4	2	1.7	0	0	12.3
>10mm	最多	0	0	0	0	0	1	1	4	2	1	0	0	6
	最少	0	0	0	0	0	1	1	2	1	0	0	0	1
	平均	0	0	0	0	0	0.3	0.7	2	1	0.3	0	0	4.3
>20mm	最多	0	0	0	0	0	0	1	1	1	0	0	0	2
	最少	0	0	0	0	0	0	0	0	0.7	0	0	0	1
	平均	0	0	0	0	0	0	0.3	0.3	0.7	0	0	0	1.7
>30mm	最多	0	0	0	0	0	0	1	0	1	0	0	0	1
	最少	0	0	0	0	0	0	0	0	0	0	0	0	0
	平均	0	0	0	0	0	0	0.3	0	0.3	0	0	0	0.7

坝区每年 11 月底或 12 月初行凌，12 月底封冻，次年 2 月底或 3 月初解冻。冰冻期约 2～3 个月。冬季行凌初期，多为针状、薄片状冰。流冰速度最大为 1.45m/s，最小为 0.95m/s。春季流冰多为坚硬冰块，冰厚一般为 0.2m，最厚可达 1m。流冰期一般无过大冰块下泄。本地区春季多风，最大风速为 17m/s，风向多为东北向。

（1）施工场地。坝址距下游的仙州市河道约 100km，直线距离约 50km，坝址附近地区皆为高山峡谷。松涛峡长约 12km，上下游均有比较平坦的山间盆地，可作为施工场地。

枢纽选定坝址位于峡谷尾部，距峡谷出口约 1.7km，坝区河床两岸山坡陡峻，成 V 形。左岸坡度 45°～80°，陡缓相间；右岸坡度 60°～85°。两岸山顶均为黄土覆盖。

坝址河床高程一般为 410.00m，枯水季一般水位为 418.00m，河面宽 50～60m，右岸偏深，最深约 10m。坝址左岸山峰起伏高出河面 150m 以上。右岸坝头附近为一狭小丘陵阶地，高出河面约 110m。与坝区阶地相连的就是地形平坦、面积宽阔的李家台四级阶地，高程560.00～580.00m。

自峡谷出口起，两岸地势逐渐开阔，呈狭长的二级阶地，高程 430.00～440.00m。沿柳河右岸距坝址约 8km 的旧镇附近有宽阔平坦的二级阶地。

坝内河谷两岸有很多冲沟，左岸主要有坝址下游 200m 处的滑沟，右岸主要有坝址上游 150m 处的红柳沟，下游的刘家沟、金沟和银沟等。这些冲沟切割深且短，均系沿断层及节理裂隙发育而成，与河谷多成 70°～80°的交角。由于这些冲沟的切割，使坝区地形变得非常复杂，给施工场地布置造成一定困难。

坝区附近可供施工场地布置的地段有右岸李家沟、峡谷出口下游右岸的明坝和左岸的易家湾等阶地，各地段特性如表 2-3-6 所示。

表 2-3-6　　各地段特性表

顺序	名称	位置	距坝址距离（km）	可利用面积（km^2）	高程（m）
1	李家沟	右岸坝址下游	1.5	1.2	565.00～580.00
2	明坝	右岸坝址下游	2.5	0.5	430.00～440.00
3	易家湾	左岸坝址下游	3.0	0.3	430.00～440.00
4	旧镇	右岸坝址下游	8.0	2.0	425.00～460.00

（2）运输条件。仙州到松涛的公路线为六级公路，已建成通车，路线全长约 50 公里。对于水路交通，因柳河上游为峡谷，河窄水急，不能通行船只。有国家铁路干线通过仙州市，可沿柳河岸边进工地。

（3）建筑材料。坝址上、下游均有砂石材料，特别是坝址下游藏量丰富，开采运输比较方便，质量一般皆符合要求。只有砂质土尚未找到理想的产地，必要时可以用两岸的黄土代替。各料场基本特性详见表 2-3-7 所列。

表 2-3-7　　各料场基本特性表

项目 料场名称	位置及地形	面积（km^2）	高程（m）	覆盖层厚（m）	有效层厚（m）	储量（$\times 10^3 m^3$）	洪水及地下水情况
明坝四级阶地	左岸坝址下游 1.2km，有两大冲沟	0.13	550.00～570.00	26.8	14	2900	卵砾石层与红砂岩接触带，雨季有小泉流出
旧镇滩	右岸坝址下游 6.9km 滩石平坦，有水渠与阶地相隔	0.22	410.00～416.00	0.25	7.5	1430	常水位在 414.00m 以下
平谷滩	右岸坝址下游 9km 滩道略有起伏，覆盖薄，有水渠通过	0.13	410.00～415.00	0.18	5.5	708	
富家沟	右岸坝址下游 10km 山沟里，河口为冲积滩，沟壁黄土覆盖，沟中平时无水	0.3			3.5	715	平时为干沟
孙家沟						200	
老虎沟		0.05	460.00～480.00	<2.0	7.0	390	

(4) 坝体混凝土主要特征。坝体混凝土的设计龄期为 90 天，水工设计中内部混凝土用 C10，外部混凝土用 C15，混凝土配合比详见表 2-3-8。采用 600 号纯熟料水泥。

表 2-3-8　　混凝土配合比

混凝土设计标号	水灰比	含砂率(%)	混凝土的各种材料需要量 (kg/m^3)						
			水	水泥	骨料				
					<5mm	5～20mm	20～40mm	40～80mm	80～150mm
C10	0.64	21.3	107.5	167	463	427	427	428	427
C15	0.56	20.4	108	193	441	431	431	432	432

(5) 推荐主要施工方案。导流方案采用不过水围堰型式，两条隧洞布置在左岸，一条隧洞长 550m，另一条隧洞长 650m。上游围堰堰顶高程为 450.00m，堰高 40m。下游围堰堰顶高程为 427.50m，堰高 17.5m。

大坝混凝土浇筑方案为缆机浇筑混凝土。

(6) 其他。地方工业、住宅、卫生福利和劳动力来源于仙州市，其中有些地方工业可以利用，在施工期间可考虑委托这些地方工业进行部分加工和修配工作。

坝区附近村镇不多，且民房数量不多，只能在明坝村和李家台村用少量民房作为工人临时住宅。而其他福利设施及住宅需要建设。

施工期间大批的生活物资和粮食、燃料、日用品等均需从仙州市运来，当地只能解决副食品和部分粮食等的供应。

初步估计仙州市可供应施工用电量最高负荷约 1.2 万 kW。

坝址区地下水硫酸根含量约 2000～3000mg/L，对一般水泥有硫酸盐侵蚀性。因此基础混凝土有抗硫酸盐侵蚀的要求，铝酸三钙的含量应小于 5%。地下水不宜作为工程用水和生活用水。河水除含沙外，无其他杂质，经沉淀处理后可作为工程和生活用水。

二、设计内容与设计步骤

1. 收集基本资料

根据工程项目的进度要求，充分分析工程情况、水文、气象、建材、地质及施工和运用条件，收集相关规范、施工项目、施工强度指标等资料。

2. 施工方案和主要工程项目

根据枢纽工程组成，拟定施工进度安排的工程项目。水电工程项目进度的分类方法主要根据建筑物项目、施工阶段和施工部位等因素划分，一般可以分为准备工程、导流工程、挡水建筑物、引水发电建筑物、附属建筑物工程等。根据各个工程项目分组找到其主线，分析其中各项目本身及与其他分组之间的关系，要抓住关键，合理安排，分清工程主次。松涛水利枢纽系一级建筑物，由河床重力坝、右岸混凝土重力坝、溢洪道、右岸土坝、坝后式厂房等建筑物组成（如图 2-3-1 所示）。根据松涛水利枢纽的工程组成，利用项目结构分解确定工程项目。由于堤坝式水利水电枢纽，其关键工程一般位于河床，因此施工总进度的安排应以导流程序为主线，即以施工导截流、大坝岩基开挖及处理、混凝土浇筑、拦洪度汛、封堵蓄水、发电为主线，列工程项目表如下（如表 2-3-9 所示）。

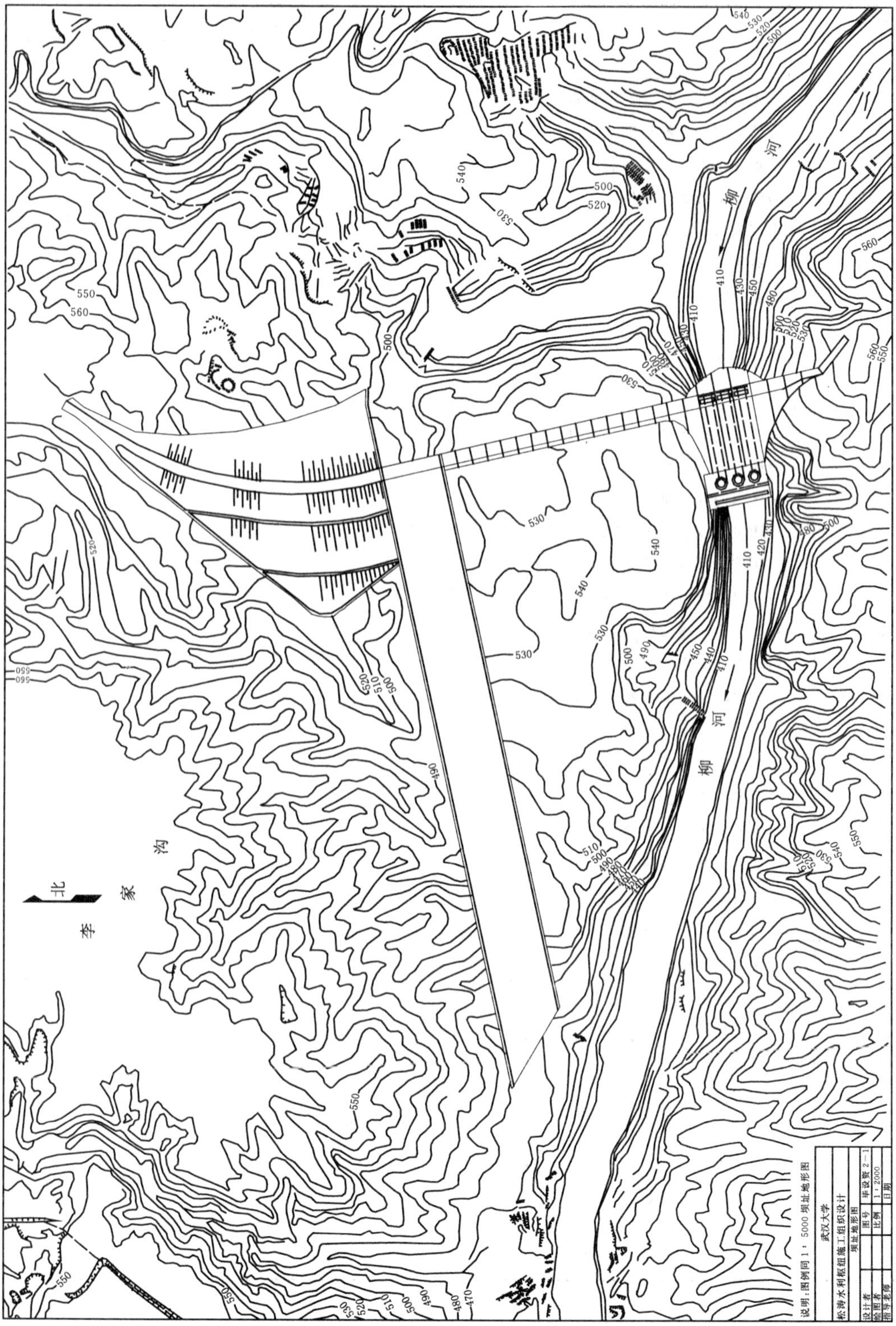

图 2-3-1 松涛水利枢纽地形图及枢纽布置图

表 2-3-9　　工程项目分解示例

序号	工程项目
1	准备工程
2	施工导截流工程（采用全段围堰，全年挡水，隧洞导流）
2.1	导流隧洞开挖和衬砌
2.2	戗堤预进占（利用隧洞开挖料）
2.3	截流（指合龙、闭气）
2.4	土石围堰加高培厚
2.5	基坑排水
2.6	隧洞封堵
2.7	蓄水
2.8	围堰拆除
3	大坝工程
3.1	河床重力坝坝基（肩）土方开挖
3.2	河床重力坝坝基（肩）石方开挖
3.3	河床重力坝基础帷幕灌浆
3.4	河床重力坝混凝土浇筑
3.5	河床重力坝接缝灌浆
3.6	右岸混凝土重力坝土方开挖
3.7	右岸混凝土重力坝石方开挖
3.8	右岸混凝土重力坝混凝土浇筑
3.9	右岸混凝土重力坝帷幕灌浆
3.10	右岸混凝土重力坝接缝灌浆
3.11	溢洪道土方开挖
3.12	溢洪道石方开挖
3.13	溢洪道堆砌石填方施工
3.14	溢洪道混凝土浇筑
3.15	溢洪道接缝止水
3.16	右岸土石坝土方开挖
3.17	右岸土石坝填筑
4	厂房工程
4.1	厂房基础石方开挖
4.2	厂房基础混凝土浇筑
4.3	1号机组安装
4.4	2号、3号机组安装
4.5	开关站土石方开挖
4.6	开关站混凝土浇筑
4.7	开关站设备安装
5	收尾工作

3. 项目逻辑关系分析

确定各工作之间的逻辑关系是本课程设计考核的主要内容之一。分析各项工作之间的组织上的逻辑顺序及组织形式的逻辑关系，如工艺关系形成的逻辑顺序，例如大坝的基础开挖一般要求在基坑抽水形成干地后进行。组织关系形成逻辑关系，即施工过程中，由于劳力、机械、材料和构件等资源的组织与安排需要而形成的工作之间的先后关系。综合工艺关系和组织关系后，即可确定工序之间的紧前、紧后关系，将前述各组工程项目分组的工序关系组合起来即可形成整个工程工序逻辑关系。

4. 确定工程项目工期

一般将施工导截流、封堵蓄水、发电等控制性工程的进度安排构成工程进度计划的骨干，再将不直接受控制约束的其他工程项目配合安排，即可构成整个工程枢纽的施工总进度计划。特别需要注意工程各阶段的主导工程项目或关键项目。本课程设计以了解工程进度安排的内容为主要目的，因此，工程项目工期计算方法以估计为主。粗略的工期估计方法可以分为两种：平均估计法和经验预测法。

平均估计法即是根据现行工程的施工强度参数与工程总量信息对比得到工程进度参数，即用工程总量除以工程一般施工强度得到工期。但是某些工程的工程量事先是未知的，而其总量的大小在一定程度上与工期关系不大，这时可以考虑使用经验预测法，即直接参考同类或类似工程的实际资料推算工程进度的方法。

在课程设计要求的精度前提下，两种方法结合即可确定工程项目工期。

5. 绘制网络图，计算时间参数，确定关键线路

根据工艺、组织关系确定工程中各工作的关系以及历时，绘制初步的网络图，依据网络计划技术时间参数计算公式及步骤计算时间参数，确定关键线路及关键工作。

6. 网络进度计划的落实、平衡、调整、修正、优化

水利水电工程的进度安排，不仅受总工期的控制，还受到水文条件、导截流、发电等里程碑事件的时间控制。网络计划从开工到完工分段设置控制节点，逐段检查调整，直至工期的各控制节点都符合要求。分析论证所拟订进度是否切合实际，各项进度之间是否协调，研究主体工程的工程量是否大体平衡。实际编制时，先编制一个初始方案，然后检查该计划是否满足工期控制要求，是否满足人力、物力、财力等资源控制条件，以及能否以最小的消耗取得最大的经济效果，通过对关键线路项目持续时间、施工方案等反复调整修改，实现工程进度方案的优化，满足工期约束、资源消耗均衡、工期费用低的要求。

7. 双代号（时标）网络图出图

课程设计要求绘制的双代号（时标）网络图，可参照《工程网络计划技术规程》（JGJ/T 121—99）和《网络计划技术网络图画法的一般规定》（GB/T 13400.2—92）或相关资料绘制。

三、设计时间及成果要求

根据教学计划安排，本课程设计的时间为1.5周。

成果要求如下。

（1）设计说明书1份，要求用图表和文字正确表达设计的依据、方法、意图和成果，文字叙述简练，字迹工整，段句分明。设计说明书中，一般只列出设计计算重要成果和分析结论。

（2）施工总进度计划双代号（时标）网络图1张，推荐计算机成图，图幅为A3、A3加长或者A2，网络图项目在25项以上。

第三章 毕 业 设 计

第一节 《水工建筑物》毕业设计

《水工建筑物》毕业设计是培养学生综合运用所学基础理论和专业知识解决工程实际问题和锻炼科技创新能力的一个重要实践教学环节，是对学生综合能力进行全面训练和提高的一个实践过程，是学生走上工作岗位承担工作任务前的一个重要阶段和预演。水工建筑物毕业设计的主要目的是：

（1）全面系统地巩固、加深和扩展所学基础理论知识和专业知识。

（2）通过综合运用所学基础理论和专业知识，培养学生分析和解决水利水电枢纽布置、主要建筑物（重力坝、拱坝、土石坝、水闸等）设计等工程实际问题的能力。

（3）培养学生的自学能力和科学研究能力，使学生逐步具有更新和丰富科学知识的能力和自主创新能力。

（4）通过基本训练，培养学生设计、计算、绘图、编写设计说明书及科研专题报告的能力。

（5）培养学生具有正确的设计思想和政策观点以及严谨的工作作风。

一、江北河宁溪水利枢纽工程设计（重力坝方案）

（一）设计基本资料

1. 流域状况

江北河为我国某大河的一条支流，全长约 170km，中、上游河道曲折，流经山地之间，两岸高地环列，到坝址处缩窄成瓶口，河宽仅百余米；坝址至下游 6km 一段，河床窄，水流急，再经 3km 以后，河槽渐宽水流渐缓，又经 7km 以后，河道又转陡；自坝址至下游 50km，落差达 150m，且集中于 3 处，为本河流梯级开发创造了有利条件，宁溪水利枢纽即为第一梯级。

流域面积共 3200km^2，人口共计 65 万人；中上游地处山脉丘陵地带，大部分以农业为主，在流域内无主要的矿产和工业城市；离坝址 90km 处的珞城，是我国一座主要工业城市。

本枢纽主要任务为发电，兼有防洪等功能。

2. 枢纽的设计依据

本枢纽经过技术经济调查以及水利水能计算，提出了如下参数（表 3－1－1），作为进行建筑物设计的依据。

表 3-1-1 设计参数表

类型	项目	参数
特征水位	正常高水位	345m
	死水位（淤积结果）	320m
	发电死水位（最低工作水位）	333m
	最有利工作深度	12m
限制条件	$P=1\%$时的安全泄量	不超过 3000m^3/s
	坝前上游最高限制水位	350m
水电站资料	总装机容量	27MW
	台数	3 台，单机 9MW
	每台机组引用流量	30m^3/s
厂房尺寸	主厂房长	40m
	主厂房宽	11m
	发电机主板距屋顶高	18m

3. 水文气象资料

（1）河流特征。江北河流域以降雨为洪水之成因，每年 5 月、6 月、7 月三个月降水占全年的 48%，比较集中；一般在 5 月间即开始涨水，洪水期为 5～10 月，最大洪水量多发生在 7 月；11 月至次年 4 月为枯水期。

（2）洪峰流量。根据水文分析，各频率下的洪水流量列于表 3-1-2。

表 3-1-2 各频率下的洪水流量表

频率 P（%）	2	1	0.2	0.1	0.05
流量（m^3/s）	3150	4050	6100	7000	7900

（3）洪峰单位过程线。依据观测资料，推测 5 天历时的洪峰单位过程线，列于表 3-1-3。

表 3-1-3 五天历时的洪峰单位过程线表

时段（天）	0	1	1.06	2	3	4	5
流量（%）	10	89	100	57	32.5	19	12

（4）多年平均降雨天数、中水年月流量见表 3-1-4。

表 3-1-4 多年平均降雨天数、中水年月流量表

项目	1	2	3	4	5	6	7	8	9	10	11	12
中水年月流量（m^3/s）	20	70	60	180	470	790	810	800	320	530	200	160
多年平均降雨天数（d）	1.2	3	1.3	3	5	5	6	5	4	4	3.2	3.2

（5）坝址处水位流量关系见表3-1-5。

表3-1-5　　坝址处水位流量关系表

水位（m）	309	310	311	312	313	314	315	316
流量（m^3/s）	140	350	660	1100	1620	2180	2820	3500

（6）库水位—面积及库水位—容积关系见表3-1-6。

表3-1-6　　库水位—面积及库水位—容积关系表

水位（m）	315	320	325	330	335	340	345	350
面积（km^2）	—	6.3	12.8	23.5	31.7	40.9	57.5	68.5
容积（亿m^3）	0.158	0.342	0.762	1.66	2.89	4.63	7.15	9.50

（7）气温情况。本流域属于气候温和地区，植物全年均可生长，甚少降雪，冬季平均温度为8.5℃，河水无冰冻现象，夏季平均气温为27.4℃，各月温度见表3-1-7。

表3-1-7　　气温情况表　　单位:℃

月份	1	2	3	4	5	6	7	8	9	10	11	12
多年平均温度	7.9	9.9	13.4	18.6	23.2	25.3	29.7	39.8	25.4	19.3	14.7	0.1
最高温度	19.5	25.0	30.0	38.0	38	39.7	42.2	44.0	42.0	38.8	30.1	19.0
最低温度	−0.3	−2.5	0.5	4.5	12.9	15.5	16	15.0	13.5	7.5	0.8	0.0

（8）其他资料。

1）河流较清、淤沙较少，含沙量仅为0.9%。

2）水库最大吹程10km，多年平均风速16m/s。

4. 坝址地质地形情况

坝址处为震旦纪砂岩，右岸风化较严重，深约3～4m，且夹有页岩。坝址处水流急，无砂卵石等淤积物，无侵蚀地下水。

基岩的物理力学性质：砂岩容重$\gamma_c=25kN/m^3$，干燥时极限抗压强度130MPa，摩擦系数$f=0.62$，渗透系数$k=1.0\times10^{-5}cm/s$；砂质页岩容重$\gamma_c=22.5kN/m^3$，渗透系数$k=1.2\times10^{-5}cm/s$，干燥时极限抗压强度70MPa，饱和时极限抗压强度35MPa。

岩石与混凝土间摩擦系数$f'=1.0\sim1.2$，黏结力$c=60\sim100kPa$。

本工程坝址处地震烈度为Ⅵ度。

5. 筑坝材料

（1）当地材料。勘测结果如下。

1）砂。河砂A：在坝址下游3～5km处，颗粒较粗，其主要颗粒直径在1.0～0.5mm之间，$d_{50}=0.65mm$，不均匀系数$\eta=d_{60}/d_{30}=21$。砂均在正常河水位附近，含泥量约为3.5%，沿河有公路可通。河砂B：在坝址下游20km处，粒径较小，$d_{50}=0.32mm$，不均匀系数$\eta=20$。

2）石料。岩石物理性质：比重为 2.65t/m³，干抗压极限强度为 140MPa，饱和抗压极限强度为 105MPa，经过 25 次冻融后抗压极限强度为 105MPa。

3）土料。有黏土、沙壤土及山皮土风化料，其分布、储量及性质见表 3-1-8、表 3-1-9。

表 3-1-8 建筑材料性质表

土壤特性＼土壤名称	河砂 A	河砂 B	黏土	砂壤土	山皮土
土壤干容重（kPa）	16	16	17	16.6	16
空隙率	0.45	0.42	0.35	0.38	0.398
内摩擦系数 f（自然含水量）	0.60	0.55	0.35	0.30	0.60
内摩擦系数 f（饱和含水量）	0.60	0.55	0.24	0.28	0.50
黏结力 c（kPa）	0	0	100	100	0
渗透系数 K（cm/s）	2×10^{-3}	6×10^{-3}	4×10^{-7}	1×10^{-5}	1×10^{-3}
天然含水量（%）			20	17	
最优含水量（%）			19	18	22.5
压缩模量 E（kPa）			12000	10000	

表 3-1-9 当地材料分布及储量表

部　位	Ⅰ	Ⅱ	Ⅲ	Ⅳ
材料	石料	砂壤土	黏土	石料
位置	坝址上游 2km 右岸	坝址上游 1km 左岸	坝址上游 1.3km 左岸	坝址上游 3.5km 右岸
可开采量（万 m³）	15	8	5	10

4）卵石。在本支流入干流河口处有卵石 80×10^4m³，粒径在 1～20cm，质地良好，可作为混凝土骨料。

（2）外来材料。

1）水泥：水库下游路城有一大水泥厂，可供给本工程以足量的水泥。

2）钢筋：可取自珞城，其他钢材则由千里之外的城市运来。

3）木材：距工地 70km 的地区可大量供应。

（3）交通情况。本支流由于险滩阻隔，无法通行较大船只，但有公路可达干流河口。干流可通过大船直达珞城，并与铁路相联系，交通方便。

本工程坝顶无交通要求。

6. 地形地质图

江北河宁溪水利枢纽工程坝址地形平面图和地质剖面图见图 3-1-1。

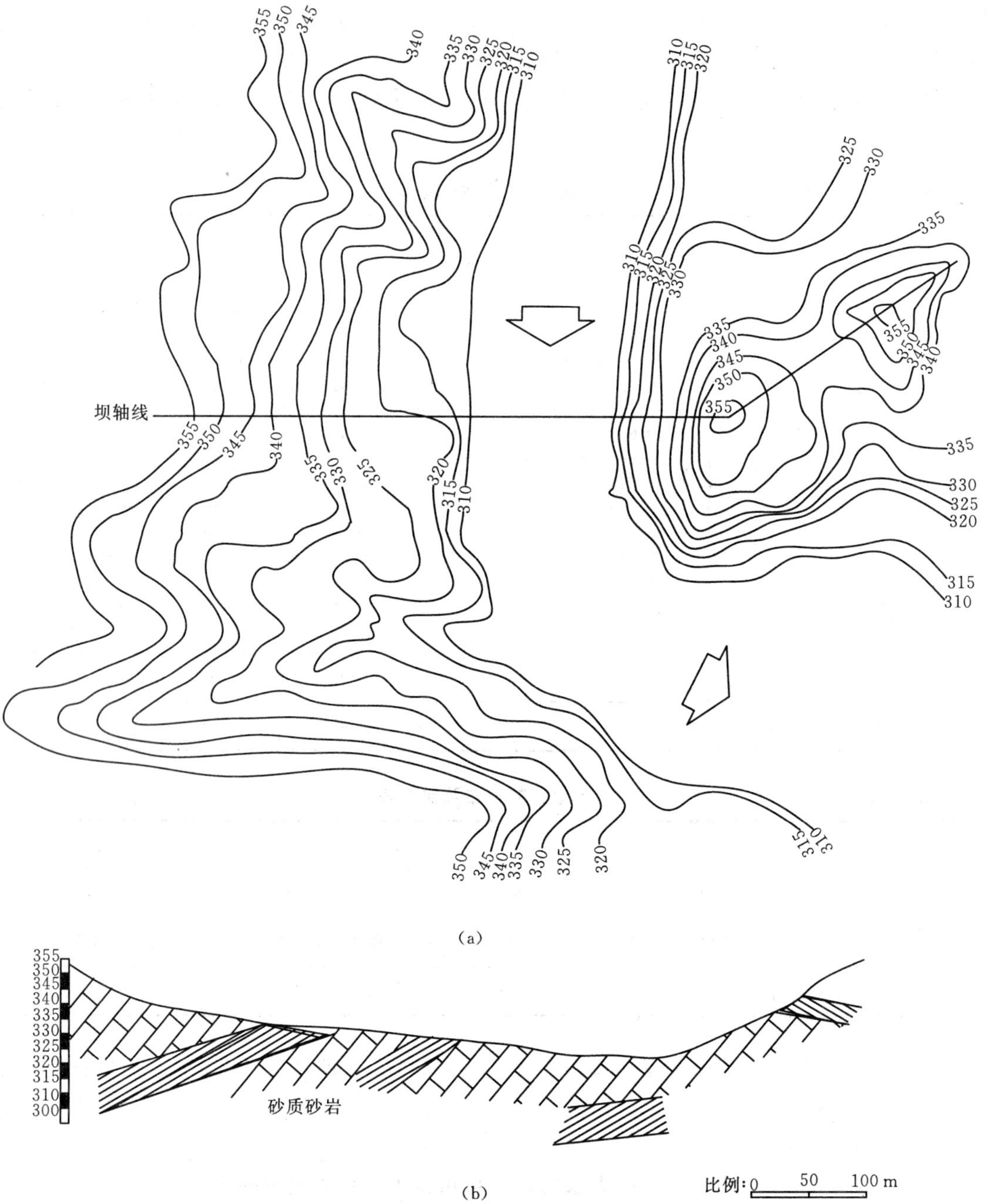

图 3-1-1 江北河宁溪水利枢纽工程坝址地形平面图和地质剖面图

(a) 坝址地形图；(b) 地质剖面图

（二）设计内容

1. 枢纽布置

（1）确定枢纽组成、枢纽等别和建筑物级别，选择各主要建筑物的型式。

（2）通过调洪演算，确定设计洪水位和校核洪水位。

（3）完成 2 个方案的枢纽布置比较和最终选定。

2. 主要建筑物设计

（1）确定挡水坝段的基本剖面，进行剖面优化。

（2）对挡水坝段、溢流坝段进行详细设计。

（3）对电站坝段、深孔坝段主要结构进行设计。

3. 细部结构设计和地基处理设计

（1）完成坝体细部结构的设计。

（2）完成地基处理设计。

（三）设计步骤

1. 分析设计资料

仔细阅读和分析“江北河宁溪水利枢纽工程设计基本资料”，了解江北河流域概况，坝址及库区的地形、地质、水文条件以及社会经济状况等，明确所要设计的江北河宁溪水利枢纽的任务，正确理解所给的各项设计资料在江北河宁溪水利枢纽工程设计中的作用。

仔细阅读和理解“江北河宁溪水利枢纽工程设计任务书”，明确本次毕业设计的任务和要求。

仔细阅读、熟悉和理解《混凝土重力坝设计规范》(DL 5108—1999）和《混凝土重力坝设计规范》(SL 319—2005)，并以此作为主要设计依据。

2. 枢纽布置

（1）枢纽组成。根据枢纽任务，确定本枢纽应由哪些主要建筑物组成（挡水建筑物、泄水建筑物、发电建筑物、放空建筑物等）。

（2）确定枢纽等别和建筑物级别。根据枢纽任务和所给资料（发电、防洪、库容)，对照规范《水利水电工程等级划分及洪水标准》(SL 252—2000)，确定枢纽等别（先按发电、防洪、库容分别确定分项等级，再按最大者确定枢纽等级）和建筑物级别（分清主要建筑物和次要建筑物）。

根据枢纽等别和建筑物级别，对照规范《水利水电工程等级划分及洪水标准》(SL 252—2000)，确定设计洪水标准与校核洪水标准。

（3）挡水建筑物坝型选择。对给定的坝轴线进行分析，结合所给的设计资料（地形地质资料、当地材料资料等)，确定挡水建筑物的基本坝型（如混凝土重力坝、混凝土拱坝、土石坝等)，要求进行坝型选择的充分论证。

本工程河谷开阔，河谷宽高比较大，不适合修建拱坝；本工程坝址处当地材料蕴藏量不足，不宜修建土石坝；因此，建议修建混凝土重力坝。

在确定选择混凝土重力坝后，应根据本工程的特点，结合混凝土重力坝各种坝型（如实体重力坝、宽缝重力坝、空腹重力坝、预应力重力坝、碾压混凝土重力坝等）的适用条件和优缺点，对选定何种混凝土重力坝作进一步的分析比较。

（4）其他主要建筑物型式选择。在确定了挡水建筑物为混凝土重力坝的前提下，初步选择泄水建筑物、电站建筑物、放空建筑物的具体型式。

（5）调洪演算。明确调洪演算的目的和基本计算方法。编程计算的同学，建议采用试算法；手算的同学，建议采用半图解法。手算的同学，必须至少完成一个有效方案，尽可能完成 2 个有效方案，并通过比较确定最终的调洪演算成果，包括设计洪水位和校核洪水位及相应的下泄流量。有效方案是指调洪演算成果同时满足上游最高限制水位 $H_{max}<350m$ 和设计洪水时最大下泄流量 $Q_{max1\%}<3000m^3/s$ 两个控制条件。

(6) 枢纽布置方案。主要是确定溢流坝段、电站坝段、深孔坝段相对位置的布置，主要考虑以下因素：溢流坝段的水流特点、电站厂房的布置要求、溢流坝段的下泄水流、深孔坝段的出流水流与电站发电尾水之间的干扰等。此外，还应考虑运用、施工等方面的因素。

要求布置 2 个有效方案进行比较分析，通过论证后确定最终的布置方案。应绘出各比较方案的枢纽布置图。

(7) 施工导流方案。简单介绍本工程的施工导流方案和布置。

3. 挡水坝段设计

(1) 挡水坝段剖面尺寸初拟。

1) 根据设计洪水位和校核洪水位，分别计算波浪高度、壅高以及规范规定的安全超高，最终确定坝顶高程。

2) 按照坝顶有、无交通要求，综合坝顶运用条件，确定坝顶宽度。

3) 初拟上、下游边坡的坡度（$n_1=0\sim0.3$，$n_2=0.6\sim0.8$）。

4) 初拟上、下游折坡点高程（上游折坡点一般取为泥砂淤积高程，下游折坡点一般根据校核水位与下游坝坡坡度确定)。

5) 初拟坝体排水管位置、坝体交通排水廊道及基础灌浆廊道的位置和尺寸。

6) 绘制挡水坝段初拟剖面图。

(2) 挡水坝段剖面优化。采用武汉大学水利水电学院水力发电工程系水工教研室提供的程序进行计算分析。

1) 计算原理。以稳定、强度、坝体积最小为原则，对坝顶宽度，上、下游折坡点，上、下游边坡等参数进行优化，最终确定挡水坝段剖面。

2) 电算工况。按规范规定，应计算正常蓄水位工况、设计洪水位工况、冰冻工况、校核洪水位工况、地震工况等 5 种工况。本工程可不考虑地震、冰冻问题，因此按以下 3 种工况计算：①正常蓄水位；②设计洪水位；③校核洪水位。

3) 成果分析及最终断面选择。在满足稳定要求（抗滑稳定安全系数大于规范规定值）和应力要求（垂直正应力不出现拉应力）的前提下，选择坝体积较小的方案。

(3) 挡水坝段抗滑稳定及边缘应力计算分析（手算）。通过手算，掌握重力坝稳定和边缘应力计算的基本原理和方法，加深对重力坝稳定和边缘应力的理解。

1) 稳定计算。计算方法：要求采用抗剪断强度公式进行稳定计算。计算工况：作为计算训练，本次只要求计算 1 种工况，即设计洪水位工况或校核洪水位工况。

2) 边缘应力计算。计算方法：材料力学法。计算工况：应力计算工况应与稳定计算工况一致，以便分析比较。计算内容：垂直正应力。

3) 分析稳定、应力是否满足规范要求。规范规定：对抗剪断抗滑稳定安全系数 K'，基本荷载组合条件下，$K'\geqslant3$；校核洪水位特殊荷载组合Ⅰ条件下，$K'\geqslant2.5$。对垂直正应力，在各种荷载组合下（地震荷载除外)，坝踵垂直应力不应出现拉应力，坝趾垂直应力应小于坝基容许压应力。

(4) 坝体应力计算分析（电算)。

1）计算工况。包括设计洪水位，正常高水位和校核洪水位。

2）计算内容。计算4～5个断面（至少包括建基面、上游折坡点断面、下游折坡点断面等）上若干点处的垂直正应力、水平正应力、剪应力、主应力及其方向；绘出主应力图。

3）计算成果及成果分析。列出各断面边缘应力，分析应力是否满足规范要求。

4. 溢流坝段设计

（1）溢流坝段剖面形状的确定。在已经设计的挡水坝段的基础上，拟定溢流坝段的尺寸。拟定的主要内容包括：孔数、孔宽、堰型（如WES曲线等）、下游消能方式（如挑流消能、面流消能、底流消能、戽流消能等，进行比较选择）、堰顶高程、挑角（15°～35°）、反弧半径（$R=4h\sim10h$，h为校核洪水位闸门全开时反弧的最低点处的水深）等。

1）堰面曲线。建议采用WES曲线，要求确定曲线方程及关键点的坐标。

2）中部直线段。坡度与非溢流坝相同，尽量使之位置与非溢流坝段一致，当难于保持一致时，以下游保持一致为主。

3）上游段曲线。要求确定曲线方程。

要求绘制溢流坝段剖面图。

（2）消能设计。

1）消能方式的选择。根据本工程的实际条件，确定消能方式，要求进行充分论证。

2）反弧半径、挑射角及鼻坎高程的确定。

3）消能验算。计算挑距、冲坑深度，并分析是否满足规范要求。

（3）闸门、闸墩及导墙设计。

1）闸门。平板闸门或弧形闸门。要求根据本工程的特点，结合两类闸门的优缺点和适用条件，通过充分论证进行选择。

2）闸墩。确定溢流坝段的分缝方式（墩中分缝或跨中分缝），确定闸墩形状及厚度。

3）导墙。确定导墙长度、高度和厚度。导墙长度一般应延伸到鼻坎，分隔溢流坝段与电站坝段水流时，应延伸至挑距外。导墙高度根据校核洪水泄流时溢流面水面曲线来确定。

5. 深孔坝段设计

深孔坝段的基本剖面应与挡水坝段一致。

（1）深孔型式。建议采用无压坝内泄水道方式的深孔坝段，要求从水力学条件、运行条件、结构要求、施工条件等角度，比较分析坝内泄水道有压或无压两种方式。

（2）孔口尺寸。

1）进水口中心线的高程。根据运行要求确定。

2）孔口尺寸的确定。要求在一个月内将库水位由正常高程放空至死水位333m高程，放空方式为表孔泄流加深孔泄流联合运用，即在堰顶以上水位采用表孔和深孔联合泄流，在堰顶以下水位采用深孔泄流。

（3）进口曲线（短有压段）设计。确定顶面曲线、两侧曲线方程。

（4）管身段（无压段）设计。确定管身段曲线方程及关键点坐标。

（5）消能段设计。根据本工程的实际条件，确定底孔消能方式，要求进行充分论证；确定消能段反弧半径、挑射角及鼻坎高程等。

（6）闸门。确定工作闸门、检修闸门的布置和型式。

（7）通气孔设计。确定通气孔的位置、布置及基本尺寸。

6. 电站坝段设计。电站坝段的基本剖面应与挡水坝段一致

（1）引水建筑物。

1）确定压力钢管进水口中心线高程。

2）计算压力钢管直径。

3）进口建筑物及主要设备的有压进水口位置、尺寸及高程（为防止空气进入有压管道中，须在工作闸门顶部以上保持足够的淹没深度）、进水口轮廓尺寸、闸门选择、拦污栅、通气孔等。

4）压力钢管的布置。

（2）电站厂房建筑物。

1）水轮机转轮直径的确定。

2）水轮机安装高程的确定。

3）尾水管底部高程的确定

4）发电机装置高程的确定。

5）蜗壳型式的选择和尺寸确定。

7. 细部构造及地基处理

（1）坝顶构造。确定坝顶路面设计，坝顶排水设计，坝顶安全防护（护栏）及照明设计。

（2）分缝。明确坝体分缝的目的和原则。

1）横缝。明确坝段宽度及其理由。

2）纵缝。明确纵缝的型式、纵缝间距、纵缝键槽布置、纵缝灌浆布置等。

3）水平施工缝。明确不同部位浇筑块的厚度，新老接合面处理措施等。

（3）止水。明确止水的目的，确定横缝止水型式及其布置。

（4）廊道系统。明确坝体廊道的作用，确定不同廊道的高程及廊道尺寸。

1）基础灌浆廊道。

2）交通观测廊道。

3）排水廊道。

（5）坝体排水。明确坝体排水的作用，确定坝体排水管距上游面的位置、排水管的间距等。

（6）坝基排水。明确坝基排水的作用，确定坝基排水孔幕的深度、间距等。

（7）防渗帷幕。明确防渗帷幕的作用，确定灌浆帷幕的深度、厚度等。

（8）坝体混凝土的分区。明确坝体混凝土分区的目的，确定坝体不同部位对混凝土材料特性的要求等。

（9）地基处理。明确地基处理的目的，并根据本工程地质条件，确定地基处理方式。

1）坝基开挖与清理。

2）坝基的固结灌浆。

（四）提交设计成果

1. 设计说明书

设计说明书应详细说明设计依据、设计步骤、计算公式或方法、设计成果等，应章节

分明、条理清楚、文理通顺、论证充分、方法正确、成果合理。应既有计算数据，又有分析论证，并注意恰当地使用插图与附表。说明书宜尽量采用计算机打印，也可用碳素笔书写。

2. 设计计算书

设计计算书应包括毕业设计中的主要计算内容。

（1）调洪演算的过程和成果。

（2）挡水坝段剖面优化计算过程和成果（要求附计算简图）。

（3）挡水坝段稳定、应力等计算内容的手算过程和成果（要求附计算简图）。

（4）挡水坝段稳定、应力等计算内容的计算机程序计算输入数据文件和输出成果文件（要求附计算简图）。

（5）泄水坝段泄流计算和消能计算成果。

设计计算书不另编章节，其所标章节与设计说明书相对应。

3. 设计图纸

设计图纸一律采用 CAD 绘制，图幅规定为 A3，设计图纸数量以能够将所设计的内容表达清楚为标准，一般应不少于 4 张，主要内容如下。

（1）枢纽平面布置图及上游或下游立视图，1 张。

（2）挡水坝段设计图（三视图），1 张，含细部结构设计。

（3）泄水坝段设计图（三视图），1 张，含细部结构设计。

（4）其他建筑物设计图（三视图），1～2 张。

设计说明书、设计计算书和设计图纸装订成一本。设计计算书作为附录一，放在设计说明书之后；设计图纸作为附录二，放在设计计算书之后。

4. 相关材料

提交毕业设计成果时，应同时提交以下材料。

（1）毕业设计基本资料。

（2）毕业设计任务书（指导教师签字）。

（3）开题报告（指导教师签字）。

（4）中期检查表（指导教师签字，教研室签字）。

（5）毕业设计进度周历表（指导教师签字）。

（五）进度安排

毕业设计时间建议 13 周（不含毕业实习），进度安排如下。

（1）熟悉毕业设计基本资料，0.5 周。

（2）枢纽布置，3 周。

（3）挡水坝段设计，2 周。

（4）溢流坝段设计，2 周。

（5）深孔坝段设计，1 周。

（6）电站坝段设计，1 周。

（7）细部结构及地基处理设计，0.5 周。

（8）成果整理（含设计说明书编写、计算书编写、设计图绘制等），3 周。

在第 2 周周五前，应提交开题报告；在第 7 周时，进行中期检查。

二、冀河夹峪水利枢纽工程设计（土石坝方案）

（一）设计基本资料

1. 流域状况

冀河为华北清平河系的支流之一，发源于华北嵩山南麓，环绕高山流经黄土盆地，然后东流穿过 170km 的峡谷进入平原地带，最后注入清平河。全流域面积为 27300km^2。东台以上的地势较高，为黄土高原的一部分，属于河流上游。在长峡谷的盆地中，四周高山耸立，坡度极陡，天然植被存余不多，暴雨来临，常形成严重的水土流失现象，为泥沙的主要来源地区。东台至黄庄间为河道中游，多属于峡谷深山区，由于暴雨较多，是洪水产生的主要地带。峡谷以下为广大平原，属于河流下游，是本流域的主要农产区。在下游河口附近，有一泛区，总面积约 300km^2。历年来，由于上游来水流急，含沙量大，水流入泛区后，水势骤缓，淤积严重，滞洪作用逐渐减小，加之水流动荡，河槽不稳定，致使决口事件频繁，洪水危害非常严重。

冀河流域共包括 33 个县市，为主要农产区，共有耕地 1160 万亩，占全流域面积的 28%，人口 420 万，其中 80%以上从事农业生产，人均耕地约 3.5 亩。区内灌溉发达，有渠灌面积 137 万亩，井灌面积 110 万亩。其主要农作物在上游山区有高粱、玉米，在下游平原地区有棉花、小麦、玉米等。下游平原地区是清平河流域的棉粮高产区。由于无法控制洪水，使下游 350 万亩农田受到水灾的威胁。

流域上游矿藏种类甚多，其中已大量开采的煤矿就有两处，流域下游有大工业城市一座，国家铁路干线沿东西南北方向通过，还有铁路专线与矿区接通，各县均有公路连接，交通比较方便。

2. 流域规划及枢纽任务

夹峪水库位于平山县上游约 12km 处，属于冀河的中、下游丘陵地区。控制流域面积 15000km^2，占平山县以上流域面积的 55%。主要工业城市石同市及铁路干线，以及 350 万亩农田均位于夹峪水库下游。

针对流域的自然条件和社会经济状况，考虑资源的综合开发。根据流域规划，本枢纽主要任务是防洪，其次是发电，规划中确定水库正常高水位为 191.80m，死水位为 182.80m。具体任务指标如下。

（1）防洪。为使下游重要工业城市和 350 万亩农田不受淹没，确保国家铁路干线免遭洪水威胁，本枢纽与河道下游整治泛区的工程相配合，可以完成此项任务。具体防洪要求如下：宣泄设计洪水时，库水位不得超过 202.00m 高程，允许下泄流量为 5800m^3/s；宣泄校核洪水时，库水位不得超过 203.00m 高程，允许下泄流量为 9000m^3/s。

（2）发电。本枢纽为电力系统中的主要水电站之一，担任调峰任务。根据水能规划，确定总装机容量为 48MW；机组 4 台，单机 12MW。

3. 水文气象资料

流域内年平均气温为 10～13℃，库区附近约 12℃。全年温度 1 月最低，其月平均气温为－2～－4℃，极端最低气温可达－16.3℃，7 月气温最高，其平均气温为 24～27℃，极端气温高达 45℃。

流域平均年降雨量东台以上约 400mm，东台以下约 500mm。降雨量在年内分配上受季风气候影响，多集中在 6 月、7 月、8 月三个月，约占全年的 70%以上；冬季最少（12 月至次年 2 月仅占 2%）。在小麦及棉花生长季节雨量稀少，常有春旱现象。

冬季风偏北，夏季风偏南，春秋季偏南偏北风交替出现，全年大风日数以春、冬二季最多。多年平均最大风速达 12m/s，水库吹程约 4km。

坝址处平均年径流水量为 30.5 亿 m^3。其中 7 月、8 月水量最大，约占全年的 40%，5 月最小。丰、枯水年径流量之比达 10 倍以上，且水、旱年份时常连续发生。

通过洪水频率分析，典型频率流量见表 3-1-10。

表 3-1-10　　典型频率流量表

洪水频率 P（%）	0.01	0.1	0.33	1.0	2.0	5.0
洪峰流量（m^3/s）	13860	9900	7200	5500	4500	3000

从历年流量过程分析，1 月、2 月水势平稳，3 月中旬解冻后稍有起伏，无明显洪峰，4 月、5 月水量最小，至 6 月下旬开始涨水，汛期为 6～9 月，10 月以后水势趋于缓落平稳。10 月至次年 5 月中枯水季节 20 年一遇的洪水流量 $Q_{5\%}=280m^3/s$。

坝址处多年平均输沙量约 500 万吨，其中推移质约占 10%。根据上游水土保持情况，算得淤沙高程为 170.00m，水库淤沙干容重值 13.33kN/m^3，浮容重值 8.43kN/m^3，内摩擦角 $\varphi=14°$。

水位—库容关系见表 3-1-11，水位—流量关系见表 3-1-12，尾水渠水位—流量关系见表 3-1-13，典型洪峰过程见表 3-1-14。

表 3-1-11　　水位—库容关系表

库水位（m）	152.5	160	165	170	180	190	195	200	205
库容积（亿 m^3）	0	0.4	0.8	3.44	3.52	7.6	11.04	15.28	20.64

表 3-1-12　　坝址水位—流量关系表

水位（m）	146.0	146.5	147.0	147.5	148.0	148.5	149.0	149.5	149.6
流量（m^3/s）	50	220	620	1300	2250	3460	5100	7000	7400

表 3-1-13　　尾水渠水位—流量关系表

水位（m）	145.8	146.0	146.2	146.4	146.6	146.8	147.0
流量（m^3/s）	10	28	60	87.2	115.2	138	164

表 3-1-14　　典型洪峰过程表

日	2	2	2	2	2	3	3	3	4	4	4	4
时	3	8	14	18	22	6	14	20	2	4	10	12
流量（m^3/s）	250	500	1750	2200	3000	6300	5500	5000	4400	4200	3800	4400

续表

日	4	4	5	5	5	6	6	6	8	8	8	8
时	14	20	0	12	22	2	12	20	0	4	8	10
流量（m^3/s）	2600	2400	1600	1400	950	950	500	600	300	400	600	500
日	8	8	9	9	9	9	9	10	10	10	10	13
时	16	22	2	6	10	18	22	0	10	16	20	8
流量（m^3/s）	700	1100	700	900	700	600	700	900	600	400	400	250

4. 工程地形地质条件

本坝址位于河道弯曲部分，在库区范围内河床的底部坡降为1/330。河谷横断面不对称，两岸边坡左岸较缓，约为30°，右岸约为50°。由于环流的冲蚀，坝址区右岸阶地不甚发育。

漫滩在坝轴线附近分布很不规则，一般高出河水面1～2.5m，高程为147.50～149.50m。一、二级阶地宽度较小，呈窄长带状，阶坡较平缓，高程分别在149.00～151.00m及150.00～160.00m。两岸的三级阶地为本区的主要地貌，高程为160.00～200.00m，地形平坦，台面宽3km余，第四纪黄土直接覆盖于片麻岩系之上。说明在变质岩系生成后整个地质年代中，本区一直处于浸蚀状态，因此属于浸蚀台地的性质。

河谷两岸冲谷发育。在左右两岸各有一条较大沟谷与主流相接，为取水、泄水建筑物的布置提供了有利的条件。

两岸露头有显著的差别，右岸岩石裸露，左岸则被一片薄层的黄土与风化基岩覆盖。坝址各处冲击层及基岩风化厚度不一。

枢纽位于太行山背斜的东南部。库区两岸岩层走向主要为N35°～40°E，倾向SE（向下游倾斜），倾角20°～40°。河床部分为一个两翼坡度很缓的背斜构造，轴部位于现在的主流附近，背斜轴向N15°E，两岸岩层走向为N35°～40°E。左岸岩层倾向SE（向下倾斜），右岸岩层倾向NW，倾角大致在20°～40°。在其轴部附近，岩石节理发育，并有岩脉侵入，漏水严重。

坝址区节理发育情况左右两岸基本相同，以N20°～30°W方向构造裂隙为主，该组裂隙宽度较大，最大者可达20cm以上。

左岸多为细小裂隙，右岸多位宽大裂隙。根据中国科学院地球物理研究所提供的资料，经研究确定坝址区震烈度为Ⅶ度。

河谷左、右岸各有1个垭口。左岸垭口，花岗片麻岩风化较浅；右岸垭口，地质构造复杂，岩石风化较深，强度也较差。河谷两岸山体地质条件均较好，其中右岸地层岩性更好。

5. 建筑材料及土的物理力学性质

（1）料场情况。在坝址附近曾进行过3次土料调查，证实坝址附近主要有重壤土及沙砾料2种土料。重壤土可用料总藏量约为2100万m^3，分布在坝址上、下游及左、右岸的4个土区，其中朱毫滩土区约400万m^3，尚家湾土区约700万m^3，霍宾台土区约600万m^3。砂砾料可用料藏量约为2156万m^3，分布在坝址上、下游的3个料场，其中Ⅰ料场约122万m^3，Ⅱ－1场约1706万m^3，Ⅱ－2场约328万m^3。此外在坝址附近阶地及下游5公里范围内还有大量砂砾料。

各料场地形均较平坦，场地较开阔，开采和运输条件尚好。

(2) 坝料及土基的颗粒组成。各料场土料有机质含量一般低于1%，水溶盐类含量一般低于0.5%。重壤土料中黏粒含量占30%，粉粒含量占30%，砂粒含量占40%，d_{10} = 0.0016mm，d_{50} =0.05mm，C_u =31.25。砂砾料中粉粒加黏粒含量占15%，砂含量占45%，砂粒含量占40%，大于5mm的砾石含量占10%。

(3) 土料的物理力学指标。由实验室提供的土料试验综合成果见表3-1-15～表3-1-19。

表3-1-15　坝基重壤土物理指标表

土粒相对密度	天然状态					可塑状态			
	含水量（%）	湿容重（kN/m³）	干容重（kN/m³）	饱和度（%）	孔隙比	流限（%）	塑限（%）	塑性指数	稠度
2.72	22	20.4	16.7	95	0.63	36.5	19.5	17	0.14

表3-1-16　坝基重壤土力学指标表

抗剪强度测定值						渗透系数（cm/s）
非饱和快剪		饱和固结快剪		饱和快剪		
凝聚力（MPa）	内摩擦角（°）	凝聚力（MPa）	内摩擦角（°）	凝聚力（MPa）	内摩擦角（°）	
0.3	19	0.282	21	0.295	12	1.5×10^{-7}

表3-1-17　坝基沙砾料的物理力学指标

相对密度	天然干容重（kN/m³）	抗剪强度指标				渗透系数（cm/s）
		水上		水下		
		摩擦角（°）	胶合力（MPa）	摩擦角（°）	胶合力（MPa）	
2.64	18	32	0	30	0	4×10^{-2}

表3-1-18　重壤土坝料的物理指标表

土粒相对密度	天然状态					可塑状态			
	含水量（%）	湿容重（kN/m³）	干容重（kN/m³）	饱和度（%）	孔隙比	流限（%）	塑限（%）	塑性指数	稠度
2.72	22	19.6	16.1	88	0.69	36.5	19.5	17	0.14

表3-1-19　沙砾料坝料的物理力学指标

大于5mm的粗颗粒相对密度	最大干容重（kN/m³）	最小干容重（kN/m³）	实验采用干容重（kN/m³）	抗剪强度指标				渗透系数（cm/s）
				水上		水下		
				摩擦角（°）	胶合力（MPa）	摩擦角（°）	胶合力（MPa）	
2.68	18.5	14.40	17.0	29	0	27.5	0	4×10^{-2}
			17.5	30	0	29	0	3×10^{-2}
			18.0	31.5	0	30	0	2×10^{-2}
			19.0	33	0	31	0	1×10^{-2}

6. 地形地质图

坝址地形平面图见图3-1-2，坝轴线地质剖面图及溢洪道地质剖面图见图3-1-3。

图3-1-2 翼河夹峡水利枢纽组工程坝址地形平面图

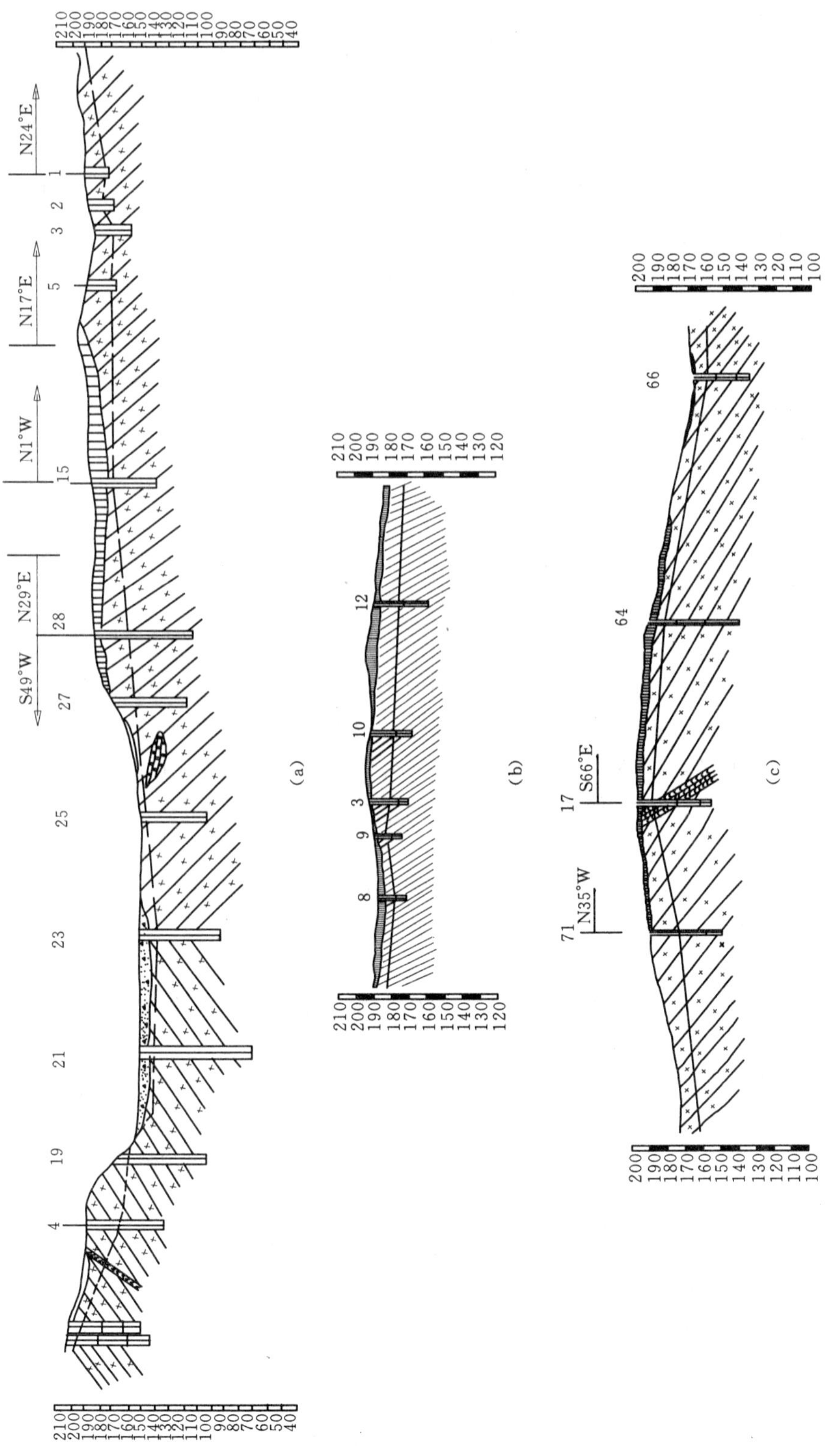

图 3-1-3　翼河夹峪水利枢纽工程坝轴线地质剖面图及溢洪道地质剖面图

(a)沿坝轴线纵剖面；(b)C_2-C_2 剖面；(c)$T_{11}-T_{11}$ 剖面

（二）设计内容

1. 枢纽布置

（1）确定枢纽组成、枢纽等别和建筑物级别，选择各主要建筑物的型式。

（2）通过调洪演算，确定设计洪水位和校核洪水位。

（3）完成2个方案的枢纽布置比较和最终选定。

2. 土石坝设计

（1）确定土石坝坝型及基本剖面，进行剖面优化。

（2）进行土石坝渗流及稳定计算分析。

（3）进行地基处理设计。

3. 溢洪道设计

（1）溢洪道路线布置。

（2）溢洪道结构设计。

4. 其他建筑物设计

（1）放空隧洞设计。

（2）电站设计。

（三）设计步骤

1. 分析设计资料

仔细阅读和分析“翼河夹峪水利枢纽工程设计基本资料”，了解翼河流域概况，坝址及库区的地形、地质、水文条件以及社会经济状况等，明确所要设计的翼河夹峪水利枢纽工程的任务，正确理解所给的各项设计资料在翼河夹峪水利枢纽工程设计中的作用。

仔细阅读和理解“翼河夹峪水利枢纽工程设计任务书”，明确本次毕业设计的任务和要求。

仔细阅读、熟悉和理解《碾压式土石坝设计规范》（SL 274—2001）和《碾压式土石坝设计规范》（DL/T 5395—2007），并以此作为主要设计依据。

2. 枢纽布置

（1）枢纽组成。根据枢纽任务，确定本枢纽应由哪些主要建筑物组成（挡水建筑物、泄水建筑物、放空建筑物、发电建筑物等）。

（2）确定枢纽等别和建筑物级别。根据枢纽任务和所给资料（发电、防洪、库容），对照规范《水利水电工程等级划分及洪水标准》（SL 252—2000），确定枢纽等别（先按发电、防洪、库容分别确定分项等级，再按最大者确定枢纽等级）和建筑物级别（分清主要建筑物和次要建筑物）。

根据枢纽等别和建筑物级别，对照规范《水利水电工程等级划分及洪水标准》（SL 252—2000），确定设计洪水标准与校核洪水标准。

（3）挡水建筑物坝型选择。对给定的坝轴线进行分析，结合所给的设计资料（地形地质资料、当地材料资料等），确定挡水建筑物的基本坝型（如混凝土重力坝、混凝土拱坝、土石坝等），要求进行坝型选择的充分论证。

本工程坝址左岸有垭口，可布置溢洪道。坝址附近当地材料（壤土、沙砾料等）丰富，质地良好。因此，建议修建土石坝。

在确定选择土石坝后，应根据本工程的特点，结合土石坝各种坝型（如心墙坝、斜墙坝、斜心墙坝、面板堆石坝等）的适用条件和优缺点，对选定何种具体的土石坝坝型作进一步的充分分析比较。本工程原则上可修建心墙坝、斜墙坝或斜心墙坝。本节以选择黏土心墙坝为例介绍设计步骤。

(4) 其他主要建筑物型式选择。在确定了挡水建筑物为黏土心墙坝的前提下，初步选择泄水建筑物、电站建筑物等的具体型式。

(5) 调洪演算。明确调洪演算的目的和基本计算方法。编程计算的同学，建议采用试算法；手算的同学，建议采用半图解法。手算的同学，至少必须完成一个有效方案，尽可能完成2个有效方案，并通过比选确定最终的调洪演算成果，包括设计洪水位和校核洪水位及相应的下泄流量。

有效方案是指调洪演算成果同时满足“宣泄设计洪水时，库水位不得高于202m高程，允许下泄流量为5800m^3/s”和“宣泄校核洪水时，库水位不得高于203m高程，允许下泄流量为9000m^3/s”两个控制条件。

(6) 枢纽布置方案。主要是确定土石坝、溢洪道、电站的具体位置，主要考虑以下因素：溢洪道应布置在垭口处，电站的布置应分析水头损失，还应分析溢洪道与土石坝之间的关系、溢洪道与电站之间的关系及其相互影响等。此外，还应考虑运用、施工等方面的因素。

要求布置2个有效方案进行比较分析，通过论证后确定最终的布置方案。应绘出各比较方案的枢纽布置图。

(7) 施工导流方案。简单介绍本工程的施工导流方案和布置。

3. 土石坝设计

(1) 坝体基本剖面尺寸初拟。根据设计洪水位和校核洪水位，分别计算波浪高度、壅高以及规范规定的安全超高，最终确定坝顶高程。按照坝顶有无交通要求，综合坝顶运用条件，确定坝顶宽度。初拟上、下游坝坡的坡度。上、下游坝坡可根据坝体结构形式和坝体填料性质，参考类似工程的经验，进行初步拟定。上、下游坡度宜采用变坡，并在适当位置设置马道。绘制土石坝初拟剖面图。

(2) 坝体结构及构造设计。

1) 防渗体：选择心墙填筑材料，确定心墙的基本尺寸，主要包括心墙上、下游坡度，心墙平均厚度，心墙顶宽度，心墙底宽度以及心墙与坝基连接方式等。

2) 反滤层：明确反滤层的作用，选择反滤层材料，确定反滤层的构造。

3) 坝体排水：根据坝体填料性质及下游水位条件，合理选择坝体排水形式（堆石棱体排水、贴坡排水、坝内排水等），并拟定坝体排水结构的基本尺寸。

4) 护坡：确定护坡形式。

(3) 填筑土料设计。

1) 防渗体材料：确定防渗体材料（黏性土料、砾石土料等）及其填筑标准。

2) 坝壳料：确定坝壳填料及其填筑标准。

3) 反滤料、过渡料及排水料：确定反滤层、过渡层及排水体的材料及其填筑标准。

(4) 坝体渗流计算。按有限深透水地基上的心墙土坝采用水力学方法计算。计算工况：按规范规定，应计算4种工况，即上游正常蓄水位与下游相应的最低水位，上游设计水位与下游相应的水位，上游校核水位与下游相应的水位，库水降落时上游坝坡稳定最不利情况。本次毕业设计，要求同学们对除“库水降落时上游坝坡稳定最不利情况”外的其他 3 种工况均进行渗流计算。对“库水降落时上游坝坡稳定最不利情况”工况，虽不具体进行计算，但要求掌握其基本计算方法。

计算内容：确定坝体内浸润线位置（浸润线方程），坝体平均渗透坡降，出逸点渗透坡降，坝体渗流量等，分析坝体及出逸点是否可能产生渗透破坏，并为坝坡稳定分析提供依据。

（5）坝坡稳定计算（电算）。采用计算机程序进行计算分析。计算方法：采用“瑞典圆弧法”或“简化的毕肖普法”计算。

计算工况：按规范规定，应计算 4 种情况，即施工期（含竣工时）的上、下游坝坡稳定，稳定渗流期的上、下游坝坡稳定，水库水位降落期的上游坝坡稳定，正常运行遭遇地震的上、下游坝坡稳定；每种情况均应计算上游正常蓄水位与下游相应的最低水位，上游设计水位与下游相应的水位，上游校核水位与下游相应的水位，库水降落时上游坝坡稳定最不利情况 4 种工况。本次毕业设计要求同学们计算上游正常蓄水位与下游相应的最低水位，上游设计水位与下游相应的水位，上游校核水位与下游相应的水位 3 种工况条件下的稳定渗流期下游坝坡稳定。对其他工况，虽不具体进行计算，但要求掌握其基本计算方法。

计算内容：确定上、下游坝坡的最小抗滑稳定系数，判断初拟的剖面是否满足稳定要求。

滑弧面的选择：原则上应先寻找最危险滑动面。本次毕业设计指定滑动面为：起点在坝顶，与心墙相交，与坝基相切或附近，端点在坝坡脚附近。

荷载计算：要特别注意自重计算时坝体不同部位土体容重的选择。土坝坝体自重分浸润线以上、浸润线以下与下游水面线以上、下游水面线以下 3 种情况来考虑。在浸润线以上的土体，按湿容重计算；在浸润线以下、下游水面线以上的土体，按饱和容重计算；在下游水面线以下的土体，按浮容重计算。

稳定判断：土坝坝坡的抗滑稳定安全系数应不小于规范规定的数值。

（6）坝坡稳定计算（手算）。为了掌握土石坝坝坡稳定计算的基本原理和方法，加深对土石坝坝坡稳定的理解，本次毕业设计要求学生完成 1 种工况条件下下游坝坡的稳定计算（手算）。

计算方法：采用“瑞典圆弧法”或“简化的毕肖普法”计算。

计算工况：在“上游正常蓄水位与下游相应的最低水位、上游设计水位与下游相应的水位、上游校核水位与下游相应的水位”3 种工况中任选 1 种工况进行计算。

计算内容、滑弧面选择、荷载计算以及计算成果分析与电算相同。

（7）剖面优化。根据渗流、稳定计算成果，对土坝剖面进行优化，然后确定最终的设计剖面。如计算的坝坡抗滑稳定安全系数太大，则不经济，应优化坝体剖面；如计算的坝坡抗滑稳定安全系数小于规范允许值，则不安全，必须调整并优化坝体剖面。

（8）地基处理。根据坝基地质条件和土石坝对地基处理的要求，确定地基处理的内容和处理措施。

4. 溢洪道设计

（1）溢洪道形式及轴线选择。溢洪道的布置应根据本工程自然条件、工程特点、枢纽布置的要求、施工以及运行条件等，通过技术经济比较后确定。

溢洪道的型式：应根据地形条件和运用要求，经过充分分析论证后合理选择（正槽式、侧槽式、竖井式和虹吸式等）。根据本工程实际情况，建议采用开敞式正槽溢洪道。

溢洪道的位置：应选择有利的地形，布置在岸边垭口处。

溢洪道的进口应位于水流顺畅处，且与土坝有一定的距离，不然就要加设导水墙，或加强邻近坝坡的防护。溢流堰前的进水渠应较短，以减少水头损失，提高泄水能力。溢洪道下游的出口，应与土坝的坝脚及其他建筑物保持一定的距离，否则也要增设防护建筑物。

（2）进水渠设计。应根据地形条件，合理选择进水渠轴线，确定进水渠形式以及进水池宽度、底坡及边坡坡度。

（3）控制段设计。

1）堰型选择：合理选择溢流堰形式（宽顶堰、实用堰、驼峰堰等）。建议采用 WES 型实用堰，也可采用宽顶堰。

2）堰顶高程：应根据调洪演算成果及泄洪方案的分析比较来确定。

3）溢流前缘宽度 L：分别按设计情况和校核情况进行估算，$L=Q/q$，q 为单宽流量，q 根据下游河床地质条件确定。

4）单孔宽度 b 的确定：$b=L/n$，孔数 n 取为单数，b 一般应为整数。

5）闸门：平板闸门或弧形闸门。要求根据本工程的特点，结合两类闸门的优缺点和适用条件，通过充分论证进行选择。

6）闸墩：取决于溢流堰的分缝（跨中分缝或墩中分缝）。

（4）泄槽段设计。

1）泄槽的平面布置。泄槽的平面布置必须牢牢抓住泄槽高速水流这一特点，因此，在布置上，要力求沿水流方向呈直线、等宽、对称布置，避免弯道或横断面尺寸的变化。

2）泄槽纵断面底坡。泄槽纵断面的布置与地形、地质条件十分密切。底坡尽可能采用单一的坡度，一坡到底，$i>i_{坡}$（急流与缓流的临界坡度）。即保证泄槽中的水流流态为急流。

底坡 i 一定要根据地形情况来确定。在保证结构安全稳定、水流流态良好的前提下，也可以采用变坡，尽量减少开挖量。但坡度变化不宜过多、过大。在坡度变化处，应用半径大于（6～12）h 的反弧进行连接，（h 为坡度较陡的一段末端的水深），从而避免产生负压、空蚀等现象。

3）收缩段及扩散段设计。收缩段在平面上应为对称收缩，收缩角不宜过大。扩散段在平面上应为对称扩散，扩散角也不宜过大。扩散角应以急流与边墙不发生分离为原则。

4）水力计算及水面线推求。主要目的是验证所设计的底坡是否产生急流，并推求水面线，计算泄槽的长度和边墙高度。

5）泄槽的横断面尺寸。断面形状：本工程为岩基，可采用矩形或接近矩形的断面。边墙顶的高程：根据水面的波动情况、掺气水深 Δh、安全超高 $\Delta h''$来确定。

6）泄槽的衬砌设计。确定泄槽衬砌的形式和方法。

7）泄槽的减蚀措施。确定泄槽减蚀措施的形式和方法。

（5）消能放冲段及尾水渠设计。消能形式选择：根据本工程的地质及运用等实际条件，确定消能方式，要求进行充分论证。建议采用连续式鼻坎挑流方式消能。

消能工设计：确定挑流鼻坎的高程、形状和基本尺寸。

冲坑验算：计算挑流射程和冲刷坑深度，确定是否满足规范要求。

5．其他建筑物设计

（1）放空隧洞设计。确定放空隧洞路径。合理选择进口建筑物的形式，并对渐变段、通气孔、平压管以及拦污栅等结构进行设计。

合理选择洞身的形式；根据放空时间要求，确定放空隧洞尺寸；确定隧洞衬砌方案。合理选择出口建筑物的形式，并对出口建筑物的结构进行设计。放空隧洞应充分利用导流隧洞。

（2）电站设计。确定电站位置和供水方式，布置发电引水隧洞路径。计算并确定发电引水隧洞的洞径。确定主要高程，如进水口高程、水轮机安装高程、发电机层高程、尾水管出口高程等。

（四）提交设计成果

1．设计说明书

设计说明书应详细说明设计依据、设计步骤、计算公式或方法、设计成果等，应章节分明、条理清楚、文理通顺、论证充分、方法正确、成果合理。应既有计算数据，又有分析论证，并注意恰当地使用插图与附表。说明书宜尽量采用计算机打印，也可用碳素笔书写。

2．设计计算书

设计计算书应包括毕业设计中的主要计算内容。

（1）调洪演算的过程和成果。

（2）土石坝坝体渗流计算过程和成果（要求附计算简图）。

（3）土石坝坝坡稳定等计算内容的计算机程序计算输入数据文件和输出成果文件（要求附计算简图）。

（4）土石坝坝坡稳定等计算内容的手算过程和成果（要求附计算简图）。

（5）溢洪道相关计算过程和成果。

设计计算书不另编章节，其所标章节与设计说明书相对应。

3．设计图纸

设计图纸一律采用CAD绘制，图幅规定为A3，设计图纸数量以能够将所设计的内容表达清楚为标准，一般应不少于4张，主要内容如下。

（1）枢纽平面布置图及纵剖面图，1张。

（2）土石坝设计图，1～2张，含细部结构设计。

（3）溢洪道设计图，1～2张，含细部结构设计。

（4）其他建筑物设计图，1～2张。

设计说明书、设计计算书和设计图纸装订成一本。设计计算书作为附录一，放在设计说明书之后；设计图纸作为附录二，放在设计计算书之后。

4．相关材料

提交毕业设计成果时，应同时提交以下材料。

（1）毕业设计基本资料。

（2）毕业设计任务书（指导教师签字）。

（3）开题报告（指导教师签字）。

（4）中期检查表（指导教师签字，教研室签字）。

(5) 毕业设计进度周历表（指导教师签字）。

（五）进度安排

毕业设计时间建议13周（不含毕业实习），进度安排如下。

(1) 熟悉毕业设计基本资料，0.5周。

(2) 枢纽布置，3周。

(3) 土石坝设计，2.5周。

(4) 溢洪道设计，2周。

(5) 放空隧洞设计，1周。

(6) 电站设计，1周。

(7) 成果整理（含设计说明书编写、计算书编写、设计图绘制等），3周。

在第2周周五前，应提交开题报告；在第7周时，进行中期检查。

三、千水河吉同山水利枢纽工程设计（拱坝方案）

（一）设计基本资料

1. 流域状况

本枢纽位于某省东南部千水河支流安定水的吉同山外。

安定水发源于鸭脚茂，流经高田、古坟岭、吉同山、至合口嘴与千水河汇合，全长92km，流域面积1212km²，从鸭脚茂至吉同山长75km，集水面积1092km²。

安定山上游属山区，其他为丘陵区，河谷为V形，河床内多蛮石、乱石、多石滩。高田以下河流平均比降约2.6%。干支流汇合处，合口嘴以下，河面宽阔，两岸为宽广平原，河床为砂底，平均比降约0.24%。

本区属于大陆性的热带岛屿气候，受季风和台风的影响很大，造成气温和雨量变化都很大，台风季节长达7个月之久，台风袭击不但造成风灾，而且挟来暴雨，洪量势急，是形成河流洪水暴涨的主要原因。

本流域内总人口23万，其中农业人口19万，耕地面积46万亩，并有荒地170万亩。农作物以水稻、番薯为主，经济作物有橡胶、菠萝、椰子、板椰、甘蔗等。下游加积市（距合口嘴31km）是经济、文化、工商业及水陆交通中心，合口嘴以下其他各城镇商业亦活跃。

本流域交通不很便利，仅在合口嘴以下可通行木船。加积市有公路与本省其他城市连接，合口嘴以上仅有小路通行。

本枢纽是一个多目标综合利用的水利工程，以灌溉发电为主，并考虑防洪及航运的要求。

(1) 灌溉。灌溉本区的耕地及计划开发的荒地有177000亩，此外还灌溉流域以外几个县的荒地及坡地1820000亩。这些地区都是发展甘蔗、橡胶、油棕、花生等经济作物的基地，灌区高程较高。从库北里佳子坳口引水，控制灌区的保证水库死水位不低于高程114m。灌溉年用水量7.89亿m³。

(2) 发电。供应本流域及邻近地区国民经济各部门的电力需要，电厂装机容量20MW，4台机组，平均引水水头88m，每台最大引水流量7m³/s。厂房尺寸30m×8.5m，机组间距6m，水轮机安装高程27.60m，尾水管出口底部高程24.80m，发电机层高程 34.30m，厂房高度 12.5m。

(3) 防洪。本水库是千水河流域综合开发的 5 个水库之一。根据规划，为保证下游加积市安全，要求本水库设计洪水时下泄量不超过 2065m^3/s，校核洪水时下泄量不超过 3100m^3/s，最高洪水位不超过 130m。

(4) 航运。水库建成以后，由电站下泄的流量将使水库以下的水深由枯水期 0.25m 增到 0.50m，可通行木船，航道得到改善。

根据规划定，水库正常高水位为 118.40m，水库死水位为 114.00m。

2. 水文气象情况

(1) 河流特性。河流流经山区和丘陵地带，河床多蛮石、石滩，坡降大，千河水下游河床的安全泄量较小。本流域每年都会遭受不同程度的洪灾，主要是由台风造成的，发生的时间多在 6～10 月，以 9～10 月最多。洪峰涨落的时间不长，一般约在 3～5 天以内。

坝址地区无水文站，各水文气象资料皆由加积站推算而得，坝址月平均流量如表 3-1-20所示，不同频率的洪峰流量见表 3-1-21，水位—库容曲线见图 3-1-4，坝址水位—流量关系曲线见图 3-1-5，不同频率的洪水过程线见图 3-1-6。

表 3-1-20　　坝址月平均流量表

月份	1	2	3	4	5	6	7	8	9	10	11	12
流量 (m^3/s)	30.5	20.5	16.9	30.5	35.5	38.2	30.2	48.6	138	148	124	65.8
径流量 (10^6m^3)	79	53	43.8	7.9	92	98.8	78.2	126	358	384	320	170

表 3-1-21　　各种频率的洪水表

项目 \ 频率 (%)	0.02	0.1	0.2	1	2	5
洪峰流量 (m^3/s)	12000	10780	9950	8090	7260	6150
洪水总量 (亿 m^3)	14.32	11.55	10.61	8.57	7.86	6.58
历时 (h)	92	92	92	92	92	92

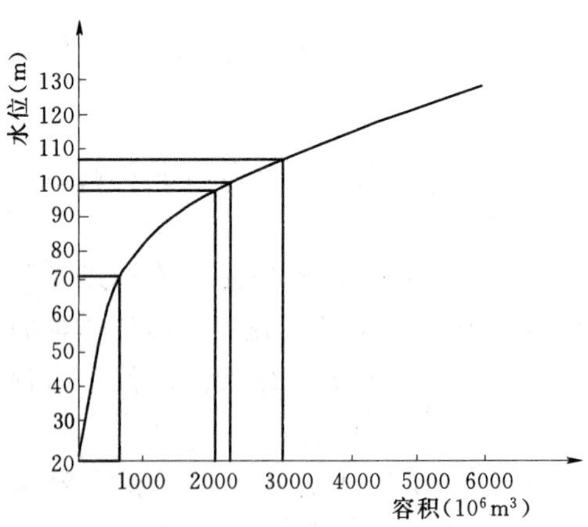

图 3-1-4　水位—库容关系曲线

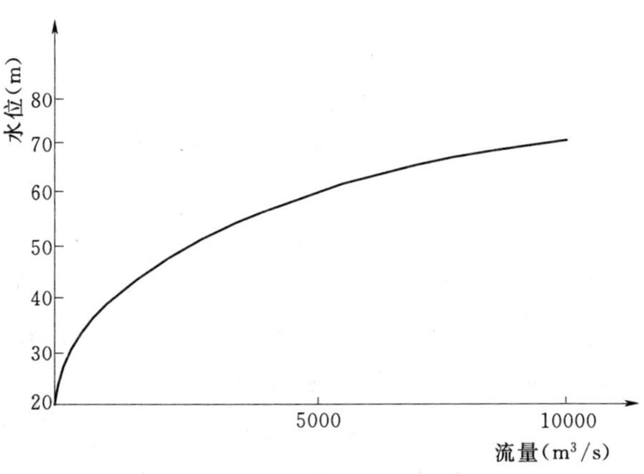

图 3-1-5　坝址水位—流量关系曲线

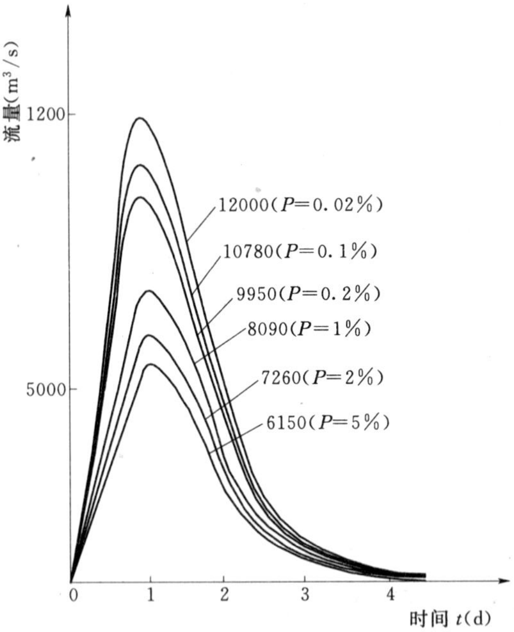

图 3-1-6 坝址不同频率洪水过程线

（2）气候情况。枢纽所在地区的气候属于大陆性的热带岛屿气候，受季风影响很大，年温度变化较大，年平均温度相差 8～10℃，最大日差达 13℃。

其次是表现在干季盛行东北风，温低雨少，湿季盛行南风，温高雨多，干湿季雨量差 4 倍左右，极端的可达 7～8 倍。年平均雨量约为 2000～2800mm。再次是台风和热带风暴多，台风季节长，有的达 7 个月之久。

枢纽所在流域内年平均温度 24℃，最低月平均温度（1 月）16.5℃，最高月平均温度（7 月）32.7℃，绝对最低温度 0.3℃，绝对最高温度 38℃。

月平均温度见表 3-1-22。

表 3-1-22　　坝址月平均温度表

月份	1	2	3	4	5	6	7	8	9	10	11	12
月平均温度（℃）	16.5	19.0	20.5	21.0	25.5	31.4	32.7	30.5	25.3	21.0	19.2	18.3

（3）河流泥沙情况。泥沙多为上部岩石风化而成，根据加积站实测推算，坝址最大平均含沙量为 0.172kg/m³，年平均输沙量为 360 万 m³/a，泥沙的浮容重为 1.1t/m³。

（4）风力情况。本区最大风力为台风，达 9 级，风速 18.3～21.5m/s，风向以东南最多，也有其他方向，但几率小。水库最大吹程 11km。

3. 坝址地形地质情况

（1）地形情况。坝址位于吉同山峡谷段，峡谷段总长 500m，河床为 V 形，两岸山头均达 200m 高程以上，两岸山坡陡峻，一般在 50°～70°，没有滩地。坝址区冲沟发达，切割沟坡多在 60°～85°，但无物理动力作用。坝址附近地形见图 3-1-7。

(a)

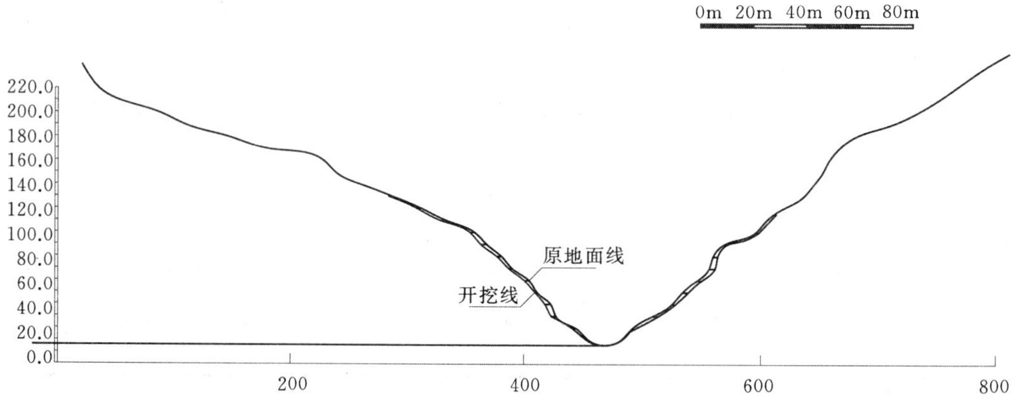

(b)

图 3-1-7　千水河吉同山水利枢纽工程坝址平面布置图及地质剖面图

(a) 吉同山水利枢纽平面布置图；(b) 地质剖面图

(2) 地质情况。库区岩层多为酸性花岗岩侵入，在库南及库西南皆属此类岩层，性坚硬，多中粒状，库西及库北为石英斑岩，为酸性喷出岩，以长石为基质夹石英斑晶。

坝址地区：吉同山峡谷进口至出口为花岗片麻岩，在高程 80.00～200.00m 以下，花岗片麻岩有明显带状构造，覆盖于花岗片麻岩上有第三纪红色岩系、磁盘砾岩砾状砂岩、石英岩及紫色泥质砂岩。

库区内无大的地质构造，未发现断层，岩石有挤压的迹象及小小的错动。

坝址构造：红色岩系的一单斜层，倾向东北，倾角15°～35°。

坝址区花岗岩片麻岩中发现有几条断层，其中以第一坝轴线上的70m及第三坝轴下约60m断层较大。前者为逆断层，走向南东65°，倾向南西，倾角85°，断层延伸约100m，宽0.2～1.0m，断层面已砂化，胶结较好，胶结物为石英岩、片麻岩等。后者为平推断层，走向北西60°，倾向南西，倾角48°～70°，延伸90～100m，宽0.4～1.0m，位于洪水位以下，胶结较好，胶结成分为石英片麻岩等。

坝址区经论证曾受过3次构造运动，岩石节理交错，有闭合和张开两种，后者为岩脉所冲填，方向多为南北向，长5～8m，宽0.4～2.5m，风化层2～10m。

坝址基岩性质见表3-1-23。

表3-1-23　坝址基岩性质表

基岩	计算容重（kN/m^3）	坚固系数	摩擦系数	极限抗压强度（MPa）	单位吸水率（L/m）
砂化花岗岩	27	10	0.70	12.5	0.01～0.05
花岗片麻岩	29	11	0.72	13.0	
片麻岩	28	7	0.65	10.0	
红色岩系	25	5	0.62	7.0	

根据中国科学院的统计资料，该地区地震强度为5级。

4. 工程材料

（1）当地材料。砂料：在坝址上游平滩附近约有20万m^3，下游距坝址约3km的河湾处有沙滩约60万m^3。砂粒主要成分为石英砂粒（0.1～1.0mm占40%～50%），其次为长石砂粒及云母碎片。

石料：坝址附近蕴藏甚丰，不过位于洪水位以下、枯水位以上的较好，多需削土开采，岩石多为矽化花岗岩及麻片状花岗岩。砾石料及土料未发现大量的产地。

（2）外来材料。水泥及钢材可由加积市转运来。木料可以由上游开采，并由加积市供应一部分。

（3）交通。原来在合口嘴以下可通航，在坝址附近的人行小道交通不便，可以将河道略加整理，航运延长到坝址附近，公路方面将原干线延长8km达坝址下游，作为主要运输路线。

5. 施工资料

附近无施工动力，施工机械及施工技术人员和工人从加积市调用。

施工期限：初步定为3年。

6. 放空要求

放空时间不大于45天，放空水位为94m。

7. 坝址平面布置图及地质剖面图

千水河吉同山水利枢纽工程坝址平面布置图及地质剖面图详见图3-1-7。

（二）设计内容

1. 枢纽布置

（1）确定枢纽组成、枢纽等别和建筑物级别，选择各主要建筑物的型式。

（2）通过调洪演算，确定设计洪水位和校核洪水位。

（3）完成2个方案的枢纽布置比较和最终选定。

2. 主要建筑物设计

（1）确定拱坝的基本剖面，对坝体应力进行计算分析。

（2）对溢流坝段进行详细设计。

（3）对深孔坝段主要结构进行设计。

（4）对电站坝段及引水系统、厂房布置进行设计。

3. 细部结构设计和地基处理设计

（1）完成坝体细部结构的设计。

（2）完成地基处理设计。

（三）设计步骤

1. 分析设计资料

仔细阅读和分析“千水河吉同山水利枢纽工程设计基本资料”，了解千水河流域概况，坝址及库区的地形、地质、水文条件以及社会经济状况等，明确所要设计的千水河吉同山水利枢纽的任务，正确理解所给的各项设计资料在千水河吉同山水利枢纽工程设计中的作用。

仔细阅读和理解“千水河吉同山水利枢纽工程设计任务书”，明确本次毕业设计的任务和要求。

仔细阅读、熟悉和理解《混凝土拱坝设计规范》（DL/T 5346—2006）和《混凝土拱坝设计规范》（SL 282—2003），并以此作为主要设计依据。

2. 枢纽布置

（1）枢纽组成。根据枢纽任务，确定本枢纽应由哪些主要建筑物组成（挡水建筑物、泄水建筑物、发电建筑物、放空建筑物等）。

（2）确定枢纽等别和建筑物级别。根据枢纽任务和所给资料（发电、防洪、库容、灌溉等），对照规范《水利水电工程等级划分及洪水标准》（SL 252—2000），确定枢纽等别（先按发电、防洪、库容、灌溉等分别确定分项等级，再按最大者确定枢纽等级）和建筑物级别（分清主要建筑物和次要建筑物）。

根据枢纽等别和建筑物级别，对照规范《水利水电工程等级划分及洪水标准》（SL 252—2000），确定设计洪水标准与校核洪水标准。

（3）挡水建筑物坝型选择。对给定的坝轴线进行分析，结合所给的设计资料（地形地质资料、当地材料资料等），确定挡水建筑物的基本坝型（如混凝土重力坝、混凝土拱坝、土石坝等）。

本工程坝址附近无足够的当地材料，且无合适的垭口，因此不宜修建土石坝。但本工程河谷为V形，地质条件良好，具备修建混凝土重力坝和混凝土拱坝的基本条件。因此，在选择修建混凝土拱坝时，必须进行充分论证。

在确定选择混凝土拱坝后，应根据本工程特点，结合混凝土拱坝各种坝型（如薄拱坝、中厚拱坝、重力拱坝，单曲拱坝、双曲拱坝等）的适用条件和优缺点，对选定何种混凝土拱坝作进一步的分析比较，并最终选择合适的坝型。

（4）其他主要建筑物型式选择。在确定了挡水建筑物为混凝土拱坝的前提下，初步选择泄水建筑物、电站建筑物、放空建筑物的具体型式。

（5）调洪演算。明确调洪演算的目的和基本计算方法。编程计算的同学，建议采用试算法；手算的同学，建议采用半图解法。

手算的同学，必须完成 2 个方案，并通过比较确定最终的调洪演算成果，包括设计洪水位和校核洪水位及相应的下泄流量。

（6）枢纽布置方案。主要是确定泄水建筑物、电站建筑物、深孔建筑物相对位置的布置，主要考虑以下因素：泄水建筑物应根据泄流消能特点布置，电站引水系统应根据地形地质条件布置，还应考虑溢流建筑物、放空建筑物与电站发电尾水之间的干扰等。此外，还应考虑运用、施工等方面的因素。

要求布置 2 个有效方案进行比较分析，通过论证后确定最终的布置方案。应绘出各比较方案的枢纽布置图。

（7）施工导流方案。简单介绍本工程的施工导流方案和布置。

3. 拱坝设计

（1）坝顶高程。根据设计洪水位和校核洪水位，分别计算波浪高度、壅高以及规范规定的安全超高，最终确定坝顶高程。

（2）拱冠梁剖面。选定坝轴线位置、形状和中心角。分别根据《水工设计手册》（中国水利水电出版社，2010）建议的公式和美国垦务局建议的公式，确定拱冠坝段坝顶厚度和坝底厚度。坝顶厚度应考虑坝顶有无交通要求，并综合考虑坝顶运用条件。

拟定拱冠梁上游面曲线，重点拟定拱冠梁上游面在梁顶点、中间最凸点以及梁底前点 3 个关键性控制点离坝轴线的水平投影距离。

根据各高程拱圈厚度，确定下游面曲线。

（3）水平拱圈断面。根据地形地质条件，拟定拱圈平面尺寸，确定各高程拱圈的半径、中心角及厚度。

要求按沿坝高均匀分布取不少于 5 个拱圈断面进行确定。

（4）应力计算（手算）。

1）通过手算，掌握拱坝应力计算的基本原理和方法，加深对拱坝应力分布的理解。

2）计算方法。划分 5～7 个拱圈，采用纯拱法进行计算。

3）计算工况。作为计算训练，本次只要求计算 1 种工况，即设计洪水位工况或校核洪水位工况。

4）成果分析。分析应力是否满足规范要求。如不满足规范要求，应修改拱冠梁和拱圈的基本剖面，重新计算应力，直至满足规范要求。

（5）应力计算（电算）。

1）采用武汉大学水利水电学院水力发电工程系水工教研室提供的程序进行计算分析。

2）计算方法。采用多拱梁法进行计算。根据拱梁分载法原理，可为单心、三心及五心圆双曲拱坝提供坝体应力计算，拱梁网格可采用 7 拱 13 梁、6 拱 11 梁、5 拱 9 梁、4 拱 7 梁等，根据工程实际情况，视需要而定。

3）计算工况。正常蓄水位工况、设计洪水位工况、校核洪水位工况、设计洪水位遭遇地震工况等。

4）成果分析。分析应力是否满足规范要求。如不满足规范要求，应修改拱冠梁和拱圈的基本剖面，重新计算应力，直至满足规范要求。

4. 溢流坝段设计

（1）溢流剖面形状。在已经设计的拱坝基本剖面的基础上，拟定溢流坝段的尺寸。主要内容包括溢流剖面的基本型式、孔数、孔宽、堰型、下游消能方式（如挑流消能、面流消能、底流消能、戽流消能等，进行比较选择）、堰顶高程、挑角（15°～35°）、反弧半径（$R=4h\sim10h$，h 为校核洪水位闸门全开时反弧的最低点处的水深）等。

1）溢流剖面的基本型式。建议采用滑雪道式挑流消能方式。

2）溢流堰顶上游面曲线。建议采用 WES 曲线，要求确定曲线方程及关键点的坐标。

3）反弧段。确定堰面曲线与反弧曲线的连接点（根据需要可设或不设直线段），反弧半径，反弧曲线方程等。

4）溢流堰顶上游面曲线。可采用椭圆形曲线或三心圆曲线等，要求确定曲线方程及关键点的坐标。

要求绘制溢流坝段剖面图。

（2）消能设计。

1）消能方式的选择。根据本工程的实际条件，确定消能方式，要求进行充分论证。

2）反弧半径、挑射角及鼻坎高程的确定。

3）消能验算。计算挑距、冲坑深度，并分析是否满足规范要求。

（3）闸门、闸墩及导墙设计。

1）闸门。平板闸门或弧形闸门。要求根据本工程的特点，结合两类闸门的优缺点和适用条件，通过充分论证进行选择。

2）闸墩。确定闸墩形状及厚度。

3）导墙。确定导墙长度、高度和厚度。

5. 深孔坝段设计

（1）深孔型式。建议采用无压坝身泄水道方式的深孔坝段，要求从水力学条件、运行条件、结构要求、施工条件等角度，比较分析坝内泄水道有压与无压两种方式。

（2）孔口尺寸。

1）进水口中心线的高程根据运行要求确定。

2）孔口尺寸的确定。要求在 45 天内将库水位由正常高程放空至死水位 94.00m 高程，放空方式为表孔泄流加深孔泄流联合运用，即在堰顶以上水位采用表孔和深孔联合泄流，在堰顶以下水位采用深孔泄流。

（3）进口曲线（短有压段）设计。确定顶面曲线、两侧曲线方程。

（4）管身段（无压段）设计。确定管身段曲线方程及关键点坐标。

（5）消能段设计。根据本工程的实际条件，确定底孔消能方式，要求进行充分论证；确定消能段反弧半径、挑射角及鼻坎高程等。

（6）闸门。确定工作闸门、检修闸门的布置和型式。

（7）通气孔设计。确定通气孔的位置、布置及基本尺寸。

6. 电站坝段设计

（1）电站型式。本工程可采用坝后式电站或引水式地下电站，要求对电站型式进行论证。

（2）引水系统。对坝后式电站，要求确定压力钢管进水口中心线高程，计算压力钢管直径，确定进口建筑物型式和尺寸（有压进水口位置、尺寸及高程、进水口轮廓尺寸等），进行压力钢管布置，选择主要设备（闸门选择、栏污栅、通气孔等）。对引水式地下电站，要求确定引水隧洞进水口中心线高程，计算引水隧洞直径，确定进口建筑物结构型式和尺寸，进行引水隧洞路径布置，选择主要设备（闸门选择、拦污栅、通气孔等）。

（3）电站厂房建筑物。要求确定厂房基本尺寸，水轮机转轮直径，水轮机安装高程，尾水管底部高程，发电机安装高程，蜗壳型式和尺寸等。

7. 细部构造及地基处理

（1）坝顶构造。确定坝顶路面设计，坝顶排水设计，坝顶安全防护（护栏）及照明设计。

（2）分缝及封拱灌浆。明确坝体分缝及接缝灌浆的目的和原则。

1）横缝：明确坝段宽度及其理由。

2）纵缝：明确纵缝的型式、纵缝间距、纵缝键槽布置、纵缝灌浆布置等。

3）水平施工缝：明确不同部位浇筑块的厚度，新老接合面处理措施等。

4）封拱灌浆：初拟封拱灌浆温度，确定灌浆顺序等。

（3）廊道系统。明确坝体廊道的作用，确定不同廊道的高程及廊道尺寸。

1）基础灌浆廊道。

2）交通观测廊道。

3）排水廊道。

（4）坝体排水。明确坝体排水的作用，确定坝体排水管距上游面的位置，排水管的间距等。

（5）坝基排水。明确坝基排水的作用，确定坝基排水孔幕的深度、间距等。

（6）防渗帷幕。明确防渗帷幕的作用，确定灌浆帷幕的深度、厚度等。

（7）地基处理。明确地基处理的目的，并根据本工程地质条件，确定地基处理方式。

1）坝基开挖与清理。

2）坝基的固结灌浆。

（四）提交设计成果要求

1. 设计说明书

设计说明书应详细说明设计依据、设计步骤、计算公式或方法、设计成果等，应章节分明、条理清楚、文理通顺、论证充分、方法正确、成果合理。应既有计算数据，又有分析论证，并注意恰当地使用插图与附表。说明书宜尽量采用计算机打印，也可用碳素笔书写。

2. 设计计算书

设计计算书应包括毕业设计中的主要计算内容。

（1）调洪演算的过程和成果。

（2）坝体应力手算成果（要求附计算简图）。

（3）坝体应力电算计算输入数据文件和输出成果文件（要求附计算简图）。

（4）泄水坝段泄流计算和消能计算成果。

设计计算书不另编章节，其所标章节与设计说明书相对应。

3. 设计图纸

设计图纸一律采用CAD绘制，图幅规定为A3，设计图纸数量以能够将所设计的内容表达清楚为标准，一般应不少于 4 张，主要内容如下：

（1）枢纽平面布置图及上游或下游立视图，1 张。

（2）挡水坝段设计图（三视图），1 张，含细部结构设计。

（3）泄水坝段设计图（三视图），1 张，含细部结构设计。

（4）其他建筑物设计图（三视图），1～2 张。

设计说明书、设计计算书和设计图纸装订成一本。设计计算书作为附录一，放在设计说明书之后；设计图纸作为附录二，放在设计计算书之后。

4. 相关材料

提交毕业设计成果时，应同时提交以下材料。

（1）毕业设计基本资料。

（2）毕业设计任务书（指导教师签字）。

（3）开题报告（指导教师签字）。

（4）中期检查表（指导教师签字，教研室签字）。

（5）毕业设计进度周历表（指导教师签字）。

（五）进度安排

毕业设计时间建议 13 周（不含毕业实习），进度安排如下。

（1）熟悉毕业设计基本资料，0.5 周。

（2）枢纽布置，3 周。

（3）挡水坝段设计，2 周。

（4）溢流坝段设计，2 周。

（5）深孔坝段设计，1 周。

（6）电站坝段设计，1 周。

（7）细部结构及地基处理设计，0.5 周。

（8）成果整理（含设计说明书编写、计算书编写、设计图绘制等），3 周。

在第 2 周周五前，应提交开题报告；在第 7 周时，进行中期检查。

四、沙阳水利枢纽工程设计（水闸方案）

（一）设计基本资料

1. 流域状况

沙阳水利枢纽工程是沙河上的一座取水枢纽工程，位于沙阳市西南，距市区约 10km。

沙河全长 289km，主要支流有太子河、北宁河，流域面积 8385km^2。沙河闸址上游 80km 的东林以上为山谷河道，出东林后，河流进入平原地区，河道逐渐扩宽，一般在 200～500m 之间，河道比降平缓。东林与沙阳闸址之间，除沿河两岸因过去洪水泛滥，地形起伏不平外，其余大都地势平坦，南北向地面坡降约为 1/2500～1/3500，东西向约为 1/2000～1/4000。

在沙河闸址上游 80km 的沙河上已建有综合利用的东林水利枢纽，总库容为 23 亿 m^3，经过东林水库调节，每年下泄水量为 15 亿 m^3。除城市工业用水和发电用水 5.5 亿 m^{3}外，其余可供灌溉之用。灌区分布在沙河两岸。沙河以南的沙明灌区的灌溉面积为 63 万亩，沙河以北的沙蒲灌区的灌溉面积为 65 万亩。因而需建沙阳水闸，以抬高河道水位，满足灌溉要求。

沙河两岸虽有堤防，但高度和质量均不能满足建闸后防御洪水的要求。为了保护两岸农田及沙阳市的安全，要求按照建闸后的上游水位加高堤防。

合大公路从闸上通过，设计标准为Ⅳ级。

本枢纽主要任务为引水灌溉，灌溉面积为128万亩，并同时改善沙阳市的供水条件和解决合大公路的交通桥问题。

2. 水文气象情况

(1) 洪水。经过东林水库调节后，沙阳闸址不同频率的洪峰流量见表3-1-24。汛期为每年7～10月。

表3-1-24　沙阳闸址洪水频率与洪峰流量

洪水频率（%）	0.1	0.33	0.5	1	2	5
流量（m^3/s）	6150	5300	5000	4500	4000	3300
洪水频率（%）	10	20	25	33.3	50	75
流量（m^3/s）	2800	2200	2000	1480	720	287

(2) 闸址水位—流量关系。闸址水位—流量关系曲线见图3-1-8。

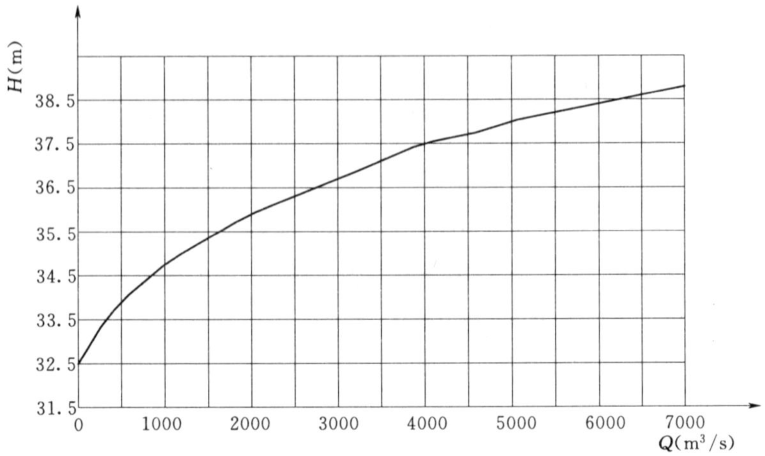

图3-1-8　闸址水位—流量关系曲线

(3) 泥沙。经过东林水库调蓄后，下泄水流含沙量已很小，平均含沙量为0.5kg/m^3。

(4) 非汛期流量。非汛期各月重现期为5年、10年、15年的流量见表3-1-25。

表3-1-25　11～6月重现期为5年、10年、15年的流量

重现期（a） \ 流量（m^3/s） \ 月份	11	12	1	2	3	4	5	6
5	723	620	410	260	456	600	700	825
10	920	790	530	330	580	760	890	1050
15	1160	950	660	400	730	980	1100	1290

（5）气温。根据沙阳站60多年的观测资料，多年平均气温为16.8℃。以8月为最高，月平均气温30.2℃；1月最低，月平均气温2.2℃；最高气温达41.5℃，最低气温－8℃。

（6）风速。多年平均风速4.8m/s，汛期多年最大风速平均为12m/s，闸前吹程6km。

（7）降雨天数。根据沙阳气象站记录，日降雨量大于5mm的降雨天数如表3－1－26所示。

表3－1－26　　日降雨量大于5mm的降雨天数

月 份	1	2	3	4	5	6	7	8	9	10	11	12
平均天数	3	3	4	5	6	6	9	8	8	4	3	2
最多天数	5	7	8	9	10	11	14	14	12	8	6	6
最少天数	0	1	2	2	2	3	5	4	3	2	1	0

3．工程地质和水文地质条件及土壤设计指标

（1）闸址地质情况。闸址地质系属第四纪沉积层，厚度较大。河床两岸滩地为粉质壤土，厚度1～4.5m；河床为中砂，最大厚度达25m；其下为砾质粗砂层，厚度4～9m；基岩为花岗岩。

沿河一带地下水埋藏深度随地形变化。地下水面一般在地表下3m左右。因土质透水性较大，地下水水位变化受河道水位影响，丰水期河水补给两岸地下水，地下水水位较高；枯水期地下水补给河水，地下水水位较低。

（2）地基土壤设计指标。

1）内摩擦角：中砂$\phi=25°$，砾质中砂$\phi=28°$，粉质壤土$\phi=18°$。

2）渗透系数：中砂$k=4.5\times10^{-3}$cm/s，砾质中砂$k=3.0\times10^{-3}$cm/s，粉质壤土$k=3.0\times10^{-5}$cm/s。

3）空隙比：中砂$e=0.56$，砾质中砂$e=0.58$。

4）地基允许承载力：中砂$\sigma=0.26$MPa，砾质中砂$\sigma=0.28$MPa。

5）闸基砂颗粒分配曲线：见图3－1－9。

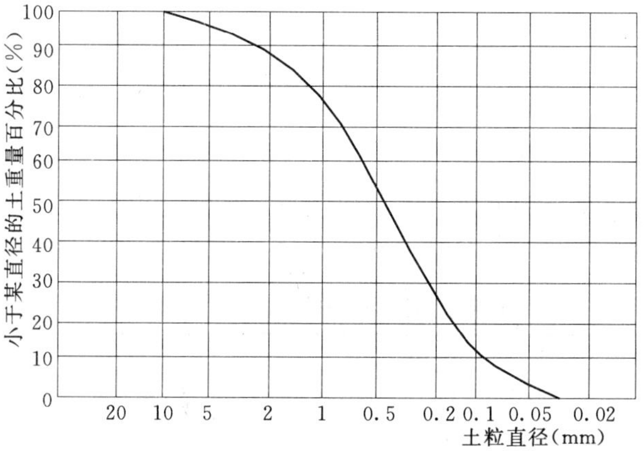

图3－1－9　闸基砂颗粒分配曲线

6）变形模量：中砂$E=24$MPa，砾质粗砂$E=32$MPa。

（3）回填土。可以用中砂、砾质中砂来回填。

1）容重：$\gamma_{干}=16\text{kN/m}^3$，$\gamma_{湿}=18\text{kN/m}^3$，$\gamma_{饱}=20\text{kN/m}^3$。

2）内摩擦角：$\phi=25°$。

3）黏结力：$c=0$。

（4）混凝土与各种土壤的摩擦系数。

1）混凝土与粉质壤土：$f=0.28$。

2）混凝土与中砂：$f=0.44$。

（5）地震。本地区地震烈度为Ⅴ度。

4. 建筑材料

（1）石料。由于闸址位于平坦地区，山丘少，石料需从外地运来。经调查，离闸址约20km的陈相山、高子岗两石料场可供应石料，其抗压强度为40MPa左右，容重为26～28kN/m³左右。石料场距离铁路2km。

（2）混凝土骨料。闸址下游2.5～4.0km的河滩上有采料场，其中的砂、卵石可作混凝土骨料。

（3）土料。闸址上游1～2km有粉质壤土，其物理力学参数与闸址的粉质壤土大体相同。

（4）水泥、钢材、木材。由外地供给，通过铁路运来。

5. 交通运输及其他

（1）交通运输。合大公路在闸址附近通过，铁路距离闸址仅6km。交通运输方便。

（2）施工用电及生活资料均可由沙阳市供应。

（3）施工队伍及施工设备均满足工程要求。

6. 灌溉渠道设计成果

（1）渠首渠底高程：32.80m。

（2）最大引水流量：两个灌区引水流量各为95m³/s。

（3）灌溉正常挡水位：35m。

（4）渠道纵坡：$i=1/5000$。

（5）渠道边坡系数：$m=2.2$。

（6）渠道底宽：$B=26$m。

（7）当闸址洪水频率$P<20\%$时，不需要引水灌溉。

（8）渠道首部水位—流量关系曲线见图3-1-10。

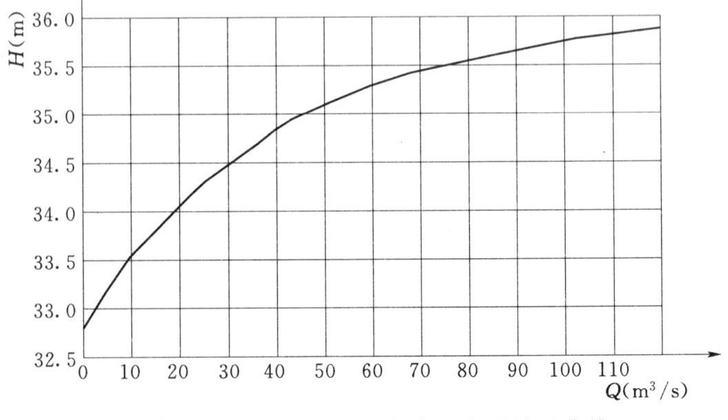

图3-1-10 渠道首部水位—流量关系曲线

7. 闸址平面布置图及地质剖面图

沙阳水利枢纽工程闸址平面布置图及地质剖面图详见图 3－1－11。

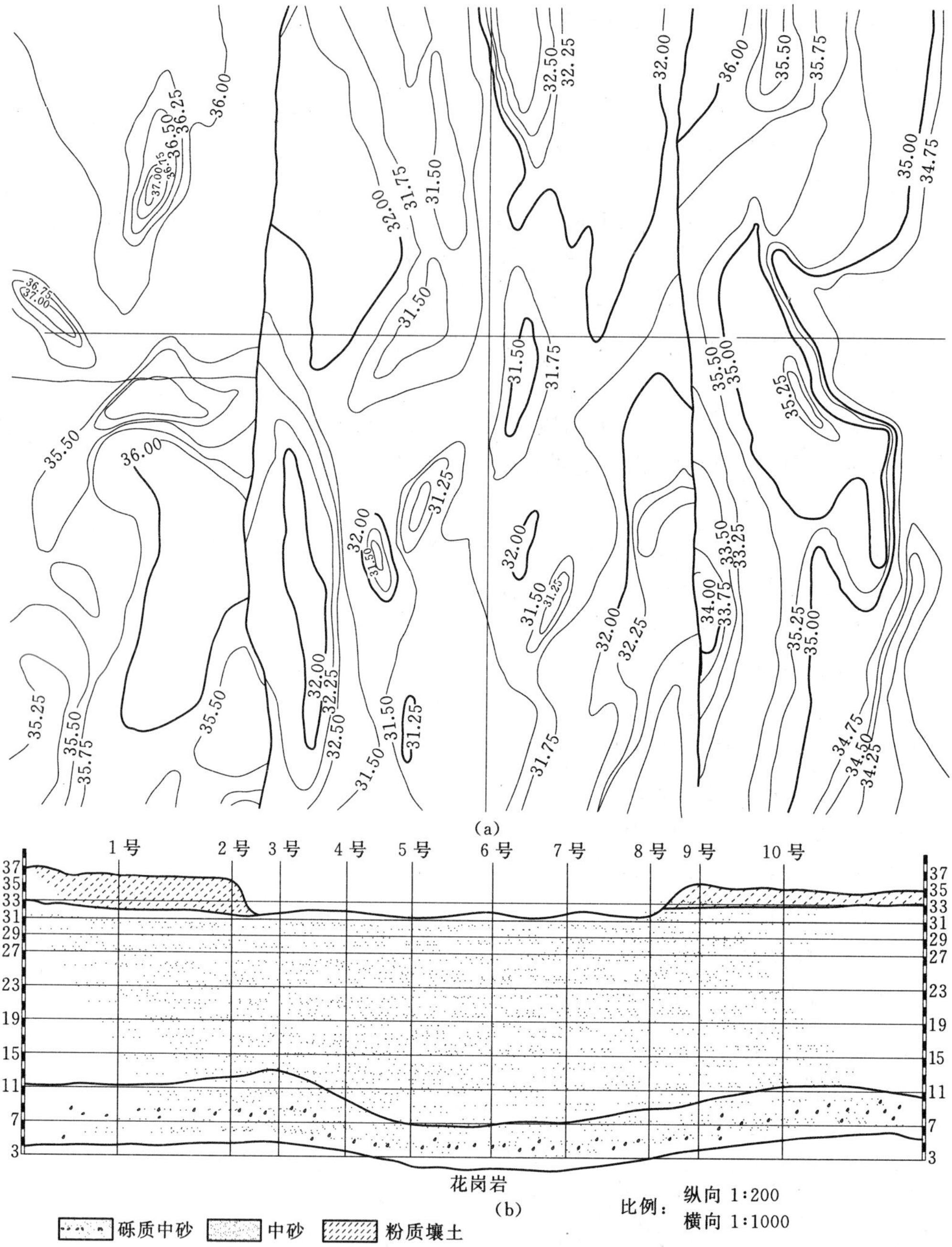

图 3－1－11　沙阳水利枢纽工程闸址平面布置图及地质剖面图

(a) 平面布置图；(b) 地质剖面图

（二）设计内容

1. 枢纽布置

确定闸轴线、枢纽组成、枢纽等别和建筑物级别，选择各主要建筑物的型式。进行水力计算，确定闸底板高程、水闸过流能力和上游水位壅高。完成2个枢纽布置方案的比较和最终选定。

2. 泄水闸结构设计

选择闸室型式，闸底板型式。确定闸顶高程。确定闸门型式和启闭型式，进行闸墩设计。

3. 闸基防渗布置

确定闸基防渗布置型式和地下轮廓线。进行渗流计算和分析。

4. 闸室稳定分析

确定荷载组合和计算工况。进行闸室稳定计算和分析。

5. 消能防冲布置

选择消能方式，进行消能计算。对消力池、海漫、辅助消能工等进行设计。

上列设计内容，要求学生做到全面掌握，重点深入分析，并独立地完成所规定的设计计算内容，提出自己的设计成果。对重点建筑物，应进行详细设计；对闸型选择、枢纽布置、地下轮廓线布置、消能方式选择等应进行充分论证；对施工组织设计可进行简略的设计。

（三）设计步骤

1. 分析设计资料

仔细阅读和分析"沙阳水利枢纽工程设计基本资料"，熟悉河流的一般自然地理条件，枢纽地址的水文气象特征，枢纽及水库的地形地质条件。了解当地材料，对外交通，经济资料等有关规划设计的基本数据。应初步认识和掌握自然条件和经济资料中对设计和施工有较大影响的主要因素和关键性问题。

仔细阅读和理解"沙阳水利枢纽工程设计任务书"，明确本次毕业设计的任务和要求。

仔细阅读、熟悉和理解《水闸设计规范》(SL 265—2001)，并以此作为主要设计依据。

2. 枢纽布置

(1) 枢纽组成。根据所给资料，确定闸轴线位置。根据枢纽任务和地形地质条件，确定枢纽主要建筑物组成。

(2) 确定枢纽等别和建筑物级别。根据枢纽任务和所给资料，按照最大过闸流量和防护对象的重要性，对照规范《水利水电工程等级划分及洪水标准》(SL 252—2000) 和《水闸设计规范》(SL 265—2001)，确定枢纽等别和建筑物级别（分清主要建筑物和次要建筑物）。

根据枢纽等别和建筑物级别，对照规范《水利水电工程等级划分及洪水标准》(SL 252—2000) 和《水闸设计规范》(SL 265—2001)，确定设计洪水标准与校核洪水标准及相应水位。

(3) 水力计算。在水力计算前，应先进行全闸方案和闸坝方案比较，选定最优方案。若否定闸坝方案，应有充分的理由。

根据地形地质条件和运用要求，初拟不同闸底板高程和闸室总净宽方案，进行泄流能力等水力计算，确定最终选择的底板高程和闸室净宽，然后计算上游水位壅高。

(4) 枢纽布置。根据取水闸位置的不同，初拟两个有效方案进行比较分析，通过论证后确定最终的布置方案。应绘出各比较方案的枢纽布置图。

(5) 施工导流方案。简单介绍本工程的施工导流方案和布置。枢纽布置阶段应注意的问题和具体要求如下。

1) 对泄洪建筑物的孔口尺寸设计，应以泄洪方式（泄水结构的型式，闸门的操作方式）的选择作为重点，切忌埋头于繁琐的计算。孔口尺寸的大小可以拟订两个方案进行调洪演算，通过定性分析比较后选定。

2）枢纽布置可在建筑物型式选择的同时，根据当地地形、地质、水文条件，考虑枢纽施工的导流方案，大致地确定建筑物间的相对位置，经定性分析、论证比较，选出2个较好的布置方案作进一步的比较。

3）对初步选出的布置方案拟出主要建筑物的尺寸，水闸的基本轮廓和尺寸可以参考已有的条件类似的工程或一般工程经验数据斟酌决定。必要时可以对闸室单元的边缘应力和稳定略加复核即可，详细的设计计算在后续阶段进行。泄水及引水建筑物等可进行一些简单的水力计算，并参考已有的类似工程或一般工程经验数据拟定基本尺寸。对于专门性建筑物，如取水闸、公路和水电站等，则按已给的尺寸或经过简单的计算拟定出尺寸进行布置。上述建筑物尺寸应按正确的比例绘制并附在说明书中。

4）对初步选出的方案进行施工方案分析，拟订导流方案，可不进行围堰结构设计。

3. 泄水闸结构设计

（1）闸型选择。根据工程任务、水文及地形地质条件等，确定闸室的结构型式（开敞式、胸墙式、涵洞式或双层式等）。要求进行充分论证。

（2）闸底板。在枢纽布置阶段的基础上，根据工程任务及地形地质条件等，通过进一步分析论证，确定闸底板的结构型式（平底板、堰式底板、箱式底板等）、高程、底板厚度等。

根据工程地质条件和运用条件等，确定闸室的分缝方式和具体的分缝位置，并进行止水设计。

（3）闸顶高程。按照挡水和泄水工况，根据水力计算中水位壅高计算成果，确定闸顶高程。

（4）闸门及闸墩。根据水文、地质及工程运用条件等，确定闸门的型式（平板门、弧形门等）及启闭方式。要求进行充分论证。

根据工程地质条件和运用条件等，确定闸墩的型式、结构形状、分缝、长度和宽度等。

4. 闸基防渗布置

（1）地下轮廓线布置。应充分分析闸基地质条件，根据不同防渗措施（铺盖、板桩、齿墙等）和排水措施的功能，合理布置闸基防渗排水方案。

在防渗排水初步布置时，可按渗径系数法进行初步验算。允许渗径系数根据地质条件查《水闸设计规范》(SL 265—2001)。

（2）闸基渗流计算。拟定2种不同防渗排水布置方案，通过闸基渗流计算进行比较分析，最终选出最优方案。根据本工程特点，可考虑上游布置铺盖和上游不布置铺盖2种方案。

采用改进阻力系数法进行计算。

在渗流计算的基础上，进一步确定闸基防渗措施的具体结构型式和基本尺寸，如齿墙的位置和深度，铺盖的型式和长度、厚度，板桩的位置、深度等。

5. 闸室稳定分析

（1）计算方法。按偏心受压公式进行计算。根据水闸闸室结构布置和受力特点，确定按照“结构及受力对称”或“结构及受力不对称”方法进行。

（2）计算内容。包括闸室抗滑稳定、地基承载力、基底应力不均匀系数、抗浮稳定等。

（3）计算工况。按照《水闸设计规范》(SL 265—2001)，水闸稳定计算工况包括：

1）基本荷载组合：完建工况、正常蓄水位工况、设计洪水位工况、冰冻工况等。

2）特殊荷载组合：施工工况、检修工况、校核洪水位工况、地震工况等。

本次毕业设计要求学生完成完建工况、正常蓄水位工况、校核洪水位工况、检修工况条件下的抗滑稳定、地基承载力、闸底应力不均匀系数等计算和检修工况下的抗浮稳定计算。

（4）成果分析。要求对计算成果进行整理分析。根据地基地质条件和规范的规定，确定地基承载力是否满足要求；根据规范规定的不同工况下抗滑稳定允许安全系数，确定抗滑稳定是否满足规范要求；根据规范规定的不同工况下基底应力允许不均匀系数，确定基底应力不均匀系数是否满足规范要求以及是否需要进一步进行抗倾覆稳定计算；根据规范规定的抗浮稳定允许安全系数，确定抗浮稳定是否满足规范要求。

在成果整理分析时，应特别注意加深理解和分析何种工况对抗滑稳定起控制作用，何种工况对地基承载力起控制作用，何种工况对基底应力不均匀系数起控制作用。

6. 消能防冲布置

（1）消能方式选择。根据地形地质条件和运用要求，经过充分分析论证后，选择合理的消能方式（根据本工程特点，应选择底流消能）。

在确定底流消能后，应选择合理的消力池型式（下挖式消力池、突槛式消力池、综合式消力池等）。

（2）消能计算。初步拟定调度方式，确定消能计算工况，如单孔全开、部分闸孔部分开启、部分闸孔全开、全部闸孔部分开启、全部闸孔全开等。

根据调度方式和运行情况，分别按自由堰流、孔口出流计算泄流能力、收缩水深、跃后水深、水跃共轭、消力池深度等，分析消力池布置的合理性。

（3）消力池设计。消力池底板高程，应在各级流量下均能满足水跃共轭水深要求。消力池的深度，应该使池内水深对水跃产生一定的淹没度。消力池的长度，取决于水跃长度。护坦的厚度，通过抗浮稳定计算确定。

（4）其他消能设施设计。

1）海漫：确定海漫的结构型式、长度及厚度等。

2）防冲槽：确定防冲槽的位置、深度、上下游边坡及两侧边坡坡度等。

3）辅助消能工：尾坎、消力墩、齿坎等。

7. 其他建筑物

（1）上、下游翼墙。

1）合理选择挡土墙型式（重力式、扶壁式、空箱式等）。

2）合理选择挡土墙建筑材料（混凝土、浆砌石等）。

3）翼墙与水闸的连接设计。

（2）取水闸。合理布置取水闸的位置，简单确定取水闸的基本尺寸。

（四）提交设计成果

1. 设计说明书

设计说明书应详细说明设计依据、设计步骤、计算公式或方法、设计成果等，应章节分明、条理清楚、文理通顺、论证充分、方法正确、成果合理。应既有计算数据，又有分析论证，并注意恰当地使用插图与附表。说明书宜尽量采用计算机打印，也可用碳素笔书写。

2. 设计计算书

设计计算书应包括毕业设计中的主要计算内容。

（1）闸顶高程计算。

（2）闸基渗流计算。

（3）闸室稳定计算。

（4）消能防冲计算。

设计计算书不另编章节，其所标章节与设计说明书相对应。

3. 设计图纸

设计图纸一律采用 CAD 绘制，图幅规定为 A3，设计图纸数量以能够将所设计的内容表达清楚为标准，一般应不少于 4 张，主要内容如下。

（1）枢纽平面布置图，1 张。

（2）主要建筑物及其结构图，3～4 张，含细部结构设计。

设计说明书、设计计算书和设计图纸装订成一本。设计计算书作为附录一，放在设计说明书之后；设计图纸作为附录二，放在设计计算书之后。

4. 相关材料

提交毕业设计成果时，应同时提交以下材料。

（1）毕业设计基本资料。

（2）毕业设计任务书（指导教师签字）。

（3）开题报告（指导教师签字）。

（4）中期检查表（指导教师签字，教研室签字）。

（5）毕业设计进度周历表（指导教师签字）。

（五）进度安排

毕业设计时间建议 13 周（不含毕业实习），进度安排如下。

（1）熟悉毕业设计基本资料，0.5 周。

（2）闸型选择及枢纽布置，2 周。

（3）泄水闸结构设计，2 周。

（4）闸基防渗布置设计，2 周。

（5）闸室稳定分析，1 周。

（6）消能防冲布置，1 周。

（7）其他建筑物设计及施工导流方案分析，1.5 周。

（8）成果整理（含设计说明书编写、计算书编写、设计图绘制等），3 周。

在第 2 周周五前，应提交开题报告；在第 7 周时，进行中期检查。

五、毕业设计参考资料

[1] SL 252—2000 水利水电工程等级划分及洪水标准．北京：中国水利水电出版社，2000.

[2] DL 5108—1999 混凝土重力坝设计规范．北京：中国电力出版社，2000.

[3] SL 319—2005 混凝土重力坝设计规范．北京：中国水利水电出版社，2005.

[4] SL 274—2001 碾压式土石坝设计规范．北京：中国水利水电出版社，2001.

[5] DL/T 5395—2007 碾压式土石坝设计规范．北京：中国电力出版社，2007.

[6] DL/T 5346—2006 混凝土拱坝设计规范．北京：中国电力出版社，2006.

[7] SL 282—2003 混凝土拱坝设计规范．北京：中国水利水电出版社，2003.
[8] SL 265—2001 水闸设计规范．北京：中国水利水电出版社．2001.
[9] 潘家铮．重力坝设计．北京：水利电力出版社，1987.
[10] 潘家铮．中国水力发电工程——水工卷．北京：中国电力出版社，2000.
[11] 林昭．碾压式土石坝设计．郑州：黄河水利出版社，2003.
[12] 王伯乐．中国当代土石坝工程．北京：中国水利水电出版社，2004.
[13] 朱伯方．拱坝设计与研究．北京：中国水利水电出版社，2003.
[14] 陆展楣．拱坝．北京：水利电力出版社，1983.
[15] 陈宝华，张世儒．水闸．北京：中国水利水电出版社，2003.
[16] 刘细龙．闸门与启闭设备．北京：中国水利水电出版社，2003.
[17] 长江水利委员会．长江三峡工程技术丛书（三峡工程大坝及电站厂房研究）．武汉：湖北科学技术出版社，1997.
[18] 国家防汛抗旱总指挥部办公室、水利部水利管理司编．全国大型水闸．1994.
[19] 张光斗．水工建筑物（上册）．北京：水利电力出版社，1992.
[20] 张光斗．水工建筑物（下册）．北京：水利电力出版社，1994.
[21] 陈胜宏．水工建筑物．北京：中国水利水电出版社，2004.
[22] 刘启钊．水电站（第 3 版）．北京：中国水利水电出版社，1998.
[23] 袁光裕，胡志根．水利工程施工（第 5 版）．北京：中国水利水电出版社，2009.

第二节 《水电站》毕业设计

毕业设计是培养学生综合运用所学知识和技能，理论联系实际，使学生得到从事本专业工程技术和科学技术的基本训练的重要实践性教学环节，是完成教学任务、培养合格人才的一个重要教学环节。毕业设计的主要目的是：

（1）培养学生的开发和设计能力，提高综合运用所学知识和技能去分析、解决实际问题的能力。

（2）使学生对所学过的基础理论和专业知识进行一次全面、系统的回顾和总结，通过对具体题目的分析，使理论与实践相结合，巩固和发展所学理论知识，掌握正确的思维方法和基本技能。

（3）提高学生独立思考能力、团结协作能力和计算机应用能力，促进学生树立严谨科学的态度和工作作风。

（4）通过基本训练，培养学生设计、计算、绘图、编写设计说明书及科研专题报告的能力。

一、盘口水电站地面厂房初步设计

（一）设计基本资料

1．工程概况

盘口水电站工程开发任务以发电、防洪为主，电站建成后还具有增加南水北调中线可调水量，提高南水北调的供水保证率，改善库区通航条件等综合利用效益。水库正常蓄水位 355m，相应库容 19.7 亿 m^3，总库容 23.38 亿 m^3，调节库容 11.2 亿 m^3，为完全年调节水库。电站装机 2 台，总装机容量 500MW。

盘口水电站为一等大（1）型工程。枢纽建筑物主要由混凝土面板堆石坝、右岸岸边开敞式溢洪道、右岸泄洪洞、左岸引水隧洞、地面厂房和开关站等组成。

本电站引水发电系统主要由进水口、压力引水隧洞、发电厂房及尾水渠等建筑物组成。引水系统采用单机单洞供水方式，进水口布置在左岸坝前，为岸塔式进水口，长30m，宽67m，高55m。引水隧洞内径为9.5m，①、②引水隧洞自渐变段至蜗壳进口总长度分别为463.723m和399.602m，其中钢筋混凝土衬砌段长度分别为330.954m和290.011m，钢板衬砌段长度分别为132.769m和109.591m。

盘口水电站厂房布置于左岸，为岸边地面式厂房。由主厂房、副厂房、主变场及进厂公路等组成。

2. 水文气象

堵河为汉江中上游南岸一大支流，发源于大巴山北麓，有西、南两源。西源名泗河，为堵河主流，发源于陕西省镇坪县境内；南源称官渡河，发源于渝鄂交界的阴条岭及乌云顶。两源在两河口汇合后始称堵河，向下经田家坝镇、盘口坝址、竹山县城进入黄龙滩水库，由西南流向东北汇入汉江。堵河全长354km，流域面积12502km^2。

盘口水电站坝址控制流域面积8950km^2，多年平均流量164m^3/s，多年平均径流量51.7亿m^3。流域洪水由暴雨形成，每年4～10月为汛期，年最大洪水在4～10月均有发生。11月至次年3月为枯水期。年内洪水有较明显的夏汛和秋汛之分，夏汛洪水多发生在6月中下旬至7月中旬，秋汛洪水则多发生在9月中旬至10月上旬。夏汛洪水以单峰居多，一次洪水过程约为3天，秋汛洪水多为复峰，一次洪水过程约为5天。竹山站实测最大流量9990m^3/s（1980年6月24日），调查最大流量12300m^3/s（1867年9月16日）。

坝（厂）址水文成果见表3-2-1～表3-2-3。

表3-2-1　　坝（厂）址设计洪水成果表

项　目	各频率（P）设计值							
	最大可能洪水	0.01%	0.02%	0.05%	0.1%	0.2%	0.5%	1.0%
Q（m^3/s）	24000	21200	19800	18000	16600	15300	13400	12000
W_{24h}（亿m^3）	15.4	14.5	13.5	12.3	11.3	10.3	8.99	8.00
W_{72h}（亿m^3）	29.6	28.4	26.5	23.9	22.0	20.0	17.4	15.5

表3-2-2　　坝（厂）址各分期时段洪水成果表　　单位：m^3/s

时　段（月.日）	各频率（P）设计值									
	0.1%	0.2%	0.5%	1%	2%	3.3%	5%	10%	20%	50%
11.1～3.31						1660	1450	1100	760	
11.1～4.30						3350	2940	2240	1570	
10.1～3.31						4320	3790	2900	2020	
10.1～4.30						4890	4350	3430	2520	
全　年	16600	15300	13400	12000	10600	9530	8680	7210	5700	3570

表 3-2-3　坝（厂）址水位—流量关系表

水位（m）	260.4	261.0	261.5	262.0	262.5	263	264	265	266
流量（m^3/s）	28.2	74.8	163	297	459	635	1080	1550	2110
水位（m）	267	268	269	270	271	272	273	274	275
流量（m^3/s）	2720	3400	4160	5020	5970	7020	8140	9310	10530
水位（m）	276	277	278	279	280	281	282	283	284
流量（m^3/s）	11800	13120	14440	15800	17200	18620	20050	21500	22950

工程所在地区属副热带季风气候区，雨量充沛，气候温和。坝址多年平均气温 15.5℃，实测最高气温 43.4℃，实测最低气温－10.4℃。流域多年平均降雨量 811.2mm，年内降雨主要集中在 4～10 月，约占全年降雨量的 85.6%。

坝（厂）址气象要素见表 3-2-4。

表 3-2-4　坝（厂）址气象要素表

序号	项　　目	单 位	数　　量
1	降雨量		
	坝址多年平均降雨量	mm	811.2
2	气　温		
	多年平均气温	℃	15.5
	极端最高气温	℃	43.4
	极端最低气温	℃	－10.4
3	蒸　发		
	多年平均蒸发量	mm	1366.2
4	风　速		
	多年平均风速	m/s	0.8
	历年最大风速	m/s	16.7
	多年平均年最大风速	m/s	15.0

3. 工程地质

（1）地形条件。坝址位于盘口河汇入主流处峡谷河段，河道弯曲呈 S 形，右岸为凸岸。平水期河水位 261.5～260.5m，水面宽 70～100m，水深 1～6m，河床覆盖层厚 5～16m。左岸岸坡坡度 35°～50°，右岸岸坡坡度 35°～45°。

（2）地层岩性。坝址由上游至下游出露有元古界武当山群化口组（P_{twdh3}）（俗称副片岩）、下寒武统水沟口组（$\in_{lsg}$）地层。加里东期辉长—辉绿岩沿上述两地层接触线，似层状侵入到下寒武统水沟口组中，后期变质为绿泥钠长片岩（γ_3^{ln}）（俗称正片岩）。

坝址出露的地层分成 3 大地质岩组，即白云母石英片岩组（P_{twdh3}），绿泥钠长片岩组（γ_3^{kln}），板岩、千枚岩组（$\in_{lsg}$）。

(3) 地质构造。坝址位于上游太阳坡倒转背斜的正常翼(北东翼)。陈家河断层(F1)在盘口河口处通过,坝址位于相对较完整的下盘。岩层产状较稳定,走向 330°~350°,倾向北东(下游),倾角 40°~50°。

1) 断层。坝址区主要有 10 条断层,其中 6 条(F1~F6)为顺层断层,多发育在正、副片岩接触带靠副片岩一侧,除 F1 规模较大外,其余很小。破碎带宽度一般为 0.2m 左右,局部 0.5m。断层面上常有垂直及水平两组擦痕。

断层 F8、F9 属张性,F10 属扭性。规模较小,延伸不长,破碎带宽 0.1~0.2m。

2) 层间错动。据统计,层间错动带发育频数,白云母石英片岩组(P_{twdh3})为 0.07 条/m;绿泥钠长片岩组(γ_3^{ln})为 0.02~0.04 条/m;板岩、千枚岩组($\in_{lsg}$)为 0.1 条/m。详见表 3-2-5 所列。

表 3-2-5　　层间错动带发育频数统计表

地层或岩组代号		平洞个数	洞深(m)	层间错动(条)	发育频数(条/m)
$P_{twdh3}{}^4$		11	219.8	18	0.07
γ_3^{1n}	γ_3^{fln}	7	129.6	5	0.04
	γ_3^{kln}、γ_3^{pln}、γ_3^{hln}	14	451	9	0.02
$\in_{lsg}$		3	29.1	3	0.1

层间错动带规模较小,宽度 1~5cm,充填构造泥或岩屑。较大的有如下 3 条,集中分布在右岸 5 号冲沟上游。

f_{d1}发育在右岸富含石英脉的绿泥钠长片岩中。错动带宽度 3~5cm,局部 5~15cm,夹灰白色构造泥。

f_{d2}发育在右岸富含石英脉的绿泥钠长片岩中。错动带宽度 1~3cm,局部 8,由岩屑和构造泥组成。

f_{d3}发育在右岸白云母石英片岩夹云母片岩层中。错动带由 1~3cm 厚岩屑和构造泥组成。

3) 节理裂隙。右岸上游探洞揭露的岸坡卸荷裂隙,为走向 355°、倾向南西、倾角 30°~40°的一组构造节理。张开宽 2~10cm,充泥。

白云母石英片岩组(副片岩),发育有如下 5 组节理(见图 3-2-1):①走向 0°~10°,倾向南东为主,倾角 40°~70°;②走向 40°~60°,倾向南东,倾角 50°~70°;③走向 80°~90°,倾向南东,倾角 50°~70°;④走向 280°~290°,倾向南西,倾角 60°~80°;⑤走向320°~330°,倾向北东,倾角 50°~70°。

绿泥钠长片岩组(正片岩),发育有如下 4 组节理:①走向 60°~70°,倾向南东为主,倾角 80°~85°;②走向 70°~80°,倾向北西,倾角 80°~85°;③走向 285°~295°,倾向南西为主,倾角 60°~75°;④走向 310°~345°,倾向北东,倾角 40°~65°。

总体上节理不集中。两个岩组均以走向 280°~300°组发育,次为走向北东 50°~60°组,节理发育密度,绿泥钠长片岩组大于白云母石英片岩组,尤以块状绿泥钠长片岩为最大,并且延伸长。

(4) 水文地质条件。

1) 地下水类型。根据埋藏条件,有裂隙潜水和局部裂隙承压水两种类型。均由大气

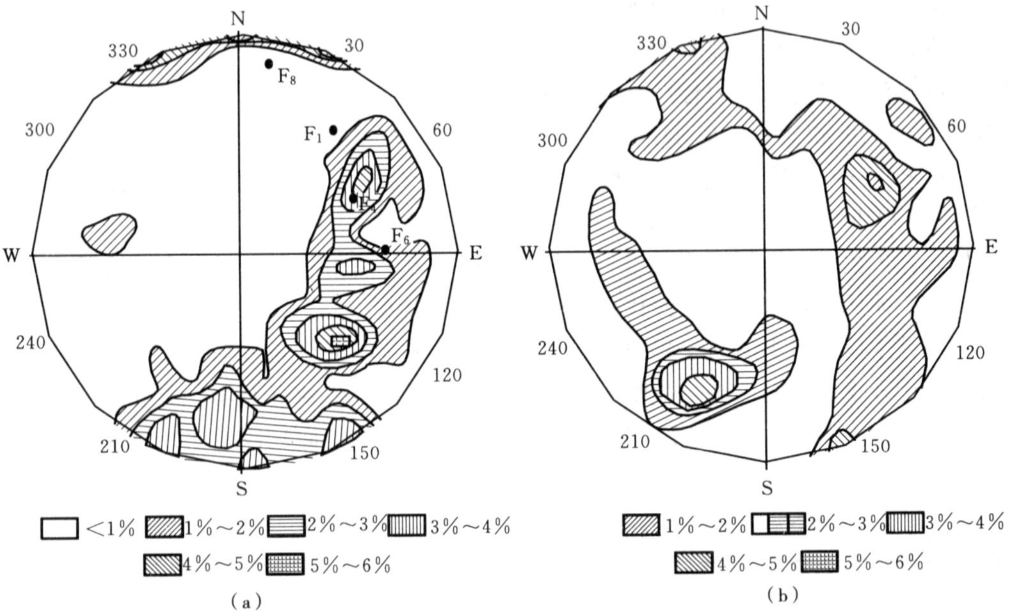

图 3-2-1 坝（厂）址区正、副片岩节理等密图

(a) 副片岩组节理等密图；(b) 正片岩组节理等密图

降水补给，向河床排泄。

右岸裂隙潜水埋藏深度在正常蓄水位以下 10～50m。局部裂隙承压水埋藏深度大于 24m，多分布在左岸及河床，承压水头 25～106m。

2) 岩体的透水性。绿泥钠长片岩组（γ_{ln}^3）和白云母石英片岩组（P_{twdh3}）岩体透水性较弱，后者略小于前者，压水试验单位透水率统计详见表 3-2-6。

表 3-2-6　　压水试验单位透水率统计表

部 位	压水试验总段数	$q<1.0$Lu 段数	占压水试验总段数（%）	$q<3.0$Lu 段数	占压水试验总段数（%）
左 岸	380	184	48.42	297	78.16
河 床	203	107	52.70	175	86.20
右 岸	272	177	65.07	227	83.46

3) 水化学类型。地下水与地表水水质无色、无味。水化学类型属重碳酸盐、硫酸盐钠钙镁型水，对混凝土无侵蚀性。

(5) 岩体风化。钻孔和探洞揭露，坝址区岩体风化深度不大，但因岩性、岩体结构和构造不同，岩体风化深度有较大的差异性。上游白云母石英片岩组，下游板岩、千枚岩组，风化较均匀；中部绿泥钠长片岩组，风化不均匀。

白云母石英片岩组，节理不发育，面状风化明显。两岸坡在高程 370.00m 以下，基本无全风化岩带分布，强风化岩带一般分布在高程 300.00m 以上，厚 2～10m；弱风化岩带下限埋深：左岸 5～25m，右岸 5～35m。

绿泥钠长片岩组中块状绿泥钠长片岩、片理较发育的绿泥钠长片岩，岩性硬脆，节理裂隙发育，风化主要沿裂隙不均匀进行，面状风化界线不清晰；富含石英脉的绿泥钠长片岩、含砾绿泥钠长片岩，岩性较软弱柔韧，节理不发育，风化较均匀，具面状风化规律。在高程 370.00m 以下，面状弱风化岩带下限埋深：左岸 5～20m，沿裂隙风化深达 25～40m；河床岩石一般较新鲜，局部沿裂隙风化深达 15.6m（ZK3 孔）；右岸 5 号冲沟下游，高程 320m 以下 5～15m，以上 15～50m。

板岩、千枚岩组岩石风化类型与上游白云母石英片岩组相近，风化深度大体上与地形起伏一致，弱风化岩带下限埋深比白云母石英片岩组大。

（6）进水口及引水隧洞工程地质条件。两条引水隧洞平行布置在左岸，工程地质条件相近。设计开挖洞径约 12m，净断面约 10m。进口洞脸边坡新鲜岩体开挖坡比为 1∶0.25，弱风化岩体为 1∶0.5，强风化岩体为 1∶0.75，顺层（片理面）段沿层面开挖。工程地质特征见表 3－2－7。

表 3－2－7　　引水隧洞分段工程地质特征表

桩号	地质特征	围岩类别	f	K_0（MPa/cm）	工程地质建议
0＋000～0＋097	洞向 0°。上覆岩体厚度 40～100m，进口为反向坡。围岩岩性：P_{twdh3}^{4-1}～P_{twdh3}^{4-2}，白云母石英片岩、绢云绿泥片岩夹云母片岩含炭质条带。无断层通过。隧洞轴线与岩层走向夹角为 40°～50°。岩石微风化至新鲜，有少量裂隙水活动	Ⅲ₂类为主，局部Ⅳ类	2～4	20～30	进口开挖坡比：新鲜岩石 1∶0.25；弱风化岩石 1∶0.5。围岩岩体片理发育，需加强支护
0＋097～0＋398	洞向 0°～53°。上覆岩体厚度 80～120m，围岩岩性为灰绿色绿泥钠长片岩岩组，发育 3 组节理，倾角 40°～60°，延伸长度短小，一般呈闭合状，少量充填泥质物。有 F_{10} 小断层通过，微切层，破碎带宽度 0.1～0.2m，由原岩碎屑充填，未胶结。隧洞轴线与岩层走向夹角进口段为 40°～50°；洞身段近正交。围岩新鲜，有少量裂隙水活动，但可能存在局部裂隙承压水	Ⅲ₁类	4～5	35～45	成洞地质条件较好，但片理发育的绿泥钠长片岩、含砾绿泥纳长片岩分布段。需加强围岩支护。对局部裂隙承压水应采取处理措施
0＋398～0＋470	洞向 107°。上覆岩体厚度 30～70m。围岩岩性为灰绿色块状绿泥钠长片岩与片理较发育的灰绿色绿泥钠长片岩。节理不发育。隧洞轴线与岩层走向夹角 32°。围岩微风化至新鲜，出口段部分为弱风化，具成洞地质条件	Ⅲ₂类为主，局部Ⅳ类	3～4	25～35	片理较发育的绿泥钠长片岩段，需支护

引水隧洞进口进水渠段需对边坡进行开挖，该段沿河流方向开挖长度约 200m，开挖高程为 307.00～400.00m。人工边坡高差近 100m，岩体为 3 组白云母石英片岩夹云母片岩组，分别是片理走向 320°～330°，倾向北东，倾角 40°～55°，发育的节理为走向 280°～290°，倾向南西，倾角 40°～60°；走向 345°～355°，倾向南西，倾角 40°～60°；走向 60°～70°，倾向南东，倾角 40°～70°。

引水隧洞由上游至下游：0～97m 为进口平段，上覆岩体厚度 40～100m，为白云母石英片岩夹云母片岩组；97～398m 主要为斜洞段，上覆岩体厚度 80～120m，岩性为绿泥钠长片岩组；398～470m 为下平段，上覆岩体厚度 70～30m，岩性为绿泥钠长片岩与片理发育的绿泥钠长片岩。片理走向 320°～330°，倾向北东，倾角 40°～55°。进口段洞轴与岩层走向夹角 60°左右；中段近直交；出口段最小为 32°。进口自然边坡角 45°，反向坡。如下 3 组节理较发育：走向 280°～290°，倾向南西，倾角 40°～60°；走向 345°～355°，倾向南西，倾角 40°～60°；走向 60°～70°，倾向南东，倾角 40°～70°。

上述 3 组节理组合切割不利于洞脸开挖坡稳定。PD26、PD29 号探洞节理平均切割间距为 1.5～2m，发育特点是延伸不长，多为细小闭合节理，少数充泥。

（7）发电厂房工程地质条件。发电厂房布置在左岸边。自然岸坡角 40°～45°，附近河床水位 261m，基岩面高程 247m～257m。厂房纵轴线方向为北东 20°。建基岩石主要为绿泥钠长片岩，但绿泥钠长片岩中夹透镜状大理岩与绢云绿泥石英片岩及含炭石英质千枚岩，基础坐落在新鲜岩体上。

岩层走向 320°～330°，与厂房轴线交角 50°～60°。厂后坡岩层弱风化深度 5～20m。开挖坡比：新鲜岩石为 1∶0.25，弱风化岩石为 1∶0.5，强风化岩石为 1∶0.75。影响左岸边坡稳定的节理主要有 3 组：走向北东 40°～60°，倾向南东，倾角 40°～85°；走向 280°～300°，倾向南西，倾角 50°～80°；走向 330°～350°，倾向北东，倾角 40°～80°。

4. 天然建筑材料

小河坪至下游竹山县城 17km 河段沿河分布有 13 个砂砾石料场，水下按 3m 考虑，总储量约 430 万 m^3，含砂量约 89 万 m^3，砾石储量 331 万 m^3。砂砾料 60%储量在水下，除小河坪外左岸有公路相通，运输条件方便。砂砾料场均系堵河冲积所成，属漫滩相沉积。砾石成分：灰岩、砂岩、硅质岩占 70%以上，次为石英及其他正、副片岩类。砂偏粗，一般属中、粗砂，除含少量泥块外，其他指标符合要求。砾石的中、小石偏多，粒度模数 6.50～7.98，指标基本符合要求。

天然砂砾料场的粗、细骨料为具有潜在危害性反应（碱—硅酸）的活性骨料，掺粉煤灰对其有显著的抑制作用。

5. 对外交通条件

盘口水电站坝址位于竹山县城上游 13km，坝址经竹山、鲍峡至十堰公路里程 162km，经竹山、房县至十堰公路里程 184km，沿线均为省道、国道、山区三级公路标准、山区二级公路标准。

6. 工程枢纽地形图

枢纽平面布置详见图 3-2-2，引水隧洞地质剖面见图 3-2-3。

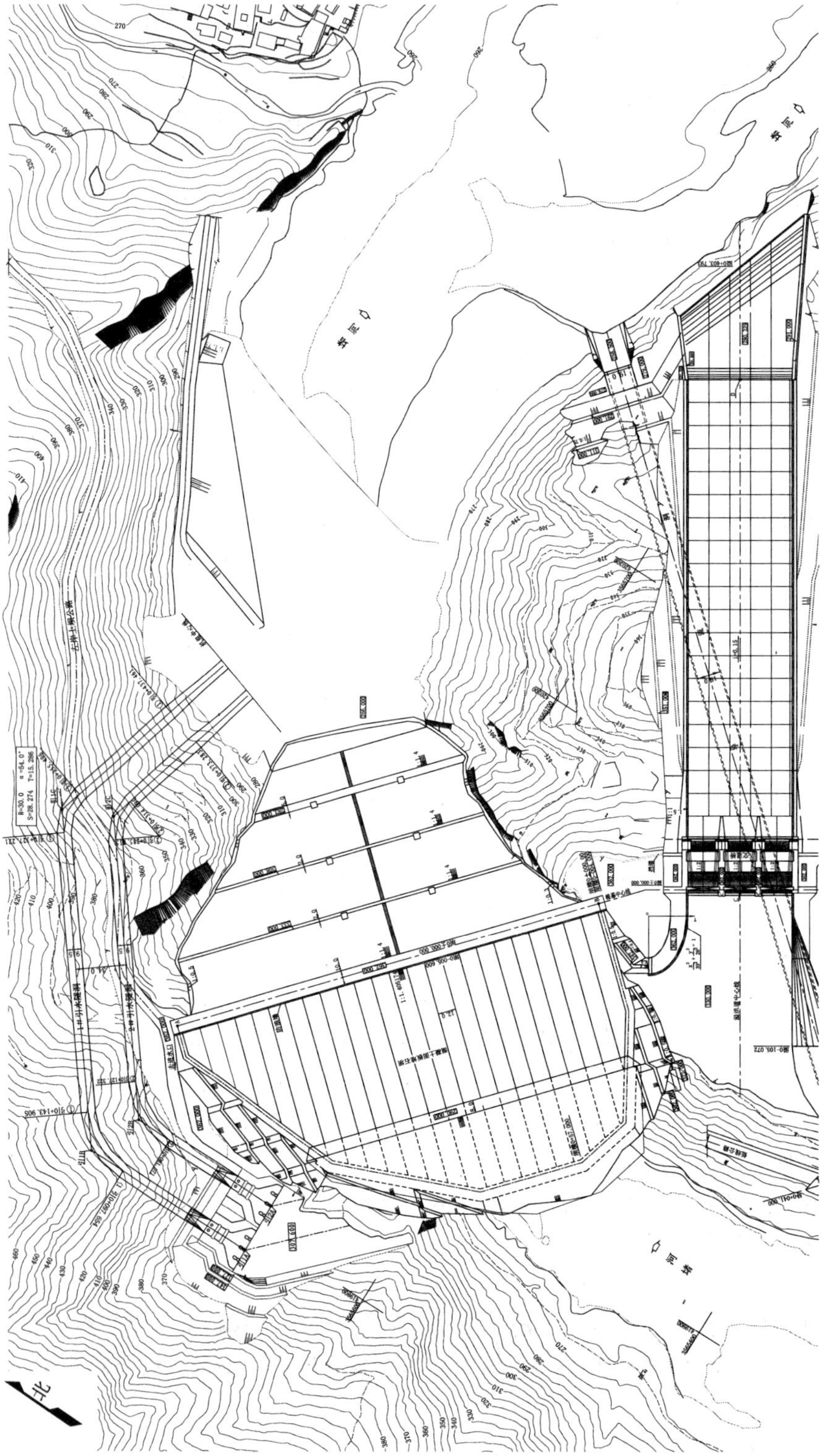

图 3-2-2 盘口水电站枢纽平面布置图

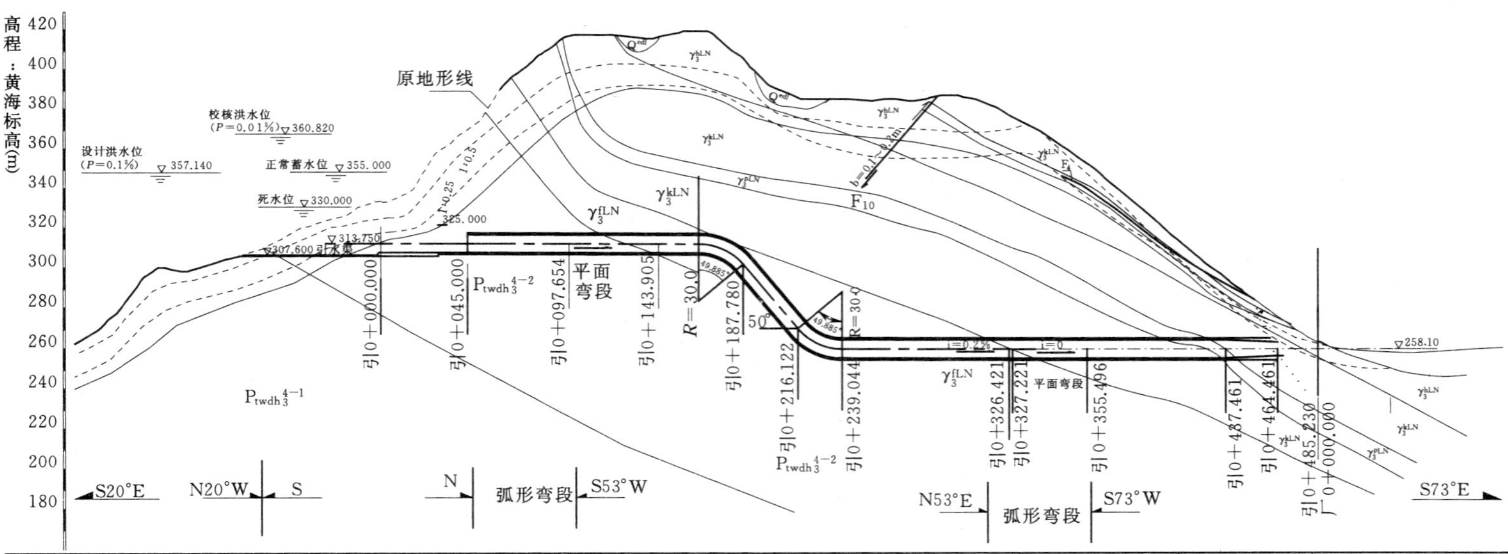

水平距离(m)	67.646	300.234		50.858	
围岩分类	Ⅳ—Ⅲ$_2$	Ⅲ$_1$		Ⅳ—Ⅲ$_2$	
单位弹抗系数(MPa/cm)	15～30	30～40		15～30	
山岩压力系数 垂直	0.10～0.15	0.05～0.1			
山岩压力系数 水平	0～0.05	—			
外水折减系数	0.60	0.40	0.50	0.60	
工程地质说明	引水隧洞洞向：进口段为 N，洞身段为 N～N53°E，出口段为 S73°E。进、出口均为斜交坡，地形坡角 40 ～50 。沿线最高地面高程 427.00m，有①、②、③号 3 条短浅冲沟切割，地形较整齐，隧洞埋深 30～128m。除冲沟内有残坡积物分布外，基岩裸露较好。地层岩性：引 0＋00～引 0＋130m 段为元古界武当山群化口组白云母石英片岩夹云母片岩；引 0＋130～引 0＋470m，为加里东期灰绿色绿泥钠长片岩岩组。岩层产状：320°～330°/NE∠40°～55°，其走向与洞轴线的夹角进口段为40°～50°，洞身段近正交，出口段为 32°。仅有 F10 断层通过隧洞，微切层，破碎带宽度 0.1～0.2m，由原岩碎屑充填，未胶结。发育 3 组节理，产状分别为：280°～290°/SW∠40°～60°；345°～355°/SW∠40°～60°；60°～70°/SE∠40°～70°，节理延伸长度较小，一般呈闭合状，少量充泥质物。对洞室围岩的稳定与洞脸开挖边坡的稳定，不会有太大的影响。岩体强风化带下限深度 0～35m，弱风化带下限深度 15～40m，除进、出口部分洞段外，其余均位于微风化至新鲜岩体中。地下水位埋深10～35m，基岩弱至微透水，隧洞在地下水位以下。				

图例

第四系：
- Q^{al} 河流冲积层：砂、砾石
- Q^{edl} 残坡积层：砂壤土夹碎石
- Q^{dl+col} 崩坡积层：砂土和碎石

元古界武当山群化口组：
- $P_{twdh_3}^{4-2}$ 白云母石英片岩夹云母片岩
- $P_{twdh_3}^{4-1}$ 灰白色透镜状大理岩及绢云绿泥石英片岩含炭质条带

加里东期：
- γ_3^{fLN} 灰绿色富含石英脉绿泥钠长片岩，片理发育
- γ_3^{hLN} 灰绿色含砾绿泥钠长片岩
- γ_3^{pLN} 灰绿色绿泥钠长片岩，片理较发育
- γ_3^{kLN} 灰绿色块状绿泥钠长片岩

第四系与基岩分界线

岩层(性)分界线

F_4 逆断层及编号

地下水位线

强风化带下限

弱风化带下限

说明：1. 图中高程、桩号、坐标、尺寸均以 m 计。
2. 图中坐标系采用北京坐标系，高程系采用黄海高程系。

0 20m

图 3-2-3 盘口水电站引水隧洞地质剖面图

（二）设计内容与步骤

1. 水电站主要设备的选择

（1）根据基本资料提供的水库和水电站特征参数，初选水轮机的型号，并对待选水轮机进行标称直径的计算与选择（取大于或等于计算值的标准直径），进而计算水轮发电机的转速，并进行效率与单位参数的修正，以及工作范围的检验，最后绘制运转特性曲线，校核机组的工作范围，选择包含高效率区较多的水轮机。

（2）根据水头确定蜗壳形式，对于金属蜗壳，可根据转轮标称直径确定座环尺寸，根据水轮机额定流量、包角确定进口断面平均流速，进而确定蜗壳各个典型断面的特征尺寸。

对于弯肘型尾水管，根据水轮机形式，先选择尾水管肘管的型号，然后计算尾水管各个部位的尺寸（直锥段高度、弯肘段高度、扩散段长度等）。

（3）根据水轮机转速、容量，确定发电机型式（悬式、伞式）和型号等，进而确定发电机的外形尺寸。

（4）计算调速功，选择调速器型号和外形尺寸。

（5）选择主变压器型号（容量、电压），确定冷却方式和外形尺寸。

（6）根据厂内最大和最重部件（一般是发电机转子带轴或主变压器）以及厂房布置选择起吊设备。

（7）选择闸阀及启闭设备，如压力管道上的进水阀。

2. 水电站引水系统和厂房枢纽的布置

（1）结合水工枢纽总体布置，确立引水路线，引水系统建筑物的组成及型式、布置和初步尺寸，包括进水口、引水道、调压室、压力管道、主变和开关站等。

（2）根据枢纽布置情况及自然条件选择厂房形式，并确定进厂交通。

（3）进行引水系统和厂房枢纽的详细布置和论证，确定各建筑物的尺寸、高程以及相对位置。

（4）通过以上的工作，绘制水电站引水系统和厂房枢纽的平面图和纵剖面图。

3. 水电站厂房布置设计

（1）厂房尺寸的确定。根据允许吸出高和下游最低水位确定水轮机安装高程，进而确定水轮机层高程、发电机定子装置高程、发电机层高程、吊车轨顶高程、屋顶高程、尾水管底板高程和基础开挖高程。

根据主要设备尺寸和辅助设备的布置，确定机组段长度、边机组段长度、装配场长度、主厂房总长度及厂房宽度。

（2）主厂房内设备布置。根据前面选定的机组设备，如水轮发电机组、调速器、油压装置、机旁盘、励磁装置、低压配电、中性点、桥吊、蝶阀或球阀设备等，进行厂内设备布置。

（3）副厂房的布置。根据电气主接线，选择电气主辅设备，确定中控室、发电机母线电压配电室、低压配电室、厂变、直流系统等电气生产用房面积，并进行布置；考虑调速系统、油系统、供水系统、排水系统和压缩空气系统的合理布置。

（4）厂房结构布置：包括主副厂房楼梯、吊物孔、进人孔的布置，主副厂房板梁柱的布置，厂房混凝土分期、分缝等。

4. 进水及引水建筑物设计

（1）确定进水口的形式、位置、高程及尺寸。

(2) 判断是否需要设置调压室，对需要设置调压室的有压引水系统进行有压隧洞—调压室系统水力计算，并确定其主要尺寸。具体可参照《水电站调压室设计规范》(DL/T 5058—1996)进行。

(3) 进行机组调节保证计算，选择调节保证的各项参数，即导叶关闭时间 T_s、水击压力上升值 ξ、机组转速升高值 β。

(4) 确定压力管道各管段的最大内水压力、最小内水压力，并验证管轴线布置的合理性。

(5) 进行压力管道结构计算，确定管径、管壁厚度，并进行应力分析、强度校核和稳定校核。

5. 厂房结构设计

(1) 水电站厂房上部排架、吊车梁结构内力与配筋计算。

(2) 水电站厂房下部结构（风罩、机墩、蜗壳、尾水管）结构内力与配筋计算。

可以采用以杆件有限元为基础的 PK 或 PK-PM 程序，也可以采用 ANSYS 等通用有限元程序进行计算。

（三）提交设计成果要求

1. 设计说明书

应详细说明设计依据、设计步骤、计算公式或方法、设计成果等。要求章节分明、文理通顺、字迹工整，既有计算数据又有分析论证，还应有适当的插图及附表。说明书宜尽量采用计算机打印，也可用碳素笔书写。

2. 计算书

计算书与说明书分开编写，不另编章节，与说明书的章节相对应，以便查核。计算书主要编写各部分设计的计算过程，做到简单明了。

3. 设计图纸

设计图纸一律采用 CAD 绘制，图幅规定为 A3。设计图纸 4～6 张，要求图面饱满、布局合理、清晰准确、尺寸齐全。图纸包括水电站枢纽布置平面图和剖面图，厂房剖面图和平面图等。

设计说明书、设计计算书和设计图纸装订成一本。设计计算书作为附录一，放在设计说明书之后；设计图纸作为附录二，放在设计计算书之后。

4. 相关材料

提交毕业设计成果时，应同时提交以下材料。

(1) 毕业设计基本资料。

(2) 毕业设计任务书（指导教师签字）。

(3) 开题报告（指导教师签字）。

(4) 中期检查表（指导教师签字，教研室签字）。

(5) 毕业设计进度周历表（指导教师签字）。

（四）进度安排

毕业设计时间建议 13 周（不含毕业实习），进度安排如下。

(1) 熟悉毕业设计基本资料，0.5 周。

(2) 水电站主要设备的选择和计算，2 周。

(3) 水电站枢纽布置设计，1 周。

(4) 水电站厂房布置设计，2.5 周。

（5）进水及引水建筑物设计，2周。

（6）水电站厂房结构设计，2周。

（7）成果整理（含设计说明书编写、计算书编写、设计图绘制等），3周。

在第2周周五前，应提交开题报告；在第7周时，进行中期检查。

二、江崖水电站初步设计

（一）设计基本资料

1. 工程概况

本工程具有防洪、发电、灌溉、供水及航运等综合效益。坝址控制流域面积3700km²，占娄水流域的73%。枢纽由大坝、电站、通航和灌溉取水系统等建筑物组成。最大坝高128.0米，总库容17.41亿m^3，正常水位以下预留防洪库容7.4亿m^3，库容系数0.28，属年调节水库，电厂装机300MW，年电能7.56亿kW·h。枢纽为一等工程，大坝及临库挡水建筑为一级建筑物，发电厂房为二级建筑物，其他为三级建筑物。本工程是澧水流域开发的骨干防洪工程，列为“九五”期间国家重点工程建设项目。

2. 工程地质

大坝坝址位于江崖镇上游5.0km的峡谷之中，选定坝线为石灰窑坝址Ⅱ－3线。库岸山体雄厚，封闭条件好，地下分水岭高于库水位，不存在向库外渗漏问题；亦不存在浸没、固体径流等环境工程地质问题。库岸基本稳定，仅距大坝1.0km的庙嘴存在一复合型滑动变形边坡。

大坝基坑开挖深8～20m，至弱风化带下限，揭露的地层岩性为：P_{1q}^{2}、P_{1q}^{3}厚至中厚层灰岩，P_{1q}^{4-1}页状滑石化灰岩、扁豆状泥晶灰岩夹白云质灰岩及P_{1q}^{4-2}、P_{1q}^{5}、P_{1q}^{6}中至厚层白云质灰岩夹页状滑石化灰岩。岩层产状一般55°～65°SE∠35°～38°，与河流近于正交倾向下游。坝基内影响较大的断层有F_{11}、F_{12}和F_{19}，其中F_{11}在坝前25m横切河床。F_{12}和F_{19}位于左岸，F_{12}规模较大，破碎带宽1.1～1.5m，未胶结，影响带宽0.5～2m，斜切左岸坝肩EL173以下各平台，至河床尖灭，在基坑内延伸长约100m。F19破碎带宽0.1～0.5m，从下游侧边坡延伸，经EL123平台坝址至河床尖灭，在EL123平台坝址处于F12交汇，岩体强烈破碎。基坑内上下游边坡弱风化带岩体内节理裂隙发育，且多充泥。坝基微风化至新鲜岩体节理较少，多为充填良好的方解石脉，少数轻微溶蚀，受爆破影响多张开。主要为NW～NNW扭及张扭节理和反倾向节理。层间错动较发育，多沿灰岩与页岩状滑石化灰岩接触面形成，一般充填页状滑石化灰岩鳞片及大量方解石晶片，厚0.1～0.4m。

基坑内未见大的溶洞。岩溶以沿NW～NNW节理形成构造溶隙（K_g）及沿层面形成的层面溶隙（K）为主，前者在右岸主要有K_g^8、K_g^9，左岸有K_g^{10}、K_g^5，后者主要有K_{203}、K_{302}和K_{511}。

坝基持力层总体上为微风化至新鲜，岩质坚硬完整，力学强度高，前期勘探声波检测其岩体波速平均值大于4200m/s，变形模量15.0GPa以上。

电站进水口位于右岸④号冲沟下游侧陡崖部位，基岩裸露，为P_{1q}^{2}、P_{1q}^{3}、P_{1q}^{4-2}岩组，岩性及产状与坝基类同，F_{11}断层通过两侧边坡及进水塔基，其破碎带宽0.2～0.8m，影响带宽1.0～3.5m，层间错动及构造溶系较发育。弱风化带下限埋深7～24m。

引水发电洞上覆岩体厚50～140m，围岩主要为P_{1q}^{4-1}、P_{1q}^{4-2}与P_{1q}^{5-1}岩组，岩性及产状

与坝基类同。R_g＝70～80MPa，岩层走向与洞向夹角55°～60°，岩体微风化至新鲜，属Ⅱ、Ⅲ类围岩，稳定性较好。但斜弯洞段顶拱与层面近乎平行，对稳定不利。施工中由于及时超前锚杆支护，未出现大的失稳问题。

厂区围岩为层状岩体，呈单斜构造。从上游至下游厂区围岩依次为下二叠统栖霞组（P_{1q}）厚至中厚层灰岩夹页状滑石化灰岩；下二叠统茅口组（P_{1m}）巨厚至厚层灰岩；上叠统吴家坪组（P_{2w}）薄至中层状硅质白云质灰岩、页岩、石煤层等。岩层产状60°～65°SE∠35°～40°，倾向下游。

厂区断层数量少，主要的断层有F_{17}、F_{14}、F_{15}、F_{16}、F_{18}、F_{36}、F_{37}等，大多数为近似垂直于河床走向的小规模断层，断层破碎带宽一般为10～40m，最大延伸长度小于230m，主要层间错动有10条，均为页状滑石化灰岩鳞片，方解石脉及灰岩碎屑，连续性好。岩体主要节理有4组，多数短小闭合，充填钙华、方解石脉及少量泥膜。厂区各建筑物围岩除断层及层间错动外，岩体较完整，新鲜坚硬，岩石饱和抗压强度70～130MPa，弹性模量为18～23MPa。

根据水力劈裂法测试和对地质勘探平洞收敛变形的反演分析，厂区地应力场以地质构造应力为主，属中等地应力区，水平构造应力大于垂直应力。垂直地应力2.5～3.9MPa，最大水平主应力为7～12MPa，平均方向为NW15°±5°。

3. 枢纽布置

江崖大坝为全断面碾压混凝土重力坝，坝顶高程242.00m，最大坝高128.00m，坝顶总长327m，由河床部位溢流坝及左右岸非溢流坝组成。

坝址区河床狭窄，河谷呈U形，挡水位125m时，河床宽约90m，正常水位236.00m时，自然谷宽290m。汛期泄洪量大，设计洪水位时下泄流量8322m³/s，校核洪水位时下泄流量10491m³/s。按流域规划要求，50年一遇洪水时坝前仍为正常水位，不雍高，下游安全泄量为1700m³/s，为此汛前要预留7.4亿m³的防洪库容，汛期水位210.60m，水库消落深度为25.4m。溢流坝的布置必须满足上述自然条件及流域规划的要求，在河床限制的宽度内布置了双层泄水孔口和高低坎大差动挑流空中碰撞消能。

溢流坝分3个坝段，全长88m，设有4个表孔和3个中孔。表孔为开敞式，堰顶高程224.00m，孔口尺寸14m×12m。堰面曲线采用WES堰型，上游由两段圆弧与上游坝面衔接，下游接1∶0.8直线段及高、低坎挑流反弧段，堰顶设弧形门控制水位。中孔进口底板高程180.00m，孔口尺寸5m×7m，在坝内2/3为水平段，下游出口段为试验抛物线，接低挑坎反弧段，进口设平板检修门及弧形工作门。

溢流坝中间两个表孔为高挑坎，挑坎高程191.20m，两个边表孔及中孔为低挑坎收缩出流，收缩角为8°，挑坎高程150.00m。两股水流在空中碰撞，形成高低坎大差动挑流空中碰撞消能，碰撞后水流顺河纵向拉开，落点分散，减少对河床及两岸冲刷。

左、右岸两非溢流坝长分别为114.5m和124.5m，各分4个坝段，最大坝段宽度35m。大坝基本剖面为上游铅直，下游为1∶0.8的三角形剖面，坝顶宽12m，下游折坡点的高程为228.00m。坝内在高程120.00m、160.00m、200.00m分别设灌浆、排水、观测及交通等用途的廊道，由电梯井和交通竖井构成坝内交通系统。160m以上廊道通向下游坝外，以满足高水自排、低水抽排的排水方式。

大坝坝体处基础垫层、中孔周边、闸墩、导墙、溢流面及上部坝顶细部结构采用常规混凝土外，其余部位均采用碾压混凝土。上游面防渗部位为二级配高胶凝材料碾压混凝土，混凝土标号为 R_{90}^{200}，抗渗标号 S_{12}；190.00m 高程（溢流坝中孔）以下为三级配中等胶凝材料碾压混凝土，混凝土标号为 R_{90}^{150}，190.00m 高程以上为三级配中等胶凝材料碾压混凝土，混凝土的标号为 R_{90}^{100}。

电站进水口布置在水库右岸，为塔式进水口。基础底板高程为 165.00m，塔顶高程 243.00m，塔高 78m。塔基基岩为栖霞组 P_{1q}^{3} 岩组。进水塔按单机单管引水布置，单机进水口宽 18m，总宽 54m，前沿方位角 104.879°。

进口流道底面为水平，顶面为椭圆形面，两侧为抛物线形的喇叭口形。底部高程为 168.00m，流道长 32m。从上游至下游依次设置拦污栅、检修闸门和工作闸门。拦污栅与水平面的夹角为 78.5°的斜面布置，由 1.8m 厚的中墩分为两个进水口，孔口尺寸为 5.6m×14.5m（宽×高）。机组最大发电引水流量时，过栅流速为 1.1m/s 左右。检修闸门位于喇叭口末端，距拦污栅 21.11m，孔口尺寸为 4.5m×7.108m（宽×高），拦污栅和检修闸门均由位于进水塔顶部的门机操作。快速工作闸门距检修门 4.06m，孔口尺寸为 4.05m×7m，快速工作闸门由位于进水塔顶部的液压启闭机操作。紧邻快速工作门后设直径 1.6m 的通气孔。

引水隧洞共有 3 条，平行布置，中心距与机组间距为 17m，每条引水隧洞长 158.04m，内径为 6m，引水隧洞洞身由上平段、上弯段、斜管段、下弯段、下平段组成。进口中心高程 171.00m，出口中心高程 120.69m。根据调节保证计算，洞内最大水压力为 140m。

隧洞上平段、上弯段、斜管段采用钢筋混凝土衬砌，考虑弹性抗力作用，按限裂设计。顶拱回填灌浆，洞身全断面固结灌浆，固结灌浆压力取 1.3 倍最大洞内水头，其主要作用是为提高围岩整体性，防止和减小内水外渗。

隧洞下平段和下弯段靠近主厂房洞室上游高边墙，为防止内水外渗影响洞室边墙的稳定，隧洞洞身采用钢板内衬，钢内衬按承受全部内水压力设计。钢内衬与岩壁之间素混凝土回填，同时对岩体进行全断面固结灌浆以提高岩体的整体性。隧洞下平段出口距蜗壳进水口 8.5m，引水隧洞钢内衬通过凑合节与蜗壳连接。

电站位于大坝右岸，根据右岸地形、地质条件、大坝运行条件及施工条件，电站采用首部式开发的地下厂房。

地下洞室群由平行布置的主厂房洞室、主变洞、尾调洞三大主洞室及母线廊道、引水隧洞、尾水管洞、尾水隧洞、电缆竖井、进厂交通洞等洞室组成。

电站安装 3 台水轮机发电机组，单机容量为 100MW，总装机容量为 300MW，电站设计水头 80m，单机引用流量为 141.68m³/s，多年发电量为 7.56 亿 kW·h。电站流量与下游水位的对应关系详见表 3－2－8。

表 3－2－8　　电站流量与下游水位的对应关系

运行工况	下泄流量（m³/s）	下游水位（m）
500 年一遇	8322	142.90
50 年一遇	1700	131.37
3 台机流量	425.04	127.40
单机流量	141.68	126.20

4. 工程指标

根据可行性研究，得出以下工程特性指标，见表3-2-9所列，供初步设计时参考。

表3-2-9　　工程特性表

项目		单位	指标
水文特性	控制流域面积	km^2	3711
	多年平均流量	m^3/s	132
	校核洪水流量	m^3/s	15700
	设计洪水流量	m^3/s	12200
水库特性	总库容	亿 m^3	17.41
	水库有效库容	亿 m^3	11.65
	防洪库容	亿 m^3	7.4
	正常高水位	m	236
	防洪高水位	m	236
	防洪限制水位	m	210.6
	死水位	m	188.0
	水库调节性能		年调节
	灌溉面积	万亩	8.57
	迁移人口	人	11839
	淹没耕地	亩	14023
大坝	坝型		碾压混凝土重力坝
	最大坝高	m	128.0
	泄洪表孔孔数、孔口尺寸	m×m	4孔 14×12
	泄洪中孔孔数、孔口尺寸	m×m	2孔 5×7
电站	最大水头	m	109.50
	最小水头	m	62.10
	平均水头	m	88.30
	设计水头	m	80.0
	装机容量	MW	300
	台数	台	3
	水轮机型号		混流式
	额定出力	MW	102
	额定转速	r/min	187.5
	额定流量	m^3/s	141.68
	额定出力	MW	100
	多年平均发电量	亿 kW·h	7.56
	送变电电压	kV	110，220

5. 枢纽地形图和引水系统纵剖面图

枢纽平面布置图详见图3-2-4，引水隧洞地质剖面图详见图3-2-5。

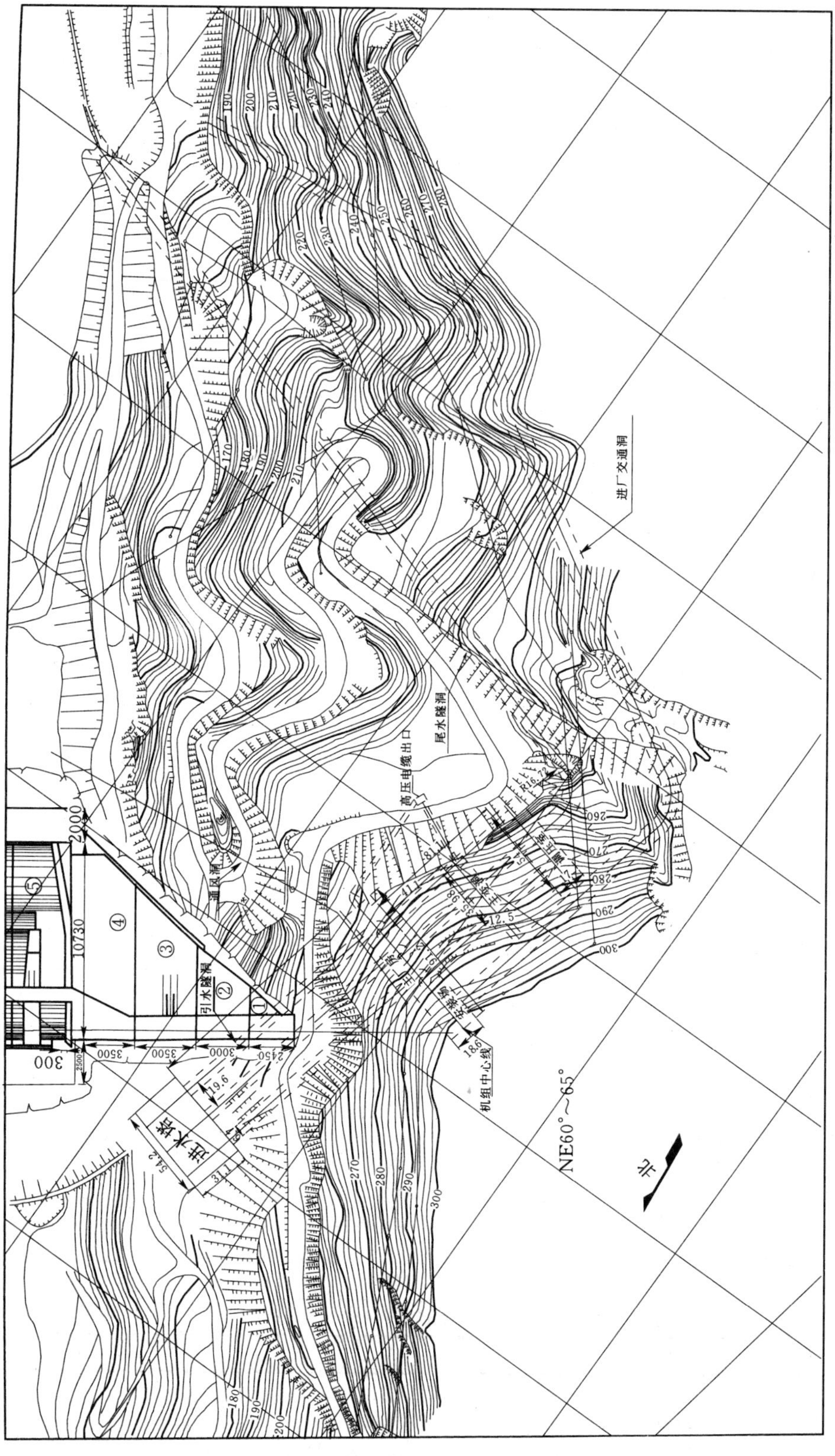

图 3-2-4 江崖水电站枢纽平面布置图

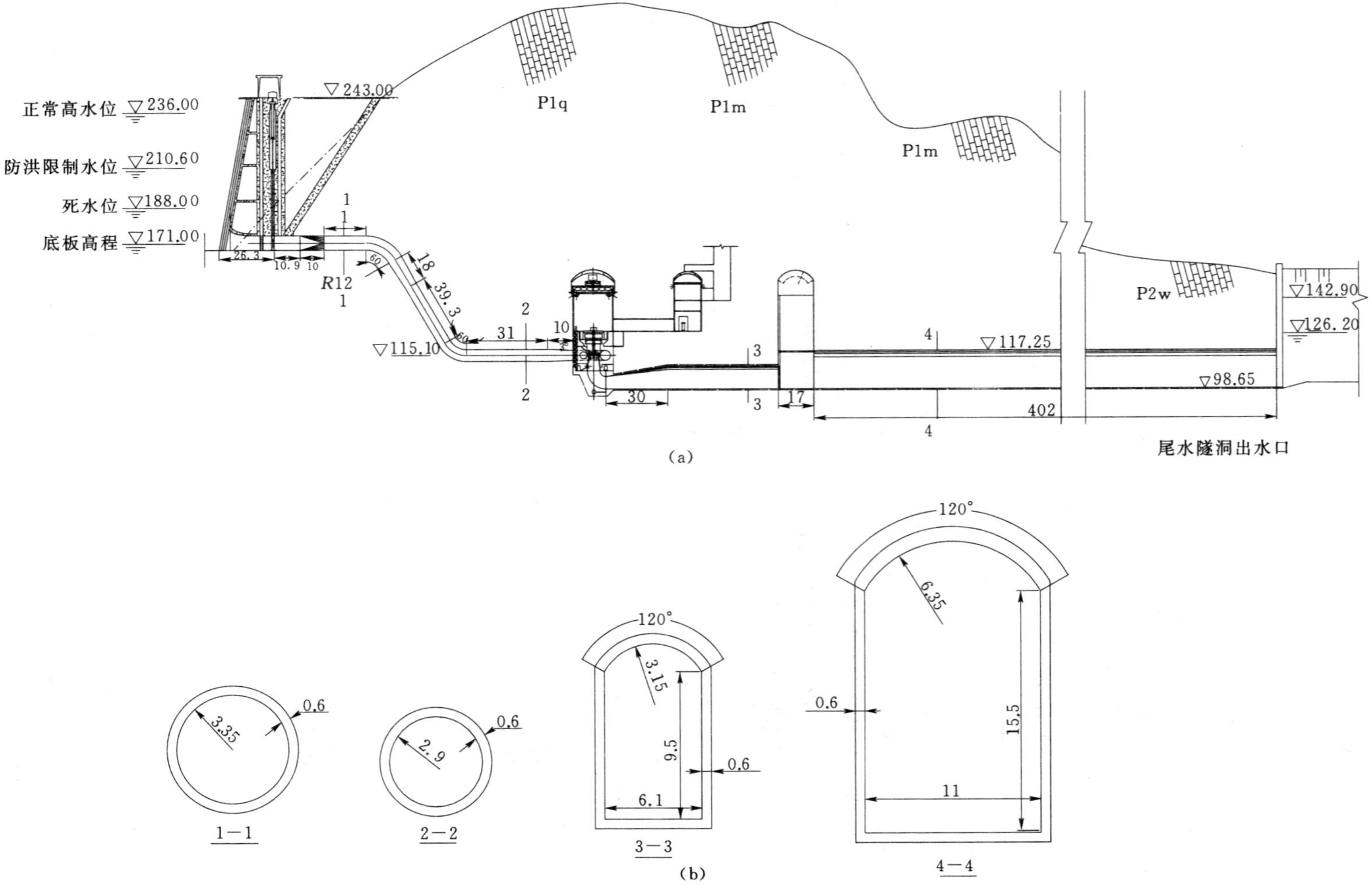

图 3-2-5 江崖水电站引水隧洞地质剖面图(单位:m)

(a)引水系统纵剖面图;(b)引水隧洞地质剖面图

（二）设计内容与步骤

1. 水电站主要设备的选择

根据规划设计提供的水库和水电站特征参数，选择下列主要设备。

（1）水轮机。

1）根据水头资料确定其型号（比转速），计算并选择水轮机的标称直径，进而计算水轮发电机的转速，并进行效率与单位参数的修正。

2）绘制运转特性曲线，校核水轮机的工作范围。

3）估算转轮带轴的重量。

（2）发电机。

1）根据水轮机的出力和转速，选择发电机的型号、额定转速、飞逸转速、电压等级、冷却方式。

2）估算转子、定子等设备的重量。

（3）调速器。

1）计算调速功，选择调速的型号，确定外型尺寸，估算重量。

2）选择油压装置的型号，确定外型尺寸，估算重量。

（4）变压器。根据送变电要求，参考电气主接线，确定主变压器及厂用变的台数，选择主变压器及厂用变的型号，分别确定它们的容量及额定电压、冷却方式、外型尺寸。

（5）进水阀、工作闸门、检修闸门。确定压力管道的供水方式，并依据其确定是否需要装设进水阀。需要装设进水阀时，应由水轮机的工作水头选择进水阀的类型以及布置的位置，进而选择阀门的直径。进水口中设置平板工作闸门和检修闸门。

（6）吊车。根据需要在厂内进行安装检修的最重最大部件（一般为发电机转子带轴或主变压器），选择厂内桥式吊车的型号、容量、尺寸等。

2. 水电站枢纽布置设计

根据厂区自然地理及地质构造条件初步确定进水口、引水隧洞、调压室、压力管道、地下厂房、尾水调压室、尾水隧洞、主变和开关站的相对位置，简要论述其合理性，并作如下建筑物的初步设计。

（1）选择和设计进水口的型式，确定轮廓尺寸及高程，根据运用条件设置拦污栅等主要设备。

（2）通过计算，确定引水道各断面尺寸；采用水锤计算解析方法确定压力管道内最大、最小内水压力，检验引水系统轴线布置的合理性。

（3）确定调压室所在位置及结构型式。

（4）如有岔管，应选择合理的结构型式。

（5）根据工程规模和地形地质条件，选择压力管道结构型式（钢筋混凝土衬砌、钢板衬砌或其他形式）。

（6）确定尾水隧洞的轴线，选择其断面型式并根据水力学计算得出其断面尺寸。

3. 地下厂房的布置设计

（1）确定厂房平面尺寸。

1）根据选定的水轮机发电机组，选取相应的尾水管和蜗壳，并得出它们各个断面尺寸。

2）根据设备的布置要求、厂房上下部结构以及吊车的跨度，确定机组段长度和厂房洞室的宽度。

3）确定安装场的位置及平面尺寸。

（2）确定厂房各高程。

1）计算各种水头下的吸出高度，确定水轮机安装高程。

2）确定主厂房其他各层高程，包括水轮机层高程、发电机定子装置高程、发电机层高程、吊车轨顶高程、尾水管底板高程等。

3）确定厂房洞室顶部和底部开挖高程，最终确定洞室的断面型式和尺寸。

（3）选择机组配套设备进行厂内布置。

1）调速器及其油压装置、机旁盘、励磁系统、中性点的厂内布置。

2）设计地下厂房的通风系统、交通洞及母线洞，并进行主变的布置。

（4）选择辅助设备进行副厂房布置。

1）选择各项电气设备，进行中控室、发电机电压配电装置室、低压配电室、厂变及直流系统的布置。

2）选择三供一排设备，并进行布置。

（5）厂房结构布置设计。

1）确定主、副厂房的各部件（板、梁、柱）的结构尺寸，并进行合理的布置。

2）拟定机墩尺寸。

3）拟定吊车梁的型式及尺寸。

在进行上述工作时，应考虑采取必要的措施，减小厂房洞室的尺寸。

4．引水系统设计

（1）有压引水隧洞水力计算。

1）进行恒定流计算，最终确定有压引水隧洞及压力管道的尺寸。

2）进行非恒定流计算。对拟定的控制工况进行调节保证计算，选择合适的导叶关闭时间使水锤压力和机组转速变化均在允许范围之内，得出最大、最小压力分布。

3）校核有压引水隧洞布置的合理性，及时调整隧洞轴线，使之满足基本要求。

（2）压力管道的水锤计算。

1）得出水锤沿压力管道的分布，并计算出最大和最小内水压力。

2）校核压力管道布置的合理性，防止管内出现真空，检验尾水管内的真空度。

（3）调压室结构设计。

1）选择合适的调压室体型及结构。

2）计算调压室稳定断面（临界断面），再得出调压室断面积。

3）可采用解析法，进行调压室水位波动的计算。

根据最高涌波水位和最低涌波水位，确定调压室顶部及底部高程。

（4）地下埋管结构设计。

1）根据典型断面荷载拟定压力管道的衬砌型式和厚度。

2）对于钢板衬砌，进行抗外压稳定计算。

5．水电站厂房结构设计与围岩稳定分析

（1）水电站厂房下部结构（风罩、机墩、蜗壳、尾水管）结构内力与配筋计算。

（2）地下厂房围岩稳定分析与支护设计。

（三）提交设计成果要求

1. 设计说明书

应详细说明设计依据、设计步骤、计算公式或方法、设计成果等。要求章节分明、文理通顺、字迹工整，既有计算数据又有分析论证，还应有相应的插图及附表。说明书宜尽量采用计算机打印，也可用碳素笔书写。

2. 计算书

计算书与说明书分开编写，不另编章节，与说明书的章节相对应，以便查核。计算书主要编写各部分设计的计算过程，做到简单明了。

3. 设计图纸

设计图纸一律采用CAD绘制，图幅规定为A3。设计图纸4～6张，要求图面饱满、布局合理、清晰准确、尺寸齐全。图纸包括水电站枢纽布置平面图和剖面图，厂房剖面图和平面图等。

设计说明书、设计计算书和设计图纸装订成一本。设计计算书作为附录一，放在设计说明书之后；设计图纸作为附录二，放在设计计算书之后。

4. 相关材料

提交毕业设计成果时，应同时提交以下材料。

(1) 毕业设计基本资料。

(2) 毕业设计任务书（指导教师签字）。

(3) 开题报告（指导教师签字）。

(4) 中期检查表（指导教师签字，教研室签字）。

(5) 毕业设计进度周历表（指导教师签字）。

（四）进度安排

建议毕业设计时间为13周（不含毕业实习），进度安排如下。

(1) 熟悉毕业设计基本资料，0.5周。

(2) 水电站主要设备的选择和计算，2周。

(3) 水电站枢纽布置设计，1周。

(4) 水电站厂房布置设计，2.5周。

(5) 水电站发电引水系统设计，2周。

(6) 地下厂房结构设计与围岩稳定分析，2周。

(7) 成果整理（含设计说明书编写、计算书编写、设计图绘制等），3周。

在第2周周五前，应提交开题报告；在第7周时，进行中期检查。

三、毕业设计参考资料

[1] SL 266—2001 水电站厂房设计规范. 北京：中国水利水电出版社，2001.
[2] SL 281—2003 水电站压力钢管设计规范. 北京：中国水利水电出版社，2003.
[3] SL 285—2003 水利水电工程进水口设计规范. 北京：中国水利水电出版社，2003.
[4] SL/T 205—97 水电站引水渠道及前池设计规范. 北京：中国水利水电出版社，1998.
[5] SL 279—2002 水工隧洞设计规范. 北京：中国水利水电出版社，2003.
[6] DL/T 5141—2001 水电站压力钢管设计规范. 北京：中国电力出版社，2001.
[7] DL/T 5058—1996 水电站调压室设计规范. 北京：中国电力出版社，1997.

[8] DL/T 5057—1996 水工混凝土结构设计规范．北京：中国电力出版社，1997.
[9] DL 5077—1997 水工建筑物荷载设计规范．北京：中国电力出版社，1998.
[10] 金钟元．水力机械 [M]．北京：水利电力出版社，1992.
[11] 王树人，董毓新．水电站建筑物 [M]．北京：清华大学出版社，1992.
[12] 刘启钊，彭守拙．水电站调压室 [M]．北京：水利电力出版社，1995.
[13] 水电站机电设计手册：水力机械 [M]．北京：水利电力出版社，1983.
[14] 水电站机电设计手册：电气一次 [M]．北京：水利电力出版社，1982.
[15] 刘天雄．水电站建筑物设计参考图册 [M]．北京：清华大学出版社，1984.
[16] 骆如蕴．水电站动力设备设计手册 [M]．北京：水利电力出版社，1990.
[17] 顾鹏飞．水电站厂房设计 [M]．北京：水利电力出版社，1987.
[18] 潘家铮．压力钢管 [M]．北京：电力工业出版社，1982.
[19] 吴荣樵．水电站水力过渡过程 [M]．北京：中国水利水电出版社，1997.
[20] 郑源．水电站动力设备 [M]．北京：中国水利水电出版社，2003.
[21] 杨述仁．地下水电站厂房设计 [M]．北京：水利电力出版社，1993.
[22] 顾慰慈．水工建筑物设计手册 [M]．北京：水利电力出版社，1992.
[23] 潘家铮．水工隧洞和调压室：调压室部分 [M]．北京：水利电力出版社，1992.
[24] 王伦坤，张春生．水工设计手册——第八卷——水电站建筑物 [M]．北京：中国水利水电出版社，2010.

第三节 《水利工程施工》毕业设计

毕业设计是培养学生综合运用所学基础理论和专业知识解决工程实际问题的一个重要实践教学环节，是对学生综合能力进行全面训练和提高的一个实践过程，是学生走上工作岗位承担工作任务前的一个重要阶段和预演。水利工程施工组织设计的主要目的是：

(1) 通过分析水利水电工程施工条件，选择技术可行、经济合理的施工方案，优化施工布置、程序和安排。

(2) 巩固所学的基础理论知识和专业知识。并能实际运用于设计、施工中，培养独立分析和解决问题的能力。

(3) 明确当前水利水电工程建设的任务，了解国内外最新的施工技术成果，并能适当地运用于设计。执行国家、行业现行设计规范及有关政策，培养正确的设计思想。

(4) 善于运用图表和文字表达设计意图，能运用有关参考书籍、手册和标准。

一、松涛水利枢纽施工组织设计

(一) 设计基本资料

1. 工程概况

松涛水利枢纽位于柳河干流上的松涛峡，系一级建筑物，由河床混凝土重力坝、溢洪道、右岸土坝和坝后厂房等部分组成，如图 3-3-1 所示。枢纽主要任务是发电，共装 3 台机组，每台机组 150MW，相应库容为 19.5 亿 m^3，对当地的社会经济发展具有重要意义。施工期限可根据设计内容选定为 5 年，第 5 年 7 月 1 日首台机组发电。

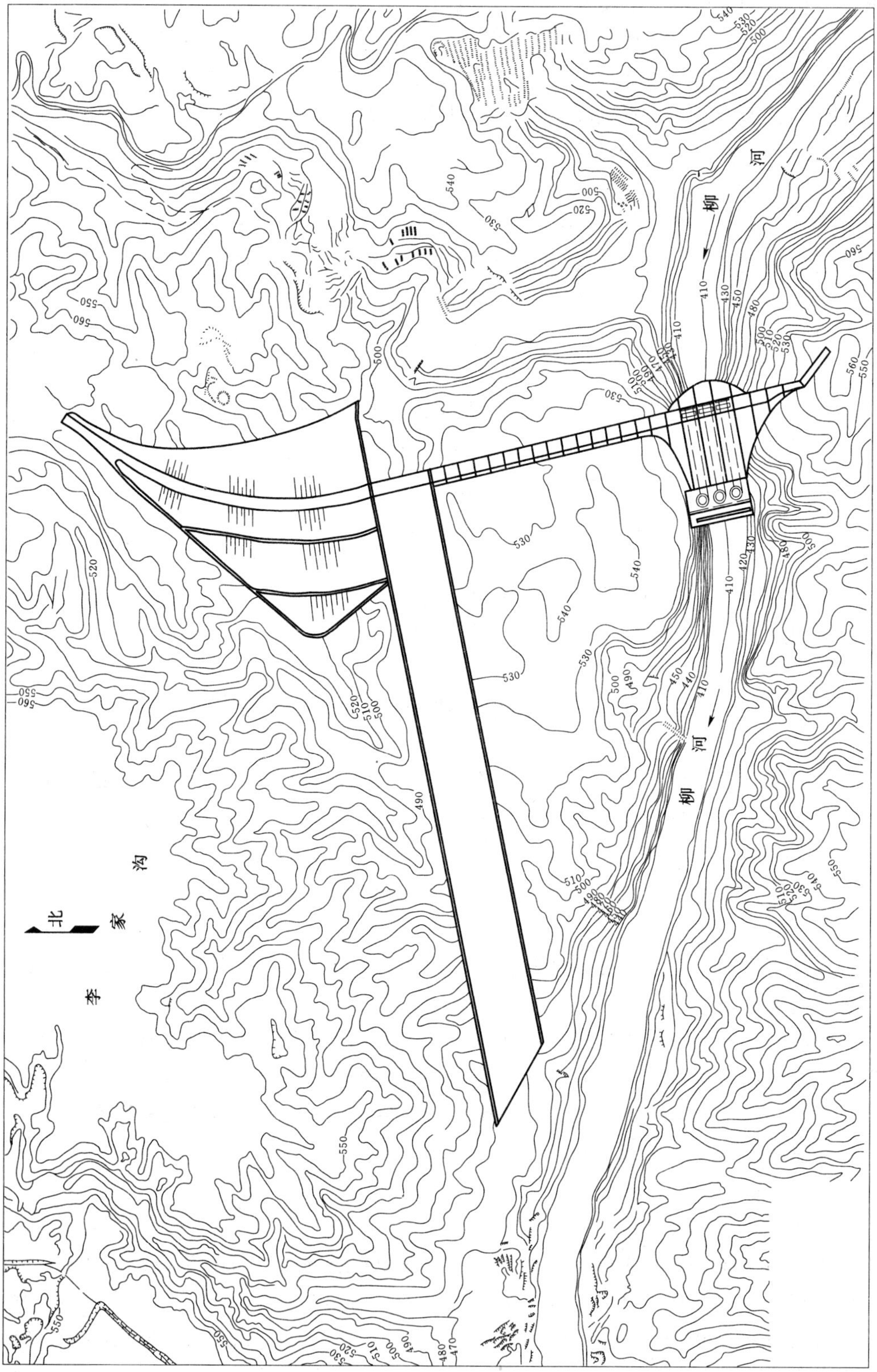

图 3-3-1 松涛水利枢纽地形图及枢纽布置图

2. 原始资料

该工程大部分基础资料已在第二章第三节《水利工程施工》课程设计中介绍，此处补充部分基础资料。

其流量特征补充资料列于表3-3-1～表3-3-6。

表3-3-1　不同施工期各种频率的最大流量

时段（月．日） \ 频率 流量（m^3/s）	1%	2%	5%	10%	20%
11.1～5.31	2050	1920	1750	1610	1450
11.16～5.10	1340	1270	1170	1090	997
10.1～6.30	4710	4290	3710	3260	2790
10.16～6.15	2840	2670	2430	2240	2020

表3-3-2　坝址水文站各月不同频率的瞬时最大流量

月份 \ 频率 流量（m^3/s）	1%	2%	5%	10%	20%
1	485	462	430	404	370
2	405	393	371	356	334
3	723	680	615	568	507
4	1310	1210	1070	956	839
5	2350	2110	1816	1580	1320
6	4810	4270	3570	3730	2470
7	5470	4920	4210	3650	3090
8	5130	4670	4030	3550	3020
9	6380	5620	4610	3870	3110
10	3700	3410	3010	2700	2370
11	1750	1650	1520	1410	1290
12	796	759	701	659	601
全　年	6390	5870	5130	4560	3810

注　200年一遇全年瞬时最大流量为$6900m^3/s$。

表 3-3-3 坝址水文站不同频率的月平均流量

流量(m^3/s) 频率 / 月份	1%	5%	10%	20%	90%
1	348	227	222	215	208
2	345	238	227	219	209
3	369	332	310	250	220
4	486	399	358	327	292
5	929	369	364	325	294
6	1120	411	407	382	305
7	1890	1020	882	785	542
8	1250	1050	660	540	436
9	1140	870	665	541	430
10	959	630	447	413	356
11	692	479	389	340	298
12	330	321	306	278	335
全 年	840	538	453	346	352

表 3-3-4 各种频率洪水过程数据表

流量(m^3/s) 频率 / 时间(月.日)	5%	2%	1%	0.5%
8.30	2460	2810	3069	3309
8.31	2530	2885	3156	3403
9.1	2600	2965	3244	3497
9.2	2800	3193	3493	3766
9.3	3000	3421	3743	4035
9.4	3200	3649	3992	3860
9.5	3400	3877	4242	4573
9.6	3600	4105	4491	4842
9.7	4100	4675	5115	5515
9.8	4200	4789	5240	5649
9.9	4500	5131	5614	6053
9.10	4550	5188	5676	6120
9.11	4600	5245	5739	6187
9.12	4650	5302	5801	6254

续表

时间（月．日）＼ 流量（m^3/s）＼ 频率	5%	2%	1%	0.5%
9.13	5130	5850	6400	6900
9.14	4770	5439	5951	6416
9.15	4410	5029	5502	5932
9.16	4050	4618	5053	5447
9.17	3838	4377	4788	5162
9.18	3626	4135	4524	4877
9.19	3414	3893	4259	4592
9.20	3200	3649	3992	4304
9.21	3075	3506	3836	4136
9.22	2950	3364	3680	3968
9.23	2825	3221	3524	3800
9.24	2700	3079	3368	3632
9.25	2600	2965	3244	3497
9.26	2500	2851	3119	3363
9.27	2400	2737	2994	3228

表 3-3-5　　坝址水位流量资料

水位（m）	418.00	418.5	419.4	421.50	422.50	423.60	424.65	425.55
流量（m^3/s）	250	500	1000	2000	2500	3000	3500	4000
水位（m）	426.40	427.15	427.65	428.20	428.70	429.50	430.05	430.50
流量（m^3/s）	4500	5000	5500	6000	6500	7500	8500	10500

表 3-3-6　　水库水位—容积关系

水位（m）	418.00	428.00	432.80	435.60	439.10	444.10	447.60	450.3	455.20
库容（亿 m^3）	0	0.2	0.4	0.6	0.8	1.2	1.6	2.0	3.0
水位（m）	458.70	461.80	464.30	468.20	471.70	475.40	482.1	492.90	503.20
库容（亿 m^3）	4.0	5.0	6.0	8.0	10.0	12.0	15.0	18.0	20.0

工程地质条件中，坝址区及上下游河床覆盖层厚 5～12m。表面 0.3m 左右为黄土覆盖，以下均由卵砾石夹粗、中砂等物构成。河床靠右岸有一深槽，顺河呈长条状分布，深槽处水深约 10m，覆盖层厚 10～12m，此深槽系河水沿构造裂隙侵蚀冲刷而成。坝址河谷及两岸的变质岩主要由云母石英片岩和角闪岩组成，石质坚硬，相当于 16 级岩石分类中的第 X 级岩石，普氏系数 $f=8$ 云母石英片岩极限抗压强度为 1000～1200kg/cm^2，角闪片岩极限抗压强度为 900～1200kg/cm^2。

坝址右岸距河边480m处，有一天然冲刷的鞍状地形，溢洪道即建此处，该处系古河道的遗址，两侧有大小冲沟数条，与它成70°～80°交角。

坝址各料场主要特征见表3-3-7和表3-3-8。

表3-3-7　各砂料场的颗粒组成及物理性质表

料场名称	粒径（mm）							平均粒径（mm）	容重（t/m³）	比重	粒度模数	孔隙率（%）
	<0.15	0.15～0.3	0.3～0.6	0.6～1.2	1.2～2.5	2.5～5.0	>5.0					
	含量（%）											
富家沟及孙家沟	8.8	8.8	8	14.4	20.8	19.2	20	0.46	1.57	2.70	3.12	41.9
老虎沟	8.8	12	9.6	15.2	20	14.4	20	0.40	1.96	2.67	2.73	26.6
宛家沟	9.8	14.7	9.1	11.9	14.7	9.8	30	0.34	1.98	2.67	2.35	25.8

表3-3-8　卵砾石料场天然级配及物理性质表

料场名称	粒径（mm）						容重（t/m³）	比重	粒度模数	孔隙率（%）
	<5	5～20	20～40	40～80	80～120	>120				
	含量（%）									
明坝四级阶地	20	18.7	21.8	21.8	15.7	2	1.81	2.72	7.66	39.7
旧镇淮	19	10.4	11.7	19.3	27.6	12	1.87	2.75	8.79	31.5
平谷滩	20	13.6	12.4	14.3	21.7	18	1.92	2.74	8.49	30.2

富家沟、孙家沟及老虎沟均位于下游右岸山沟中，距坝址约10km，沟口为宽阔的冲积滩，沟壁为黄土覆盖，厚度一般不到2m，沟底宽30～40m，高程约460～480m，沟中平时无水，开采条件良好。富家沟与孙家沟相互毗连，面积约0.3km²，其中富家沟储量71.5万m³，孙家沟储量20万m³。老虎沟面积约0.05km²，储量约39万m³。

坝体混凝土的设计龄期为90天，水工设计中内部混凝土用100号，外部混凝土用150号。总混凝土用量比为0.75∶0.25。

坝体混凝土的配合比见第二章第三节资料。坝体混凝土的容重为2400kg/m³。混凝土的热学指标及各种材料的热学性能见表3-3-9和表3-3-10。

表3-3-9　混凝土的热学指标

比热 c [kcal/（kg·℃）]	导温系数 a（m²/h）	导热系数 λ [kcal/（m·h·℃）]	热交换系数 β [kcal/m²·h·℃]
0.21	0.0048	2.4	10

注　1kcal=4.1868kJ。

表3-3-10　混凝土各材料的比热

材料名称	水	水泥	砂子	骨料
c 比热 [kcal/（kg·℃）]	1.00	0.14	0.19	0.20

注　1kcal=4.1868kJ。

混凝土采用600号纯熟料水泥，水泥最终水化热为67kcal/kg，水泥放热速率 $m=0.384$/天。

（二）设计内容与步骤

1. 施工导截流设计

施工导流是水利工程施工极为重要的工程，一个完整的导流方案受到诸多因素的制约，要进行充分的技术经济比较论证才能确定。因此必须对工程水文条件、地形条件、工程地质和水文地质条件、水利枢纽布置及建筑物形式的影响、河流综合利用角度及施工进度、施工方法及场地布置等多方面全盘考虑，确定导流方案。

（1）设计条件。

1）坝区地形、地貌、河谷形状及覆盖组成等。

2）一般洪、枯水季节的划分，汛期洪水，流冰，封江，开冻，水位与流量等特性。

3）施工期间通航、过筏、过鱼的要求。

4）水工建筑物对导流要求的一般说明。

（2）导流标准及导流方式。

1）不同施工时段划分的比较和选择。

2）施工导流频率和流量的选定。

3）各种导流方式的方案比较，影响各方案的主要因素，包括地形、地质、通航、过筏、施工条件、工程量、材料和造价等。选定方案的各期导流工程布置，导流建筑物各期控制性高程和断面，水力计算的主要成果。

（3）导流建筑物的设计与施工。

1）导流挡水、泄水建筑物形式的方案比较，选定方案的建筑物形式、级别、主要高程、尺寸、工程量以及稳定分析和应力分析的主要成果。

2）导流隧洞（或明渠）的开挖、衬砌（或喷锚）、施工程序、施工方法、施工进度的论述。所需主要设备、材料和劳动力。

3）围堰填筑程序、填筑方法及保证水下填筑质量的技术要求和措施的叙述。所用土、砂、石料料场的选定。确定围堰闭气，地基处理施工措施及围堰拆除措施。进行围堰施工进度安排。计算所需主要设备、材料和劳动力。

4）基坑抽水量的估算。确定排水方式和所需设备。

（4）施工截流。

1）河床截流时段与设计流量的确定。

2）截流方式选择、水力计算成果、施工方案比较。

3）选定方案的施工布置、施工程序、施工方法，所需主要设备、材料、劳动力。

（5）其他措施的说明。

1）度汛、过冰措施（度汛标准、防护措施）。

2）下闸蓄水措施（封堵时段、下闸流量、封堵方式、进度安排）。

3）施工期通航与过筏的要求和措施。

对于施工导流方式需要进行两种以上的方案比较，然后选定最优方案。据此完成其他各项内容，并编制下列图表。

（1）施工导流布置图。

（2）导流建筑物工程布置及结构布置图。

（3）截流场地平面布置图。

（4）基抗排水平面布置图。

（5）不同导流阶段的流量与上游水位关系曲线。

（6）控制性进度计划表。

（7）主要机械设备、材料、劳动力需要量表等。

2. 混凝土坝的施工

（1）施工条件分析。

1）分析气象资料，确定施工天数，研究冬、夏、雨季施工问题。

2）分析导流分期和导流条件。

3）分析工程规模，计算工程量、分期浇筑强度。

4）根据混凝土配合比设计，计算混凝土各种组成材料的需要量。

（2）混凝土拌和系统。

1）确定混凝土工厂的生产能力。

2）混凝土系统的布置设计。

（3）骨料的开采和加工。

1）骨料料场的开采规划（包括级配平衡和经济开采），分期开采强度。

2）典型料场开采方法、开采工艺和机械设备的选择。

3）骨料加工方法、加工工艺和工艺设备选择。

4）骨料运输、储存方式和储存容量。

（4）坝体分缝分块。

1）根据混凝土初凝、温度控制和接缝灌浆要求和条件，确定分缝分块及分层尺寸。

2）拟定浇筑日程进度计划。

3）如采用纵缝分块，应拟定冷却水管通水及接缝灌浆计划。

（5）选择混凝土运输、浇筑方案。

1）运输方案的比较和选择，运输设备的选择，运输路线的布置。

2）浇筑方案及浇筑设备的选择。

（6）编制单项工程进度计划，并拟定主要机械设备，材料、劳动力需用量表。

要求对选择分缝分块和浇筑方法作较详细的论述，对混凝土运输方案作两种方案比较，并论证选择某一方案的优越性，要求对重点设计部分的施工质量和安全技术有一定的措施。除文字说明外，还应包括以下图表。

（1）坝体浇筑分块与进度计划图表。

（2）骨料料场开采与加工工艺及运输路线布置图。

（3）混凝土运输路线图。

（4）入仓浇筑方法示意图。

（5）大坝施工的设备、材料、劳动力需要量表。

（三）提交设计成果要求

本设计的全部计算、绘图与说明书的编写工作，均系学生独立工作的成果。指导教师一般只给予方向性启示，介绍有关资料和提出个人建议。学生应在刻苦钻研和满足设计要求的基础上，作出自己的设计。大图张数一般为3～5张，大图应有说明，次要的图表和曲线可附在说明书内。大图用计算机绘制，力求整洁饱满，能表达出设计意图。比例尺应与描绘物繁简程度相适应。标题、注解、图例和尺寸均不得遗漏。

设计说明书一般为60～80页。对工程性质，建筑物地区的自然条件和施工条件，建筑物的布置和类型等的叙述，应写得简明扼要、通顺，字迹工整，标点符号正确。设计部分应较详细地用图表和文字来正确说明和表达设计的依据、方法、意图和成果。设计说明书中，一般只列出设计计算的重要成果和最终成果。设计计算的详细过程应整理在计算书中，计算书应作为设计说明书的附件。

设计说明书和大图应彼此吻合，无脱节和错乱现象。说明书中应有大图的索引。

提交毕业设计成果时，应同时提交以下材料。

(1) 毕业设计基本资料。

(2) 毕业设计任务书（指导教师签字)。

(3) 开题报告（指导教师签字)。

(4) 中期检查表（指导教师签字，教研室签字)。

(5) 毕业设计进度周历表（指导教师签字)。

(四) 进度安排

建议毕业设计时间为13周（不含毕业实习)，进度安排如下。

(1) 熟悉毕业设计基本资料及相应规范，编写开题报告，1周。

(2) 比选及确定适宜的导流方式、导流方案，2周。

(3) 进行导流泄水建筑物泄流能力计算，确定建筑物型式及尺寸，2周。

(4) 混凝土施工料场选择及加工系统设计，1周。

(5) 混凝土运输及浇筑方案优选，3周。

(6) 编制单项工程进度计划，1周。

(7) 成果整理（含设计说明书编写、计算书编写、设计图绘制等)，3周。

在第2周周五前，应提交开题报告；在第7周时，进行中期检查。

二、陵江水利枢纽施工组织设计

(一) 设计基本资料

1. 工程概况

陵江是里江的干流，发源于凤岭南麓，于江口市注入里江，全长1700km，流域面积15.4万km^2，年平均径流总量600亿m^3。陵江流域洪水灾害频繁而严重，受陵江洪水威胁的地区达15000km^2，农田750万亩，人口400万。陵江流域拥有耕地6000万亩，其中可以发展大型灌溉的约2100万亩，现尚无现代化灌溉措施，农田用水无保证，作物产量低。

陵江水力蕴藏丰富，仅干流部分即达300万kW。陵江航道在枯水期水深不足，险滩多，迫切需要改善。

陵江水利枢纽工程位于华城县上游50km，距江口市680km，正处于陵江上、中游交界处，为河流出峡谷的末端。水库流域面积9.7万km^2，占流域总面积的63%。陵江枢纽

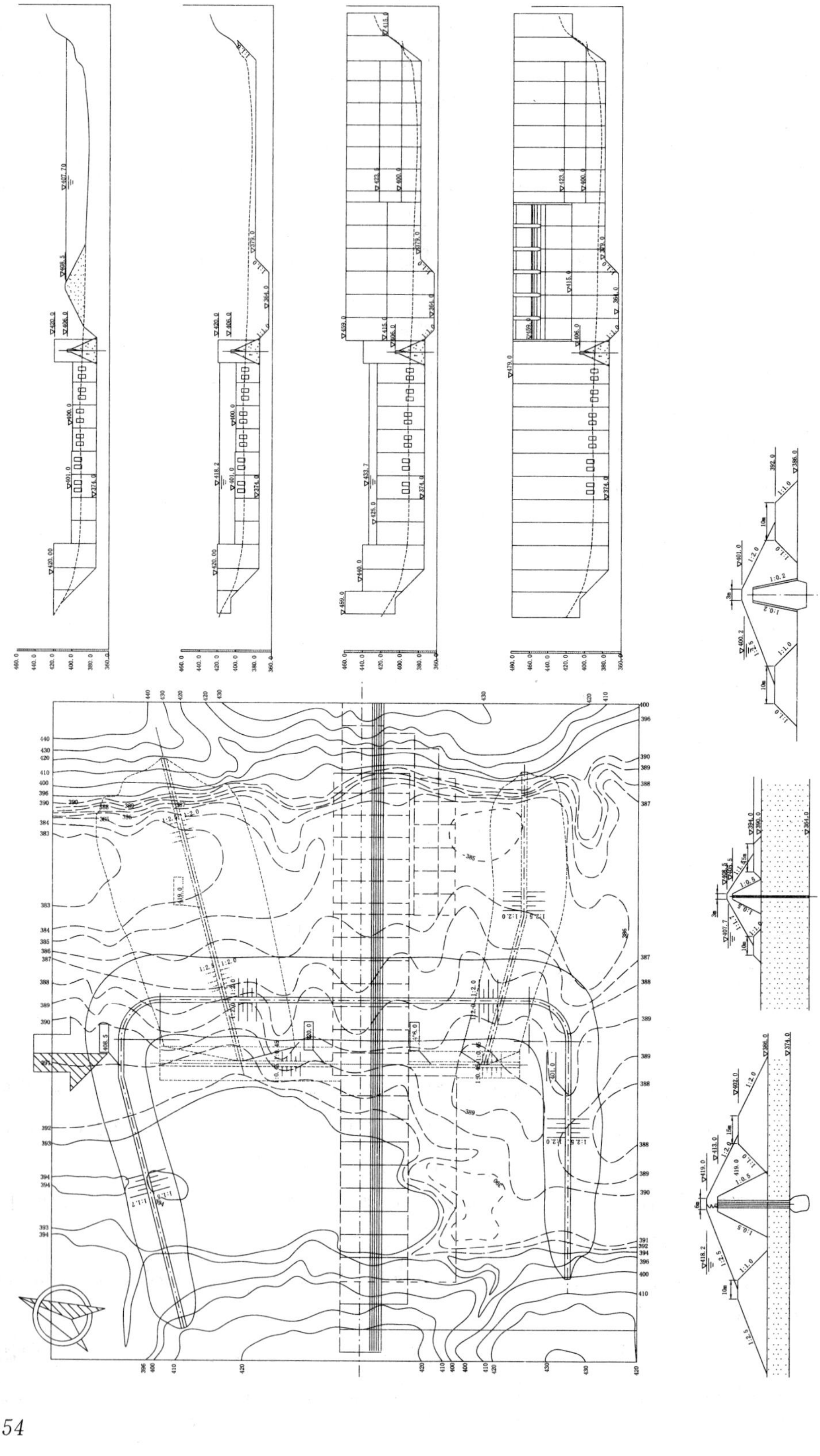

图 3－3－2 陵江水利枢纽平面布置图

属一等水利工程，装机容量 90 万 kW（6×15 万 kW），它是一项具有防洪、发电、灌溉、航运和养殖等综合效益的伟大工程。

枢纽由混凝土坝、土石坝、坝后式水电站厂房、垂直升船机等几部分组成。枢纽布置及水工设计指标如图 3－3－2 所示。另二期导流底孔布置见表 3－3－11。

表 3－3－11　二期导流底孔布置表

坝　段	10	11	12	13	14	15	16	17
底孔数量（个）			2	2	2	2	2	2
底孔尺寸（m×m）			4×8	4×8	2.4×4	4×8	4×8	4×8
底孔高程（m）			391.00	391.00	390.00	389.00	386.00	386.00
未完建坝面高程（m）	399.60	400.60	400.60	400.60	399.60	399.60	399.60	399.60

注　在 14 坝段，因考虑到后期封堵底孔蓄水时，为使中、下游不断流，将 1 个底孔分隔为 2 个 4m×4m 的小底孔，以便向下游供水。

混凝土大坝的基础开挖及混凝土工程量见表 3－3－12、表 3－3－13。其他工程项目工程量如下：河床大坝基础固结灌浆 4240m，河床大坝帷幕灌浆 7200m，连接坝段基础固结灌浆两岸各 2020m，连接坝段帷幕灌浆两岸 1920m，连接坝段基础开挖右 21 万 m^3、左 28 万 m^3，右岸连接段混凝土 50 万 m^3，左岸连接段混凝土 30 万 m^3，连接坝段土石方填筑两岸各 50 万 m^3，土石坝清基右岸 28.4 万 m^3、左岸 24.7 万 m^3，土石坝基础灌浆右岸 4950m、左岸 6690m，土石坝回填右岸 130.8 万 m^3、左岸 237.7 万 m^3，水电站厂房混凝土 14.1 万 m^3，开关站土石方开挖 6 万 m^3，开关站混凝土 1 万 m^3，通航建筑物土方开挖 31 万 m^3，石方开挖 88 万 m^3，混凝土 14.4 万 m^3。

表 3－3－12　混凝土大坝基础土石方开挖工程量

部　位	右岸连接段	深孔段	大孔口段	堰顶溢流段	厂房段	左岸连接段
工程量（万 m^3）	21	6.0	6.8	14	30	28

表 3－3－13　大坝混凝土工程量

高程（m）	右岸连接段（万 m^3）	深孔段（万 m^3）	大孔口段（万 m^3）	堰顶溢流段（万 m^3）	厂房段（万 m^3）	左岸连接段（万 m^3）	合计（万 m^3）
479.00	0	0	0	0	0	0	0
469.00	5.06	3.10	3.20	0.90	3.30	2.26	17.82
459.00	10.20	6.20	6.20	1.80	7.00	4.64	36.04
449.00	16.95	9.80	8.50	4.80	11.30	8.02	59.37
439.00	25.81	14.20	12.00	9.50	16.50	12.64	90.65
429.00	36.78	17.40	16.80	15.30	22.70	18.49	127.47
419.00	48.32	20.90	21.10	22.10	29.30	25.57	167.29
409.00	53.43	28.40	28.20	31.70	37.00	29.50	208.23
399.00	53.87	36.80	35.90	42.80	47.00	30.62	246.99

续表

高程 (m)	右岸连接段 (万 m^3)	深孔段 (万 m^3)	大孔口段 (万 m^3)	堰顶溢流段 (万 m^3)	厂房段 (万 m^3)	左岸连接段 (万 m^3)	合计 (万 m^3)
389.00	53.87	44.40	43.80	53.90	60.00	31.32	287.29
379.00	53.87	47.30	50.60	64.20	73.70	31.32	320.99
374.00	53.87	49.10	51.90	66.90	73.70	31.32	326.79
369.00	53.87	49.10	51.90	69.70	73.70	31.32	329.50
364.00	53.87	49.10	51.90	71.20	73.70	31.32	331.09

2. 原始资料

(1) 坝址水文资料。根据枢纽附近测站较长时期观测资料统计的结果，坝址处多年平均流量为 1210m^3/s，年平均径流量约 382 亿 m^3。年径流分配不均匀，平均有 65%集中在洪水期（7～10 月），最大达 75%。洪水期平均流量为 2300m^3/s，中低水期为 616m^3/s。

本流域径流主要由降雨形成，洪峰发生次数一般以 9 月较多，最大洪峰流量据推算为 5 万 m^3/s（出现在 1935 年 7 月 7 日）。11 月 3 日为枯水期，最小流量一般出现在 1、2 月，但也有些年份出现在夏季。实测最小流量为 124m^3/s（1958 年 3 月 12 日）。洪枯流量比达 403∶1。

洪峰由暴雨形成，峰型一般高瘦，单峰突出，持续时间 7～9 天（1935 年），也有数峰连续，持续时间为 40～50 天（如 1938 年和 1958 年）。按照频率计算，坝址处全年最大瞬时流量值：千年一遇为 6.38 万 m^3/s，200 年一遇为 5.2 万 m^3/s，100 年一遇为4.7 万 m^3/s，50 年一遇为 4.16 万 m^3/s，20 年一遇为 3.45 万 m^3/s，10 年一遇为 2.88 万 m^3/s。

(2) 气象。根据华城站 1959～1989 年的统计资料得知，多年平均气温为 15.2℃，极端最高气温为 40.4℃（1959 年 6 月），极端最低气温为－14.3℃（1964 年 1 月），日平均气温在 0℃以下的为 17 天。华城站具体气温资料见表 3－2－14 及表 3－3－15。

表 3－3－14　　华城站月平均气温及极端气温表　　单位:℃

项目 \ 月份	1	2	3	4	5	6	7	8	9	10	11	12	全年
月平均	1.3	3.5	8.4	15.6	20.8	26.0	27.3	26.3	22.6	16.5	9.9	3.8	15.2
极端最高	19.3	22.9	27.3	34.8	37.8	40.4	39.0	38.2	35.5	33.3	27.8	21.8	40.4
极端最低	－14.3	－9.3	－9.6	1.3	7.9	12.0	18.2	15.3	8.5	2.5	－5.2	－7.9	－14.3
月平均最高	6.3	8.6	13.9	21.7	26.7	32.1	32.3	31.0	28.0	22.5	15.8	9.2	20.7
月平均最低	－2.5	－0.4	4.0	11.3	15.5	20.6	20.6	22.8	18.1	11.1	5.2	0.2	10.7

表 3－3－15　　华城站一年内各种日平均温度天数表　　单位：d

温　度	≥30℃	≥20℃	≤5℃	≤0℃	≤－5℃
平均	12	149	76	17	4
最高	23	157	92	34	14
连续最长天数	7	131	53	17	5

陵江流域平均雨量为700～1000mm，大部分集中在7、8、9三个月。坝址下游华城站多年平均降雨量860.1mm，一日最大雨量为218.2mm，发生在1935年7月7日；三日最大暴雨为378.2mm，发生在1935年7月。华城7～9月平均降雨量占全年降雨总量的45.5%，坝址下游9km蔡湾站，1954年一次最急降雨量60mm，历时1h。其他有关资料见表3-3-16～表3-3-18。

表3-3-16　各月降雨量分配表　单位：mm

项目＼月份	1	2	3	4	5	6	7	8	9	10	11	12	全年
月平均降雨量	29.1	53.2	33.1	47.4	88.2	75.2	182.1	141.2	67.7	39.0	43.1	33.8	860.1
月平均最大降雨量	293.1	275.5	120.8	189.0	212.1	147.5	509.1	283.6	148.3	79.5	102.3	105.0	205.46
月平均最小降雨量	2.0	0	8.6	16.5	29.1	40.5	32.8	84.2	16.6	12.0	0	11.0	—

表3-3-17　各月降雨强度大于5mm/h不能施工天数统计　单位：d

项目＼月份	1	2	3	4	5	6	7	8	9	10	11	12	全年
＞5mm/h天数	0	0	1	2	3	3	5	4	3	2	0	0	23

表3-3-18　晴、云、阴雨日数统计表　单位：d

项目＼月份	1	2	3	4	5	6	7	8	9	10	11	12	全年
晴天	4.4	2.7	2.7	2.1	2.4	3.1	1.7	2.3	4.7	4.0	7.0	7.0	44
云天	12.3	12.0	10.6	14.1	12.9	13.9	9.7	11.4	11.7	12.1	11.0	11.0	142.7
阴天	14.3	14.1	17.3	13.7	15.7	13.0	19.6	17.3	13.6	14.9	12.0	13.0	178.4
雨天	7.9	8.7	10.9	10.4	11.1	9.0	15.0	14.4	7.7	9.4	8.1	7.4	120.1

注　表中阴天数目包括雨天在内。

陵江流域多年平均风力为8级，年平均风力为2级以下。最多风向：上游偏东，中游偏西北，下游偏东北。华城站最大风力为7级，平均为1.7级，各月风力与风向统计见表3-3-19。

表3-3-19　华城站各月风力（级数）与风向统计表

项目＼月份	1	2	3	4	5	6	7	8	9	10	11	12	全年
平均风力	1.7	1.7	1.8	1.8	1.8	1.0	1.8	1.8	1.6	1.7	1.8	1.8	1.7
最多风向	NE	NE	NE	SE	NW	SSE	SE	ENE	NW	NNW	ENE	NE	NE
最大风力	5	7	6	7	6	6	6	5	5	6	7	6	7
与最大风力相应的风向	NW	NE	ENE	ENE	NW NNW ENE	SSE ENE NE	NE	ENE NE	NW ENE SE NE	NE	NW	ENE NW	ENE

(3) 工程地质及水文地质。坝址区出露的地层有原古代付片岩系及火成岩系，震旦纪灰岩及千枚状页岩，老第三纪红色岩系及第四纪沉积层。

坝轴线右岸及河床部分为闪长岩及变质玢岩，左岸坡为辉绿岩，左岸为片岩。岩石风化剧烈，山脊上风化层平均厚20m。河床右边部分有数座礁岛，左边部分有深槽。在坝基范围内，深槽沿水流方向加深、加宽，最深处岩面高程为360.00m。

河床砂砾石覆盖层深度为4～10m，局部深槽处最深达31m。覆盖层分为两部分，上部细砂层的渗透系数为30m/昼夜，下部砂砾石层在坝轴线上游的渗透系数为90m/昼夜，在坝轴线下游只有10m/昼夜。

坝址附近地下水的埋藏深度一般为2～20m。地形较高处，埋藏较深，标高为400～470m。地下水一般依山坡流向低地。地下水对各种水泥均无侵蚀性。

陵江水利枢纽位于峡谷尾端，左岸岸坡较陡平均约为34°，右岸岸坡较平缓，平均约为24°，岸坡坡顶高程为420.00～430.00m。河谷两岸切割剧烈，一般深度30～50m。坝轴线下游1km即为峡谷出口，河面逐渐变宽，两岸地势亦趋平坦，形成良好的施工场地。

(4) 当地建筑材料。对于工程所需天然建筑材料，有人曾经在陵江干流上下游及支流进行过普遍调查勘探。根据勘探及试验报告，结合开采条件以及复勘结果，决定推荐坝区附近的7处主要料场作为设计考虑对象。砂石料储量极为丰富，完全可以满足工程需要，详见表3-3-20、表3-3-21。

表3-3-20　　天然建筑材料主要产地及储藏量

编号	产　地	与坝址距离（km）	材料类别	储量（万 m^3）
1	金沙滩	1.5～6	砂砾石	983
2	下游河床	0.7～4	砂砾石	1901
3	蛇营	1～4	黏性土料	141
4	红岭	0.5～2	黏性土料	111
5	梅林	0.6～3	黏性土料	161
6	仙人山	1～2.2	块石料	765
7	溪河玉山	5～7	块石料	4489

表3-3-21　　砂砾石料场天然颗粒级配及容重

粒径（mm）		>120	120～80	80～40	40～20	20～5	<5
含量（%）	下游河床	1	14	15	20	20	30
	金沙滩	1	4	21	26	27	21
容重（kg/m^3）	下游河床	1700	1680	1640	1610	1640	1630
	金沙滩	1700	1680	1640	1610	1640	1630

注　毛料天然容重，下游河床1849kg/m^3，金沙滩1832kg/m^3。

砂砾石料产区有以下几处。

1) 金沙滩产区：本区位于陵江右岸坝址下游1.5～6km处，有平均厚度为3.54m的粉砂覆盖层（最厚为8m）。粉砂细度模数平均为1.18。覆盖层及以下的砂砾石合物中，砂子细度模数一般在1.9以下，10cm以上的砾石甚少。

2）下游河床产区：本区位于陵江左岸河床中，上距坝轴线约0.7～4km，高程在390m以下，枯水期露出水面。砂子细度模数平均为2.3，含泥量小于2%，云母含量一般小于0.5%。

根据水文资料分析，在洪水期的7～9月，以上两产区附近的河床水流流速大于2.5m/s。带有砂驳的拖轮在这种流速情况下难以行驶，停靠码头也有困难，这对料场开采是不利的。

黏性土料特性指标见表3-3-22。蛇营土区位于坝址下游左岸，地形平坦宽阔，地面高程399.00～408.00m。土料分布较有规律，土层厚度为7～12m，自西向东逐渐增厚。红岭土区位于坝址上游右岸，料场呈条形，平行于陵江，分布在二级侵蚀型阶地上，上层自西向东由薄变厚，上层厚度5～8m，地面高程为420.00～440.00m。梅林土区位于坝址下游右岸，地层丘陵起伏，地面高程为399.00～425.00m，土层厚度5～10m。

表3-3-22 黏性土料特性指标

土区名称	容重（t/m^3）		自然含水量（%）	比重	渗透系数（cm/s）	c	φ	黏土含量	颗粒分配		
	湿	干							0.05～2.0	0.005～0.05	<0.005
蛇营	$\frac{1.99}{1.80}$	$\frac{1.64}{1.57}$	$\frac{22}{21}$	$\frac{2.71}{2.73}$	$\frac{10^{-7}}{10^{-5}}$	0.29	19°	40%左右	$\frac{13}{36}$	$\frac{46}{43}$	$\frac{41}{21}$
红岭	$\frac{1.98}{1.88}$	$\frac{1.64}{1.70}$	$\frac{17}{12}$	$\frac{2.72}{2.72}$	$\frac{10^{-7}}{10^{-4}}$	0.28	13°	40%左右	$\frac{19}{49}$	$\frac{40}{34}$	$\frac{41}{27}$
梅林	$\frac{1.98}{1.88}$	$\frac{1.65}{1.63}$	$\frac{21}{20}$	$\frac{2.71}{2.74}$	$\frac{10^{-7}}{10^{-5}}$	0.52	10°	40%左右	$\frac{13}{25}$	$\frac{47}{49}$	$\frac{40}{26}$

注 横线上为黏土壤，线下则为壤土类，土的级别一般为Ⅱ级。

块石料特性指标见表3-3-23。溪河玉山石料区，位于陵江支流榕江右岸。岩石为石灰岩，质坚而脆，抗击力弱。岩石风化层厚为1～5m，平均3m。剥离层厚小于2m。仙人山石料区，位于坝址上游，陵江右岸。岩石为辉绿岩。剥离层为强风化辉绿岩，风化层厚在20m以上，剥离层远较溪河玉山料区大。

表3-3-23 石料特性指标

项目 料区	岩石名称	最大风化深度（m）		干抗压强度（kg/cm^2）	湿抗压强度（kg/cm^2）	软化系数	岩石级别
		强风化	弱风化				
仙人山	辉绿岩	26	15	912	701	0.76	Ⅸ
溪河玉山	石灰岩	5	2	1055	881	0.84	Ⅹ

注 干湿抗压强度仙人山为平均值，溪河玉山为最大值。

陵江上游地区松木储量约206万m^3，杉木36万m^3，但目前尚未大量砍伐，不能满足施工的大量需要。

（5）大坝混凝土的主要特性。大坝混凝土的设计龄期为90天，采用100号（内部混凝土）及150号（外部混凝土）两种标号。总用量的比例为7∶3。

大坝混凝土配合比经试验确定见表 3-3-24。各种材料的热学性能见表 3-3-25。

表 3-3-24　　大坝混凝土配合比（外加剂的量未列出）

标号	水灰比	砂率（%）	$1m^3$ 混凝土的材料用量（kg）						
			水	水泥	砂	小石	中石	大石	特大石
100 号	0.7	21.8	109	157	475	425	425	450	400
150 号	0.6	20.8	106	178	452	430	430	460	400

表 3-3-25　　混凝土材料热学性能

指标＼材料	水泥	砂	石	水
比热 c [kcal/（kg·℃）]	0.13	0.18	0.18	1.00
导热系数 k [kcal/（m·h·℃）]	1.09	2.65	3.39	0.52

注　1kcal=4.1868kJ。

水泥品种主要是 425 号矿碴大坝水泥，其 28 天的水化热为 55kcal/kg，发热系数m=0.384/天。

（6）水电供应。

1）地面水。陵江河水水量充沛，在冬季最枯季节，水位在 391.05m 左右，流量达 $150m^3/s$，河床水深一般在 1.0m 以上。根据水质资料分析，河水对各种水泥无侵蚀性，但洪水时期含泥量较大，需沉淀后方能使用。

2）地下水。坝址左岸地区，地下水含水层分布较广，厚度在 8m 以上，但未经过抽水试验及水文地质分析，仅蛇营小学北面 500m 处有一试孔，做过短期抽水试验，其平均渗透系数为 103.12m/d，最大涌水量为 $143.96m^3/d$，含水层平均厚度 8.2m。又根据河床勘探资料，河床地层结构自河床 386.00m 高程以下为 3m 厚的细砂（含有泥质），383.00m 高程以下为卵石。含水层厚 3～4m，粒径 30～750mm，一般在 70～80mm，再往下为岩石。

3）电源。坝址附近无可供施工期应用的电源，但距坝址 100km 的下游涠阳火电厂容量为 6000kW，可架设高压线线路以供应工地电力。

（7）交通运输。

1）公路。由坝址至华城，在勘探期间筑有 50km 临时公路线（华城向东南至江口市），公路全长 420km，为单行线，设计行车强度 200 辆/昼夜。

2）水路。陵江水运由坝址至江口市全程 687km，其中下游的 567km，可全年通行 200t 以下的驳船，其余部分由于浅滩阻塞，在中枯水期运输能力微小。

3）铁路。华城至江口市有全长 450km 的国家铁路干线，该线可于陵江左岸引入工地。

（二）设计内容与设计步骤

1. 施工导截流（分期导流方案）

水利工程施工过程首要是控制水流，通常需要进行施工导流。施工导流设计是水利工程施工组织设计的中心环节，也是编制施工总进度计划的主要依据。导流方案的选择需要综合坝址、坝型、枢纽布置方案及造价、工期、质量、施工安全多方面因素。设计的主要思想是充分体现因地制宜、因材设计的原则，即简单易行，又有进退余地，可保证主体工程施工安全进行。

（1）设计资料的整理和分析。

1）自然特征。坝区地形、地貌、河谷形状及覆盖组成等。一般洪、枯水季节的划分，汛期洪水，冰清，水位与流量等特性。

2）工程特点。水工枢纽建筑物的组成、形式、主要尺寸和工程量。

3）施工条件。工期要求，对外交通条件，水工建筑物对导流要求的一般说明，施工期间通航、过木（筏）、过鱼、供水的要求。

4）经济资料。主要材料价格、劳动力价格、工程单价等技术经济资料。

（2）导流标准及导流设计流量的选择。

1）不同施工时段划分的比较和选择。

2）施工导流频率和流量的选定。

3）各种导流方式的方案比较。影响各方案的主要因素，包括地形、地质、通航、过筏、施工条件、工程量、材料和造价等。选定方案的各期导流工程布置，导流建筑物各期控制性高程和断面，水力计算的主要成果。

（3）导流方式、方案的选择与确定。本工程适用分期导流，拟定相应方案，主要包括导流方案的规划布置，河床水工建筑物的施工控制性进度，导流建筑物形式、轮廓尺寸、工程量及造价估算等。比较各方案的技术经济指标及主要优缺点，进行方案比选。

（4）导流建筑物的设计与施工。

1）导流挡水、泄水建筑物形式的方案比较，选定方案的布置、级别、断面结构尺寸、主要高程、工程量计算以及稳定和应力分析的主要成果。

2）主要导流建筑物施工设计，包括施工程序、施工方法、施工进度的论述。确定所需主要设备、材料和劳动力。

3）围堰填筑程序、填筑方法及保证水下填筑质量的技术要求和措施的叙述。所用土、砂、石料料场的选定。围堰闭气，地基处理施工措施及围堰拆除措施。对围堰施工进度进行安排。分析确定所需主要设备、材料和劳动力。

4）基坑排水设计。各期基坑抽水量的估算。选定排水方式和所需设备。

（5）施工截流。

1）河床截流时段与设计流量确定。

2）施工截流方式选择、水力学计算成果、施工方案比较选择。

3）选定方案的施工布置、施工程序、施工方法，所需主要设备、材料、劳动力。

（6）其他措施的说明。

1）度汛、过冰措施（度汛标准、防护措施）。

2）下闸蓄水措施（导流建筑物的封堵时段、下闸流量、封堵方式、初期水库蓄水设计）。

3）施工期通航与过木（筏）的要求和措施。

对于施工导流方式需要进行两种以上方案的比较，然后比选方案。据此完成其他各项内容，并编制下列图表。

（1）施工导流布置图（分期）。

(2) 导流建筑物工程布置及结构布置图。

(3) 截流场地平面布置图。

(4) 基抗排水平面布置图。

(5) 不同导流阶段的流量与上游水位关系曲线。

(6) 控制性进度计划表。

(7) 主要机械设备、材料、劳动力需要量等。

2. 混凝土坝施工组织设计

(1) 施工条件分析。

1) 分析气象资料,确定施工天数,研究冬、夏、雨季施工问题。

2) 分析导流分期和导流条件。

3) 分析工程规模,计算工程量、分期浇筑强度。

4) 根据混凝土配合比设计,计算混凝土各种组成材料的需要量。

(2) 混凝土拌和系统。

1) 确定混凝土工厂的生产能力。

2) 混凝土系统的布置设计。

(3) 骨料的开采和加工。

1) 骨料料场的开采规划(包括级配平衡和经济开采),分期开采强度。

2) 典型料场开采方法、开采工艺和机械设备的选择。

3) 骨料加工方法、加工工艺和工艺设备选择。

4) 骨料运输、储存方式和储存容量。

(4) 坝体分缝分块。

1) 根据混凝土初凝、温度控制和接缝灌浆的要求和条件,确定分缝分块及分层尺寸。

2) 拟定浇筑日程进度计划。

3) 如采用纵缝分块,应拟定冷却水管通水及接缝灌浆计划。

(5) 选择混凝土运输、浇筑方案。

1) 运输方案的比较和选择,运输设备的选择,运输路线的布置。

2) 浇筑方案及浇筑设备的选择。

(6) 编制单项工程进度计划,并拟定主要机械设备、材料、劳动力需用量表。要求对选择分缝分块和浇筑方法作较详细的论述,对混凝土运输方案作两种方案比较,并论证选择某一方案的优越性,要求对重点设计部分的施工质量和安全技术有一定的措施。除文字说明外,应包括以下图表。

1) 坝体浇筑分块与进度计划图表。

2) 骨料料场开采与加工工艺及运输路线布置图。

3) 混凝土运输路线图。

4) 入仓浇筑方法示意图。

5) 大坝施工的设备、材料、劳动力需要量表。

(三) 提交设计成果要求

毕业设计成果包括:毕业设计说明书、毕业设计计算书及工程设计图。

设计的全部计算、绘图与说明书的编写工作均系学生独立工作的成果。指导教师一般只给予方向性启示，介绍有关资料和提出个人建议。学生应在刻苦钻研和满足设计要求的基础上，作出自己的设计。大图张数一般为 3～5 张，大图应有说明，次要的图表和曲线可附在说明书内。大图用计算机绘制，力求整洁饱满，能清楚表达出设计意图。比例尺应与描绘物繁简程度相适应。标题、注解、图例和尺寸均不得遗漏。

毕业设计说明书是对毕业设计进行解释与说明的书面材料，一般为 60～80 页。对工程性质、建筑物地区的自然条件和施工条件、建筑物的布置和类型等的叙述，应写得简明扼要、通顺，字迹工整，标点符号正确。设计部分应较详细地用图表和文字来正确说明和表达设计的依据、方法、意图和成果。设计说明书中一般只列出设计计算的重要成果和最终成果。设计计算书如实记录了设计中有关计算的方法和过程，是供审查校核的文件。要求详细记录设计计算的过程，方法正确，参数选择合理，数据真实可靠，公式标注清晰、选用合适，计算结果正确，书写规范。

设计说明书和工程图纸应彼此吻合，无脱节和错乱现象。说明书中应有工程图纸的索引。

提交毕业设计成果时，应同时提交以下材料。

（1）毕业设计基本资料。

（2）毕业设计任务书（指导教师签字）。

（3）开题报告（指导教师签字）。

（4）中期检查表（指导教师签字，教研室签字）。

（5）毕业设计进度周历表（指导教师签字）。

（四）进度安排

建议毕业设计时间为 13 周（不含毕业实习），进度安排如下。

（1）熟悉毕业设计基本资料及相应规范，编写开题报告，1 周。

（2）比选及确定适宜的导流分期分段方案，2 周。

（3）进行导流泄水建筑物泄流能力计算，确定导流建筑物型式及尺寸，2 周。

（4）混凝土工程料场选择及加工系统设计，1 周。

（5）混凝土运输及浇筑方案优选，3 周。

（6）编制单项工程进度计划，1 周。

（7）成果整理（含设计说明书编写、计算书编写、设计图绘制等），3 周。

在第 2 周周五前，应提交开题报告；在第 7 周时，进行中期检查。

三、白滩水利枢纽施工组织设计

（一）设计基本资料

1. 工程概况

白滩水电站的开发任务以发电为主，电站正常蓄水位为 275.00m，汛期限制水位 245.00m，死水位 220.00m，水库总库容 206.02 亿 m^3。

枢纽工程主要由混凝土双曲拱坝、二道坝及水垫塘、泄洪洞、引水发电系统等建筑物组成。混凝土双曲拱坝最大坝高 289m，坝身布置有 6 个泄洪表孔和 7 个泄洪深孔；泄洪洞共 3 条，均布置在左岸；电站采用地下厂房，左右各一。

2. 水文资料

坝址多年平均流量 4190m³/s。洪水主要由暴雨形成，年最大洪峰的发生时间集中在 7、8、9 三个月，约占总数的 95%以上，其余 5%可发生在 6 月下旬和 10 月上、中旬。坝址处全年洪水设计成果见表 3-3-26，典型洪水过程线见表 3-3-27，分期设计洪水成果见表 3-3-28，枯水期各旬平均流量设计成果见表 3-3-29 坝址处天然水位流量关系见表 3-3-30，坝址水位—库容关系见表 3-3-31。

表 3-3-26　　坝址全年设计洪水成果表

项　目	频　率						
	0.2%	0.5%	1%	2%	3.33%	5%	10%
Q_m (m³/s)	46100	33400	31100	28700	26800	25300	22700
W_1 (亿 m³)	39.1	28.3	26.4	24.0	22.7	21.4	19.2
W_3 (亿 m³)	113	82.0	76.4	70.0	65.8	62.0	55.6
W_7 (亿 m³)	240	174	162	149	140	132	118
W_{15} (亿 m³)	470	340	317	292	273	257	231
W_{30} (亿 m³)	806	591	550	509	476	450	406

表 3-3-27　　典型洪水过程线（时段长：1h；流量单位：m³/s）

时段	流量	时段	流量	时段	流量	时段	流量	时段	流量
1	7630	25	26500	49	22900	73	17400	97	14400
2	7710	26	26500	50	22300	74	16900	98	14400
3	7850	27	26500	51	21700	75	16500	99	14300
4	8170	28	26400	52	21100	76	16000	100	14100
5	8690	29	26900	53	20500	77	15600	101	13800
6	9250	30	28600	54	20100	78	15200	102	13700
7	9810	31	28500	55	19700	79	14900	103	13500
8	10500	32	28200	56	19400	80	14600	104	13300
9	11700	33	28300	57	19300	81	14300	105	13000
10	13000	34	28500	58	19300	82	14000	106	12800
11	14500	35	28500	59	19700	83	13700	107	12600
12	16100	36	28700	60	20400	84	13500	108	12300
13	17700	37	28900	61	21200	85	13300	109	12100
14	18900	38	29000	62	21800	86	13200	110	11800
15	20100	39	28600	63	22100	87	13100	111	11700
16	21200	40	28100	64	22000	88	13200	112	11500
17	22300	41	27600	65	21700	89	13300	113	11300
18	22900	42	27200	66	21300	90	13400	114	11200
19	23500	43	26700	67	20700	91	13600	115	11100
20	24400	44	26000	68	20100	92	13900	116	10900
21	25300	45	25500	69	19700	93	14200	117	10900
22	26100	46	24800	70	19100	94	14300	118	10800
23	26600	47	24200	71	18500	95	14500	119	10700
24	26600	48	23500	72	18000	96	14400	120	10600

表 3-3-28 分期设计洪水成果表 单位：m^3/s

月份	使用期（月．日）	频率					
		1%	2%	3.33%	5%	10%	20%
11	11.1～11.30	7820	7230	6670	6400	5770	5060
12	12.1～12.31	4210	3880	3640	3450	3100	2750
1	1.1～1.31	2500	2350	2240	2160	2010	1830
2	2.1～2.28	1970	1870	1790	1730	1600	1470
3	3.1～3.25	1850	1750	1680	1620	1500	1380
4	3.26～4.25	3020	2810	2620	2490	2240	1980
5	4.26～5.25	5660	5180	4820	4540	4000	3440
6	5.26～6.20	17400	15900	14700	13700	12000	10200

表 3-3-29 枯水期各旬平均流量设计成果表 单位：m^3/s

月份	旬	频率						
		5%	10%	20%	50%	75%	80%	90%
10	上	11200	10200	9100	7270	5970	5670	4940
	中	9010	8120	7230	5700	4720	4510	4010
	下	6670	6110	5510	4500	3820	3860	3320
11	上	5090	4660	4220	3490	3030	2930	2700
	中	4010	3720	3400	2850	2510	2430	2250
	下	3240	3040	2790	2420	2170	2110	1970
12	上	2710	2560	2390	2100	1900	1860	1750
	中	2400	2250	2100	1830	1650	1610	1500
	下	2130	2000	1860	1620	1460	1420	1330
1	上	1900	1810	1690	1500	1370	1340	1260
	中	1780	1690	1580	1390	1260	1230	1150
	下	1660	1580	1480	1310	1180	1150	1080
2	上	1600	1500	1390	1220	1110	1090	1040
	中	1550	1450	1340	1180	1080	1060	1010
	下	1470	1390	1300	1140	1050	1030	985
3	上	1450	1370	1280	1130	1030	1010	964
	中	1430	1350	1270	1130	1040	1020	975
	下	1450	1370	1290	1150	1060	1040	992

续表

月份	旬	频率						
		5%	10%	20%	50%	75%	80%	90%
4	上	1590	1490	1380	1220	1120	1100	1060
	中	1680	1590	1490	1320	1210	1180	1110
	下	2090	1930	1760	1490	1330	1290	1220
5	上	2440	2250	2040	1710	1510	1470	1370
	中	2750	2570	2360	2010	1730	1660	1490
	下	3440	3190	2880	2370	2010	1920	1710
6	上	4930	4400	3820	2920	2360	2240	1960
	中	6690	6050	5360	4510	3330	3150	2700
	下	9890	8940	7930	6140	4930	4650	3990

表 3-3-30　　坝址处天然水深—流量关系

水深（m）	流量（m^3/s）	水深（m）	流量（m^3/s）
0.00	2000.00	24.76	21800.00
2.30	3000.00	27.35	25100.00
4.38	4090.00	29.68	28200.00
6.25	5160.00	30.90	29900.00
13.27	10900.00	32.34	32000.00
15.59	12800.00	34.26	34800.00
20.48	16800.00	36.08	37600.00

表 3-3-31　　坝址水深—库容关系

上游水深（m）	库容（亿 m^3）	上游水深（m）	库容（亿 m^3）	上游水深（m）	库容（亿 m^3）	上游水深（m）	库容（亿 m^3）	上游水深（m）	库容（亿 m^3）
0.0	0.000	20.0	0.225	40.0	1.312	60.0	3.745	80.0	7.199
5.0	0.007	25.0	0.400	45.0	1.801	65.0	4.528	85.0	8.302
10.0	0.045	30.0	0.614	50.0	2.374	70.0	5.367	90.0	9.587
15.0	0.126	35.0	0.914	55.0	3.024	75.0	6.256		

3. 地形地质条件

坝址区两岸基岩裸露、山体雄厚，岩性主要为峨眉山组 $P_2\beta_2 \sim P_2\beta_6$ 的玄武岩。右岸高程 370.00～550.00m 出露 $P_2\beta_7 \sim P_2\beta_{11}$，550m 以上见飞仙关组泥质粉砂岩、粉砂质泥岩及少量细砂岩。玄武岩以隐晶玄武岩、杏仁玄武岩及变玄武质角砾熔岩为主，岩性坚硬，部分岩性段内柱状节理发育。

4. 围堰工程地质条件

（1）上游围堰。两岸坡由裸露峨眉山组玄武岩组成岸坡，仅左岸局部斜坡部位分布浅薄崩坡积碎块石，结构松散。河床底部地面高程约 24.00m，覆盖层厚度约 15～18m，为第四系冲洪积砂卵砾石夹（漂）块石组成，结构稍密—中密，呈强透水性。

围堰区未见大规模断层，左岸坡发育顺坡向 C_3 层间错动带和反倾山内的 f_{119}、f_{122}、f_{123} 等小规模断层，右岸坡仅河水位处发育反坡向 C_3 层间错动带。河床堰基部位发育 C_{3-1} 层间错动带。

（2）下游围堰。两岸坡由裸露峨眉山组玄武岩组成岸坡，河床底部地面高程约 24.50m，覆盖层厚度约 15～20m，为砂卵砾石层，结构稍密—中密，呈强透水性。

围堰区左岸见陡倾角 F_{13} 断层，并发育顺坡向 C_2 层间错动带和层间错动带 LS_{314}，右岸坡在堰顶附近发育两条反坡向层间错动带 RS_{316}、RS_{317}，堰基部位发育 C_2 层间错动带。

（二）设计内容与设计步骤

施工导流设计需要根据工程自然特性（地形、地质、水文、气象、冰情等），工程特点（水工枢纽建筑物的组成、形式、主要尺寸和工程量，对施工导流的要求及控制条件等），施工条件［工期要求，对外交通条件，施工期通航、过木（排）、过鱼、供水等］，当地建筑材料条件，当前一般施工技术水平及施工机械设备，当前经济资料（主要材料价格、工程单价以及招标、发包方式等技术经济资料）为基础进行以下工作。

（1）导流标准及设计流量选择。不同导流时段的比较和选择以及导流标准和设计流量选择。

（2）导流方式、方案的选择。不同的导流方式（河床断流或分期导流）、方案的拟订及规划，主要包括：方案的规划布置，河床水工建筑物的施工控制性进度，导流建筑物形式、轮廓尺寸、工程量及造价估算等，比较各方案的技术经济指标及主要优缺点，权衡其利弊选定方案。

（3）选定方案设计。导流程序及控制性施工总进度编制，各期导流规划布置，水力学计算和调洪演算，工程量计算，度汛、拦洪、排冰、水库初期蓄水（包括下闸水力计算）设计。

（4）导流建筑物的设计。导流工程挡水、泄水建筑物形式的比较选择，选定方案的布置、断面结构尺寸、主要高程设计，围堰接头、堰基处理及防渗，防冲设计，稳定和应力分析，泄洪消能设计，导流建筑物工程量计算，主要导流建筑物施工设计。

（5）截流设计。截流时间、设计流量与截流方式的选择，截流施工方案比较选择；选定截流方案的施工布置、设备、材料的设计。

（6）基坑排水设计。各期排水量的分析和计算，排水设备的选型与需要量的计算，各期基坑排水规划布置。

（7）施工期河道通航、过木规划设计。施工期通航、过木方案比较选择，研究与永久建筑物结合的可能性和合理性，选定方案的形式与布置、主要结构尺寸，工程量及相应设备的设计与计算。

（8）下闸蓄水设计。下闸时段（间）和下闸流量选择，导流泄水建筑物的封堵，初期水库蓄水设计，下游工业、农业、生活供水方案的比较选择，并需考虑上、下游梯级因素的影响。

施工导流分期规划设计是整个水利水电枢纽施工的战略部署，是编制工程施工总进度的依据，同施工总平面布置、主体工程施工方案等有着不可分割的联系。规划设计时，施工组织设计内部各专业必须互相配合、形成一体、逐步深入，最后才能取得满意的施工规划总体方案。

一般导流施工组织设计的步骤如下。

（1）研究基础资料，掌握工程条件。

（2）按照工程要求选择适宜的导流方式、方案。

（3）拟定导流规划，确定导流标准。

（4）根据地形、地质、枢纽布置以及水流条件等因素确定泄水建筑物类型。

（5）导流泄水建筑物的泄流能力计算。

（6）根据水力计算结果确定主要导流建筑物布置参数。

（7）施工方案设计。

（8）绘制施工图表，编写说明书。

（三）提交设计成果要求

（1）导流施工组织设计说明书。

（2）施工导流规划表。

（3）施工导流总布置图，分期导流施工布置图，大坝导流缺口和孔洞立面布置图。

（4）围堰结构型式图（横剖面、接头方式、基础处理等）。

（5）泄水建筑物纵剖面图。

（四）进度安排

建议毕业设计时间为13周（不含毕业实习），进度安排如下。

（1）熟悉毕业设计基本资料及相应规范，编写开题报告，1周。

（2）按照工程要求选择适宜的导流方式、导流方案，1周。

（3）拟定导流规划，确定导流标准，1周。

（4）根据地形、地质、枢纽布置以及水流条件等因素确定泄水建筑物类型，2周。

（5）导流泄水建筑物的泄流能力计算，3周。

（6）根据水力计算结果确定主要导流建筑物布置参数，1周。

（7）施工方案设计，1周。

（8）绘制施工图表，编写设计说明书，3周。

四、毕业设计参考资料

[1] SL 303—2004 水利水电工程施工组织设计规范. 北京：中国水利水电出版社，2004.

[2] SL 252—2000 水利水电工程等级划分及洪水标准. 北京：中国水利水电出版社，2000.

[3] SL 279—2002 水工隧洞设计规范. 北京：中国水利水电出版社，2003.

[4] DL/T 5144—2001 水工混凝土施工规范. 北京：中国电力出版社，2002.

[5] DL/T 5192—2004 水电水利工程施工总布置设计导则. 北京：中国电力出版社，2004.

[6] DL/T 5134—2001 水电水利工程施工交通设计导则. 北京：中国电力出版社，2002.

[7] DL/T 5114—2000 水电水利工程施工导流设计导则. 北京：中国电力出版社，2001.

[8] DL/T 5087—1999 水电水利工程围堰设计导则. 北京：中国电力出版社，1999.
[9] DL/T 5086—1999 水电水利工程混凝土生产系统设计导则. 北京：中国电力出版社，1999.
[10] DL/T 5098—1999 水电水利工程砂石加工系统设计导则. 北京：中国电力出版社，1999.
[11] DL/T 5133—2001 水电水利工程施工机械选择设计导则. 北京：中国电力出版社，2002.
[12] DL/T 5397—2007 水电工程施工组织设计规范. 北京：中国电力出版社，2008.
[13] 水电建设总局. 水利水电工程施工组织设计手册 1 施工规划 [M]. 北京：中国水利水电出版社，2001.
[14] 康世荣，陈东山，等. 水利水电工程施工组织设计手册——第一～四卷 [M]. 北京：中国水利水电出版社，1996.
[15] 袁光裕，胡志根. 水利工程施工（第五版）[M]. 北京：中国水利水电出版社，2009.
[16] 李大美，杨小亭. 水力学 [M]. 武汉：武汉大学出版社，2008.
[17] 李炜主编. 水力计算手册（第二版）[M]. 北京：中国水利水电出版社，2006.
[18] 郑守仁，王世华，夏仲平，刘少林. 导流截流及围堰工程—上册 [M]. 北京：中国水利水电出版社，2005.
[19] 周克己. 水利水电工程施工组织与管理 [M]. 北京：中国水利水电出版社，1998.
[20] 钟汉华. 混凝土工程施工机械设备使用指南 [M]. 郑州：黄河水利出版社，1999.
[21] 成都科学技术大学《水利水电工程施工导流图集》编写组编. 水利水电工程施工导流图集 [M]. 北京：水利出版社，1982.

第四章 实 习

第一节 认 识 实 习

一、实习目的和要求

（一）目的

《水利水电工程》专业认识实习是水利水电工程本科专业学生了解和认识水工、施工、水电站枢纽组成、各建筑物的功能及布置要求，是学生进入专业课程学习前增加感性认识的一个必不可少的学习阶段。通过实习明确今后的学习任务，同时增进对从事水电建设事业的自豪感和责任感。

（二）要求

1. 全面了解水工枢纽总体布置

认识和了解水工枢纽总体布置要求，分清水工枢纽五大建筑物：挡水建筑物、泄水建筑物、发电建筑物、引水建筑物、过坝建筑物的型式、布置要求和组成部分的作用。

2. 认识了解大坝结构和布置要求

了解大坝的结构型式、坝身廊道布置、大坝的交通和观测设备布置及坝身止水、排水要求。认识大坝防洪要求和泄水闸门结构型式和布置要求。

3. 全面了解水电站厂房的组成和布置要求

认识厂房的类型，分清主厂房、副厂房、安装场的位置和作用。了解主厂房各分层的名称、作用，副厂房布置的内容和设备名称，从引水发电进口到尾水出口全过程中设备和建筑物布置。掌握主变场、开关站布置要求和设备作用。

4. 了解水工及施工布置的基本要求

了解水工及施工所要求的料场布置和混凝土拌和系统，认识砂石料堆放和筛分的基本要求。

二、实习地点和日程安排

1. 实习地点在以下线路中选择其一

（1）丹江口水电站。

（2）三峡水电站和葛洲坝水电站。

2. 认识实习日程安排

认识实习共 1.5 周（8 天），日程安排如下。

（1）听专业设计人员的专题报告 1 天。

1）水工枢纽设计和总体布置及大坝设计报告，0.5 天。

2）水电站厂房设计和施工过程与布置报告，0.5 天。

（2）现场参观 2 天。

1）水工枢纽总体布置参观，0.5天。

2）大坝、廊道等参观，0.5天。

3）水电站厂房参观，0.5天。

4）施工场地布置参观，0.5天。

(3) 现场教学（室内讲课）1天。

1）大坝结构和布置，0.5天。

2）水电站厂房结构和布置、施工方法和布置，0.5天。

(4) 实习小结（完成实习报告和实习考试），1.5天。

(5) 往返路途（武汉—丹江口或宜昌及各电站）2天。

(6) 机动0.5天。

三、实习考核

实习考核由闭卷考试与撰写实习报告两种形式组成，可以根据具体实习时间与场地情况选择在返校后或者在实习现场考试。

1. 水电站认识实习考试题（每题10分，共50分）

(1) 水利枢纽一般由哪几大建筑物组成？本次参观的水利枢纽各组成建筑物的型式和作用是什么？布置上应考虑哪些因素？

(2) 大坝一般有哪几种主要型式？本次参观的水电站大坝属于哪种型式？其特点是什么？

(3) 厂房枢纽一般由哪几部分组成？简述水电站的发电过程，可用框图表示。

(4) 本次参观的各水电站集中水头的方式是什么？厂房平面和立面上如何布置？

(5) 施工导流的方式主要有哪几种？本次参观的水电站采用了哪种导流方式？所要求的料场和混凝土拌和系统是如何布置的？

2. 认识实习报告（30分）

撰写不少于3000字的实习报告，简述实习过程以及各个电站基本情况。

3. 综合测评（总100分）

教师根据学生提交的实习报告（30分）、笔试成绩（50分）及实习期间的表现（20分）给每个学生综合评分。

4. 小结

实习结束后，实习带队教师应进行总结，并写出毕业实习小结。

第二节 毕 业 实 习

一、目的和任务

毕业实习是水利水电工程专业本科生必修课程。在进行了一段时间的《水工建筑物》、《水电站》、《水利工程施工》毕业设计后，针对毕业设计中的问题，到三峡水利枢纽、葛洲坝水利枢纽、水布垭水利枢纽、隔河岩水利枢纽和高坝洲水利枢纽等大型水利水电工程进行实地考察，进一步了解和掌握水利水电枢纽工程的功能和作用，各类水利水电枢纽的总体布置，各类水工建筑物在水利枢纽中的布置和作用，各类型水工建筑物的结构型式等。通过毕业实习，进一步培养学生综合运用所学基础理论和专业知识分析、解决实际工程问题的能力，进一步巩固、深化和拓展所学专业知识，提高专业实践能力。

二、实习要求

（1）毕业实习前应明确实习目的、实习的基本内容，做好实习前的准备工作。

（2）在实习期间，应勤于思考，善于总结，认真做好实习笔记，包括勾绘实际工程草图、记述学习资料和心得体会。

（3）虚心向实习单位的同志学习，不仅应努力学习专业技术知识，还应学习工程技术人员严谨的工作态度和刻苦的敬业精神。

（4）服从带队老师统一指挥，服从实习工作分配和时间安排，遵守纪律，不得自由散漫，不得擅自行动，严禁酗酒闹事，严禁外出游泳，严禁出入娱乐场所；注意人身和财物安全。

（5）遵守实习单位的各项规章制度，保守国家及企业机密，遵守有关法纪、法规，禁止参与违法经营活动；实习中的困难和意见应及时向带队老师反映，由老师进行协调。

（6）每位同学要独立完成一份实习报告，对实习过程中自己在专业知识及其他方面的收获进行总结，不得抄袭。

三、实习内容和日程安排

（一）实习内容

以水布垭面板、隔河岩、高坝洲等大型水利水电枢纽工程为主，进一步深化枢纽布置和结构设计等内容，也可以前往其他工程进行毕业实习。根据毕业设计方向的不同，要求重点掌握和理解以下主要内容。

1. 水工建筑物设计方向

（1）水利水电工程枢纽布置。通过实地考察水布垭面板堆石坝、隔河岩拱坝、高坝洲重力坝等不同类型的大型水利水电工程水工建筑物组成、型式及其布置方式，分析和掌握水利水电工程枢纽布置的基本原则和关键性技术，包括工程等别的确定，设计标准的确定，不同类型的枢纽工程对地形、地质等条件的要求，枢纽布置应重点考虑的关键性因素等。

（2）掌握面板堆石坝的结构形式和基本设计方法。通过对水布垭工程的实习，全面了解和分析面板堆石坝的基本剖面形式，坝体分区方法，堆石料及填筑标准，面板、齿板形式及接缝与止水，细部构造形式，溢洪道布置，掌握面板堆石坝的基本设计方法。

（3）掌握混凝土拱坝的结构形式和基本设计方法。通过对隔河岩工程的实习，全面了解和分析拱坝的基本剖面形式，体型初拟及优化方法，泄水建筑物布置及消能防冲，细部构造形式，温度荷载对拱坝的影响，掌握拱坝的基本设计方法，加深对拱坝应力分析和坝肩稳定分析方法的理解。

（4）掌握混凝土重力坝的结构形式和基本设计方法。通过对高坝洲工程的实习，全面了解和分析重力坝的基本剖面形式，剖面优化方法，泄水建筑物布置及消能防冲，细部构造形式，掌握重力坝的基本设计方法，加深对重力坝抗滑稳定分析和应力分析方法的理解。

(5) 地基处理方法。通过对上述3座大型水利水电工程地基处理方法的实习，全面了解和分析地基处理的一般方法和不同地质条件的特殊处理方法。

2. 水电站设计方向

(1) 水利水电枢纽工程概况。水工建筑物的组成，建筑物型式及其布置，选用该布置方案的主要原因。

(2) 水电站厂房枢纽。主厂房、副厂房、主变场、开关站的布置方式，采用该布置方案的原因。

(3) 主、副厂房内的设备布置。水轮发电机组、调速设备、进水阀、桥吊设备以及三供一排系统的布置。

(4) 水电站电气主接线图。机组、发电机电压配电装置室、主变压器、厂用电系统的布置与电气主接线图的关系。

(5) 主厂房主要尺寸的确定。平面尺寸、立面尺寸等及其影响因素；厂房主要构件(立柱、吊车梁、各层楼板)截面尺寸的确定。

(6) 水电站引水发电系统的布置。进水口、压力管道、调压井型式的选择、管线布置及其影响因素。

(7) 大型地下洞室的布置、开挖方式与措施；喷锚支护在地下工程施工中的应用；地下工程的快速施工技术。

3. 水利工程施工方向

(1) 水利水电枢纽工程概况。水工建筑物的组成，建筑物型式及其布置，选用该布置方案的原因。

(2) 施工导流。导流方式的选择，导流挡、泄水建筑物的选用，导流方案的确定，各种围堰结构型式及其特点，关键施工技术。

(3) 砂石料生产系统。天然砂石料与人工砂石料的主要开采、破碎、筛分运输机械，生产工艺流程，砂石料运输、存储和堆料。

(4) 混凝土生产系统。原料供应，生产工艺流程，质量控制，混凝土生产过程中的温度控制手段与措施。

(5) 混凝土坝施工。主要运输浇筑机械及浇筑方案，混凝土温度控制及防裂措施，分缝分块方式，坝体接缝灌浆技术，施工质量控制，碾压混凝土施工技术。

(6) 坝基开挖与处理。高边坡开挖程序和开挖方法，坝基开挖方法，岩石基础和软基处理方式，帷幕灌浆，固结灌浆施工技术。

(7) 地下工程施工。大型地下洞室的开挖方式与措施，喷锚支护在地下工程施工中的应用，地下工程的快速施工技术。

(8) 土石坝施工技术。塑性混凝土心墙高土石围堰、沥青混凝土心墙土石坝和面板堆石坝施工关键技术。

(二) 毕业实习日程安排

实习形式以参观、讲解、听报告和观看工程录像为主，以座谈、分组调研为辅。实习时间为2周，包括往返路程、报告、现场参观及撰写毕业实习报告等，具体安排根据交通、住宿情况具体决定。

四、实习考核

考核主要依据以下内容。

（1）实习过程中的表现。

（2）实习笔记。

（3）实习报告。

实习报告必须包括3个方面内容。

（1）实习目的。言简意赅、点明主题。

（2）实习内容及过程介绍。篇幅不少于3000字。要求内容翔实、层次清楚，重点围绕对本专业知识的理解、运用、锻炼和提高。

（3）实习总结及体会。篇幅不少于2000字。要求条理清楚、逻辑性强，着重写出对实习内容的总结、体会和感受。

最终的实习成绩根据以上3项内容综合评定。

第三节 实习工程简介

一、三峡水利枢纽工程

（一）枢纽概况

三峡水利枢纽工程位于长江西陵峡三斗坪，距葛洲坝水利枢纽工程38km。三峡水利枢纽工程最早提出于孙中山先生的《建国方略》，1944年中华民国政府邀请世界著名水坝专家、美国垦务局总工程师萨凡奇博士对三峡水利枢纽工程进行考察，提出了《扬子江三峡计划初步报告》。中华人民共和国建国后，毛泽东主席多次提出关于三峡水利枢纽工程的宏伟构想，但因当时不具备修建三峡水利枢纽工程的国内外环境而搁浅。1986年6月，党中央和国务院决定进一步扩大论证，成立了14个专家组，进行了长达2年8个月的论证。1992年4月3日，第七届全国人大第五次会议通过《关于兴建长江三峡工程的决议》。1994年12月14日，三峡水利枢纽工程开工典礼在三峡坝区隆重举行，至此三峡水利枢纽工程正式动工修建。

三峡水利枢纽工程是一座具有防洪、发电、航运等综合效益的特大型水利水电工程。三峡水利枢纽工程是解决长江中下游严重洪水威胁的一项不可替代的关键性工程。三峡水利枢纽工程建成后，可使长江荆江河段的防洪标准从十年一遇提高到百年一遇，配合荆江分洪等分蓄洪工程的运用，可防止荆江河段两岸发生干堤溃决的毁灭性灾害。三峡水利枢纽工程是我国能源规划和电力工业生产的重要组成部分，是国家调整能源布局、开展“西电东送”、“全国电力统一调度”的重要措施之一。三峡水电站装机容量2240万kW（含6台地下厂房机组），为华东、华中地区提供了可靠、廉价、清洁的可再生能源。三峡水利枢纽工程可使宜昌至重庆660km航道得到显著改善，并使长江中下游枯水季航运条件得到较大改善。

三峡水利枢纽工程坝址区河谷开阔，两岸岸坡较平缓，坝区地质为坚硬完整的花岗岩体，岩石抗压强度高，岩体内断层、裂隙不发育，且大多胶结良好、透水性微弱，具备修建混凝土高坝的优良地质条件。

三峡水利枢纽工程主要特征指标见表4-3-1。

表 4-3-1 三峡水利枢纽工程主要特征指标

项目		特征值	备 注
水库	正常蓄水位	175.00m	初期 156m
	防洪限制水位	145.00m	初期 135m 亦称汛期限制水位
	枯季消落最低水位	155.00m	初期 145m
	1%洪水位	166.90m	
	设计洪水位	175.00m	0.1%洪水
	校核洪水位	180.40m	0.01%洪水加 10%
	总库容	393 亿 m^3	正常蓄水位 175.00m 以下
	防洪库容	221.5 亿 m^3	
	兴利调节库容	165 亿 m^3	
	水库库面面积	$1084km^2$	20 年一遇移民迁建线下淹没面积
	枯季调节流量	$5860m^3/s$	初期 $5130m^3/s$
	改善库区航道里程	570～650km	初期 500～570km
主要建筑物	混凝土重力坝		
	坝顶高程	185.00m	
	最大坝高	175m	
	坝轴线长度	2309.47m	自右岸非泄流坝段至升船机左侧非泄流坝段，技术设计阶段选定方案坝轴线长度（初步设计阶段为 2335m）
	坝后式厂房		
	装机容量	1820kW	
	保证出力	499 万 kW	初期 360 万 kW
	年平均发电量	847 亿 kW·h	初期 700 亿 kW·h
	单机容量	70 万 kW	
	装机台数	26 台	
	永久船闸（双线 5 级）		
	闸室有效尺寸	280m×34m×5m	长×宽×坎上最小水深
	升船机（单线单级）		
	承船厢有效尺寸	120m×18m×3.5m	长×宽×水深
	临时船闸（单线单级）		
	闸室有效尺寸	240m×24m×4m	长×宽×坎上最小水深

（二）枢纽组成

三峡水利枢纽工程为一等工程。永久建筑物中，大坝、水电站厂房（含地下厂房）、永久船闸、垂直升船机、泄洪坝段下游导墙、茅坪溪防护坝等均为一级建筑物；泄洪坝段下游右导墙（混凝土纵向围堰下游段）和施工通航临时船闸等为二级建筑物。

三峡水利枢纽工程永久建筑物设计标准为千年一遇洪水（P=0.1%），校核洪水标准为万年一遇洪水（P=0.01%），加大 10%。抗震标准按比坝址区地震基本烈度Ⅵ度提高 1

度设防，即按Ⅶ度设防。

三峡水利枢纽工程为混凝土重力坝，坝顶高程 185.00m，正常蓄水位 175.00m，校核洪水位 180.50m，防洪限制水位 145.00m；坝轴线全长 2309.47m。

三峡水利枢纽工程主要建筑物由挡水泄洪建筑物、水力发电建筑物和通航建筑物三大部分组成。枢纽布置自左岸至右岸依次为：双线五级船闸，左岸非溢流坝段，升船机坝段（上闸首），左岸非溢流坝段，临时船闸坝段（完建后该坝段设 2 孔冲沙闸），左岸非溢流坝段，左岸厂房坝段，左导墙坝段，泄洪坝段，纵向围堰坝段，右岸厂房坝段，右岸非溢流坝段，右岸地下厂房等。三峡水利枢纽平面总体布置见图 4-3-1，上游立视图见图4-3-2。

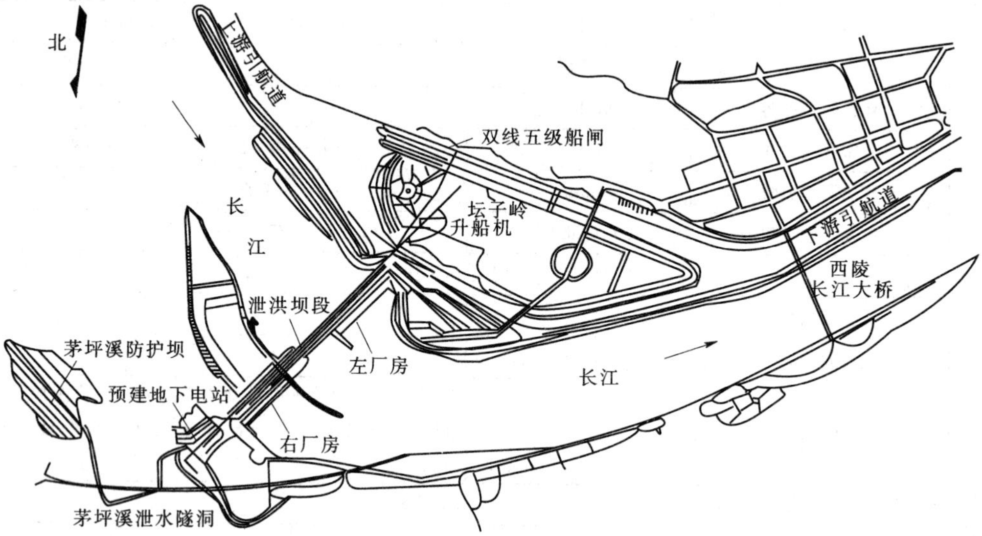

图 4-3-1　三峡水利枢纽工程总体布置图

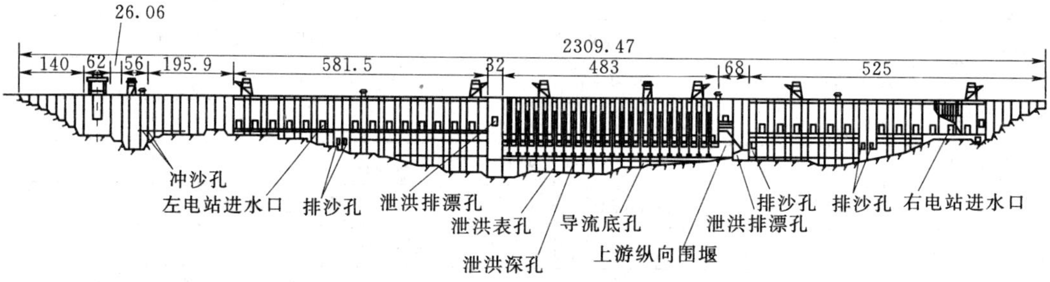

图 4-3-2　三峡水利枢纽上游立视图（单位：m）

（三）大坝主要建筑物

1. 挡水建筑物

拦河大坝为混凝土重力坝，坝顶高程 185.00m，最大坝高 181m，最大底宽 126m，顶宽 15～40m。

2. 泄水建筑物

泄洪坝段位于河床中部，总长 483m，共分 23 个坝段，每个坝段长 21m。坝段中部共布置 23 个深孔，孔底高程为 90.00m，采用短有压管接明流泄槽型式，有压段出口孔口尺寸为 7m×9m。有压段设 3 道闸门，有压段出口设置弧形工作闸门，由坝内启闭机室的液压启闭机操作；有压段中部设置平板事故检修闸门，门槽直通坝顶；深孔进水口上游坝面设反钩平板检修闸门，反钩槽和支撑轨道直通坝顶。事故门及反钩检修门均由坝顶门机操作。

表孔跨缝布置在两坝段中间，共设有 22 个表孔，表孔孔口净宽 8m，溢流堰顶高程 158.00m。设置两道平板闸门，一道为工作闸门，一道为检修闸门，检修门启闭均由坝顶门机操作。

在泄洪坝段两侧左导墙坝段及纵向围堰 1 号坝段各布置 1 个 10m×12m 的排漂孔，孔底高程 133.00m，兼作泄洪用。右厂房右端的右岸非溢流 1 号坝段亦布置了 1 个排漂孔，无漂浮物时不参加泄洪。

左、右岸厂房坝段的中部及两端共设置 7 个排沙孔，进口底部高程为 75m（5 个）和 90m（2 个），出口尺寸为 2.8m×4.0m，库水位在 150.00m 以下时排沙孔可兼作泄洪用。

为了适应三期导、截流及围堰挡水发电期间临时度汛泄洪的需要，设置 22 个临时导流底孔，采用有压长管接短明流泄槽的型式，有压段出口尺寸 6m×8.5m。

表孔和深孔均采用鼻坎挑流方式进行消能。

泄洪坝段剖面图见图 4-3-3。

（四）发电建筑物

水电站采用坝后式布置方案，位于泄洪坝段两侧，共设有左、右两组厂房和地下厂房。电站共安装 32 台水轮发电机组，其中左岸厂房 14 台，右岸厂房 12 台，装机总容量为 1820 万 kW；地下厂房 6 台，总容量为 420 万 kW。水轮机为混流式，转轮直径 10m，最大水头 113m，额定流量 966m^3/s，机组单机额定容量 70 万 kW。

左岸厂房厂区平面布置见图 4-3-4，左岸厂房横剖面见图 4-3-5，左岸厂房发电机层平面布置见图 4-3-6。

电站主要设计技术特征参数见表 4-3-2。

表 4-3-2　三峡水电站主要设计技术特征参数

项目		初期	后期
装机容量（MW）		18200	18200
保证出力（MW）		3600	4990
单机容量（MW）		700	700
机组台数（台）		26	26
多年平均发电量（亿 kW·h）		705.27	846.80
装机利用小时（h）		3960	4650
电站保证率（%）		97	95
电站水头	最大水头（m）	94	113
	加权平均水头（m）	77.10	90
	额定水头（m）	80.60	80.60
	最小水头（m）	61	71
	相应平均水头的预想出力（MW）		18200

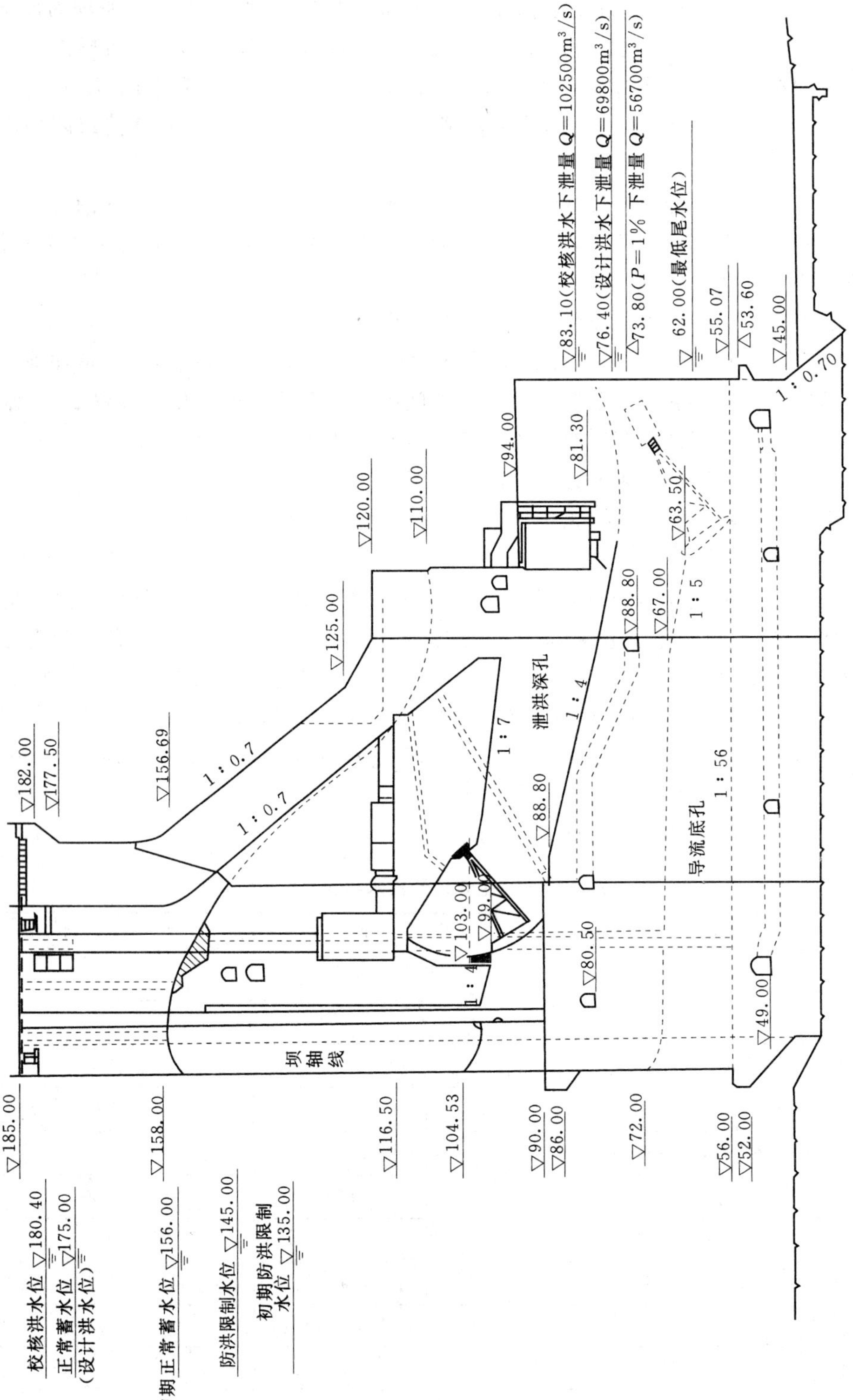

图 4-3-3　三峡水利枢纽工程泄洪坝段剖面图

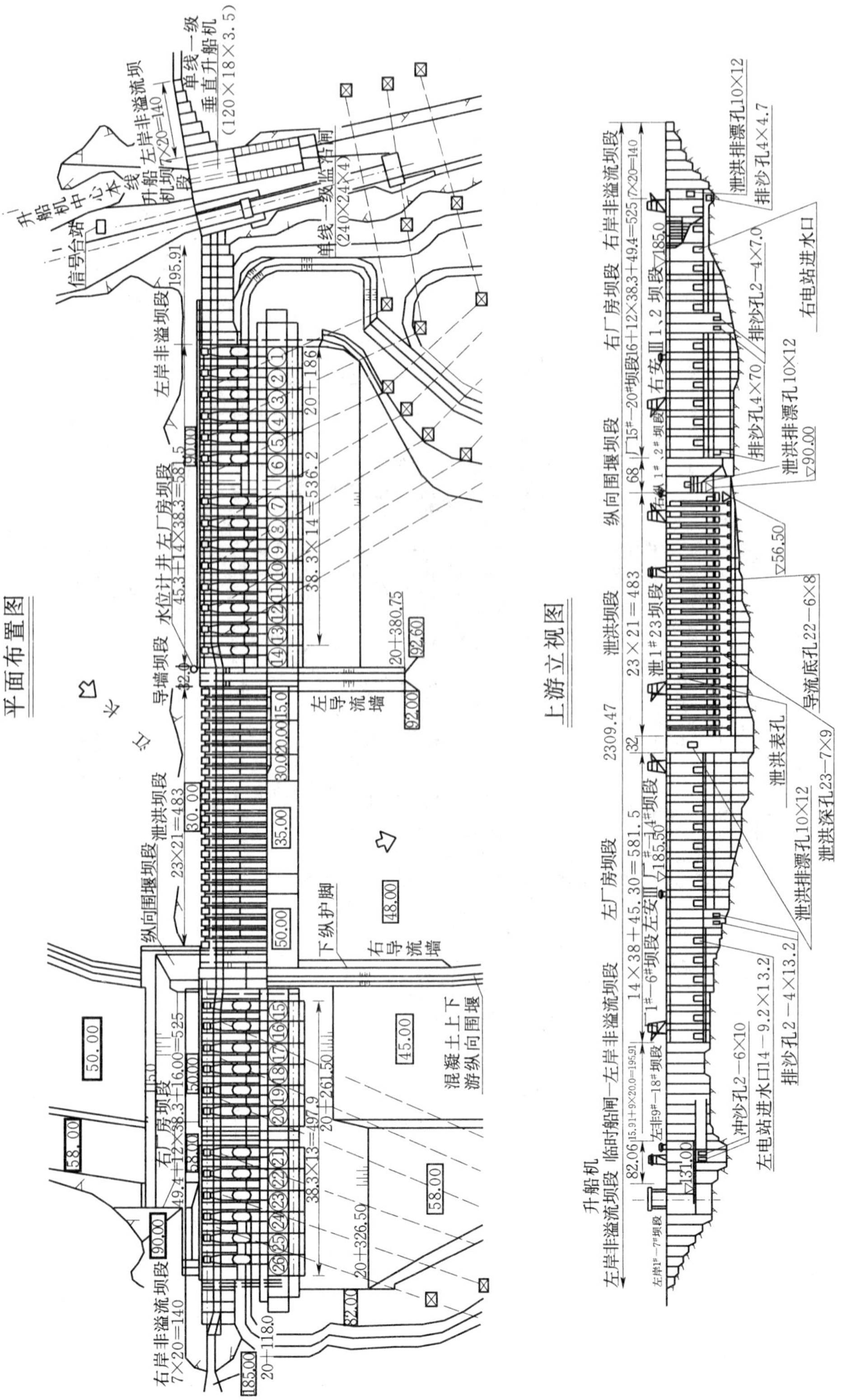

图 4-3-4 左岸厂房厂区平面布置图

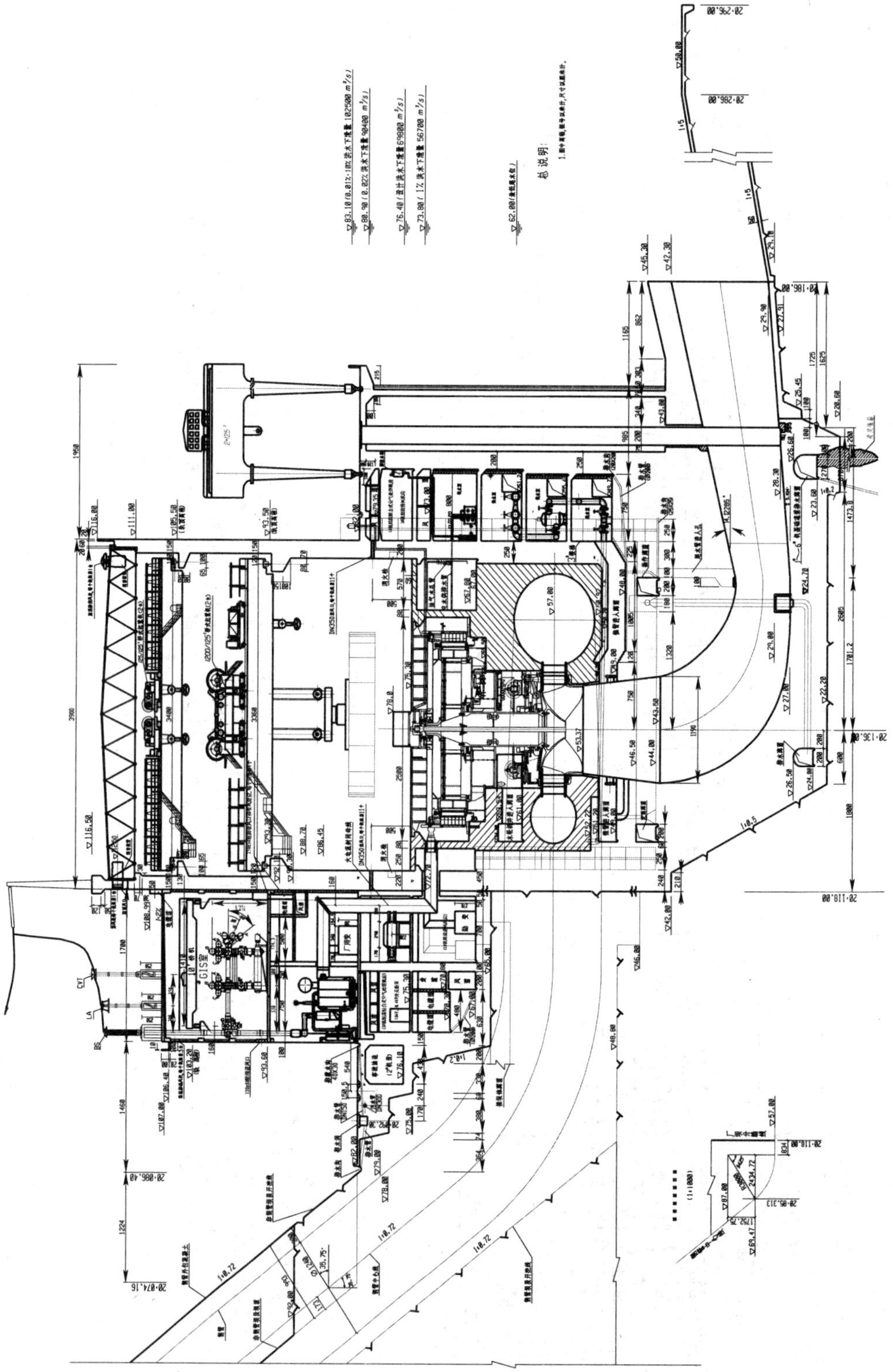

图 4-3-5 左岸厂房横剖面图

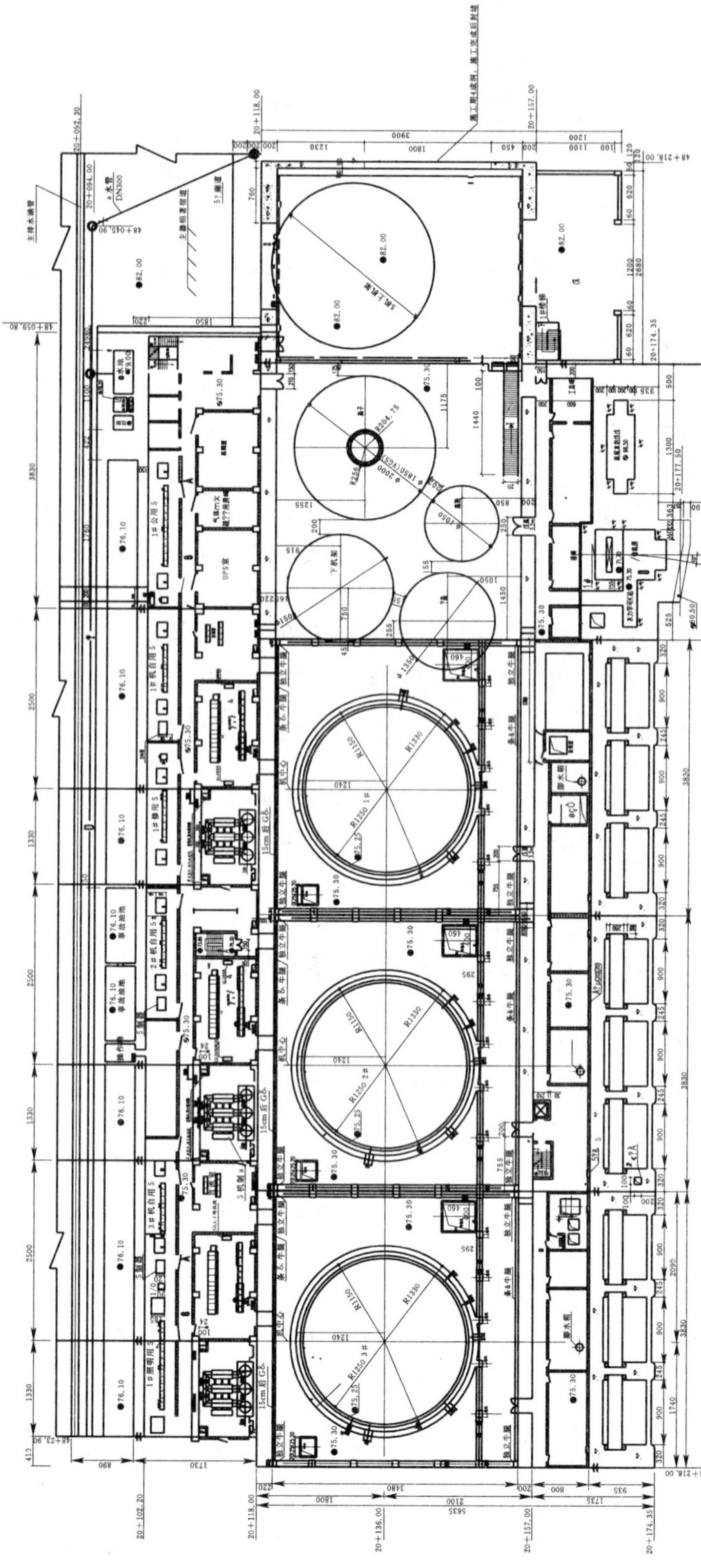

图 4-3-6　左岸厂房发电机平面布置图

1. 左岸厂房

(1) 总布置。左厂房位于河床中部泄洪坝段的左侧，机组多达 14 台，考虑 2 台机组同时安装或扩大性检修，设计布置 3 个安装场。考虑进厂交通及安装方便，安装场Ⅰ段、安装场Ⅱ段设在厂房左端部，安装场Ⅲ段设在 6～7 号机组坝段之间。安Ⅰ段宽 28.0m，与进厂公路高程（82.00m）一致。安Ⅱ与安Ⅲ段宽 38.3m，高程 75.30m，与发电机层楼板高程一致。

左厂房总长度 643.7m（沿坝轴线方向），厂房右侧与泄洪坝段之间布置有宽 32.0m、长 262m 的左导水墙，使尾水渠水流与泄洪坝段的下泄水流分开，以利于机组的稳定运行。左厂房以左有临时船闸和升船机，与左厂房相距约 130.0m。

左厂房除主体建筑物外，其他附属建筑物布置于厂前区的操作管理大楼内，预计主楼高 20 层，总建筑面积约 2.0 万 m^2。厂前区除建筑群体及对外公路外，整体规划成园林绿化区，将成为三峡工程的一个旅游景点。

机组引水采用单孔坝式小进口，最大引用流量为 966.4m^3/s，压力引水钢管沿坝下游坡预留槽背管布置，钢管直径 12.4m，钢管内最大平均流速约 8.0m/s。

为了解决水库淤积平衡后的排沙和排漂问题，经过多年的研究论证和模型试验，采用以排为主的方案，即左、右电站共布置 7 个排沙孔和 3 个排漂孔。

左电站厂房设 3 个排沙孔：左安Ⅱ坝段布置 1 个排沙孔，进口高程 90.0m；左安Ⅲ坝段布置 2 个排沙孔，进口高程 75.00m。3 个排沙孔加上泄洪坝段 23 个深孔的泄洪排沙作用，足以维护左岸电站 14 台机组的正常引水。

排漂孔的布置是根据模型试验以及初、后期运行水位确定的。在左厂房和泄洪坝段间的左导墙坝段及右侧纵向围堰坝段各设 1 个大尺寸的排漂孔，另 1 个布置在右厂房安Ⅱ坝段内。

左坝段厂房尾水渠渠底高程 50.00m，最大流速小于 3.0m/s。顺流向尾水管出口后以 1∶5反坡与尾水渠高程 50.00m 平段连接。水力学整体模型试验表明，渠内流态平稳，无壅水及涌波现象。

对外交通采用公路。水轮发电机组的重大部件由水路运输至坝区下游，然后经码头用大型拖车转运至厂内。为满足大型引水钢管的运输安装，厂房上游侧的厂坝平台和安装场左侧端部布置有宽为 14.6m 的运输通道。

(2) 主厂房竖向布置。根据国内厂家提供的机组资料，水轮机允许吸出高度定为 −5.0m，考虑三峡电站建成运行后，其下游葛洲坝电站日调节水位变化为 66.50～63.00m，以葛洲坝电站运用最低水位 62.00m 为控制，定出三峡电站厂房的水轮机装机高程为 57.00m。

按厂家提供的尾水管资料，考虑机电专家提出加深尾水管尺寸的意见，尾水管高度约等于 3 倍水轮机转轮直径，定出尾水管底面高程 27.00m，经结构计算，尾水管变管段底板厚为 4.8m，故主厂房最低建基面开挖高程为 22.20，主厂房水下部分最大高度 44.8m。同时据厂家资料，发电机距水轮机中心高度为 18.3m，故发电机高程为 75.30m。发电机定子中心高程 69.90m，发电机低压母线引出线高程为 72.20m。

三峡电站单机容量大，机组台数多，设备大且重，主厂房内起重设备的选择和布置方式是决定主厂房上部高度的主要因素。经对不同型式起重设备、不同布置高程的厂房布置方案比较，确定采用双层桥机方案，即2台12000/2000kN带单小车的大桥机布置在下层，2台1000/320kN小桥机布置在上层，桥机跨度均为33.0m。就大小桥机布置而言，大桥机布置在下面的方案对桥机的稳定运行和厂房结构较为有利。

大桥机的起重量是按2台桥机联合起吊最重部件（发电机转子）选择的。控制厂房上部结构高度的是1台大桥机在安Ⅰ段起吊转轮或主变压器以及设备进厂卸车时的必要高度。大桥机轨顶高程定为93.50m，相应小桥机轨顶高程选定为105.50m。根据钢屋架及其他有关的结构尺寸，定出钢屋架梁下沿高程为111.00m，屋面高程为116.00m，因此，主厂房水上高度为49.0m。见图4-3-5。

（3）主厂房平面布置。厂房横向宽度（顺水流向）是由发电机机坑尺寸、上下游侧通道及必要的土建结构尺寸决定的。据厂家资料，机坑直径为27.0m，发电机围墙厚0.8m，上游承重墙厚2.2m，下游承重墙厚2.0m，上下游通道宽分别为1.5m、4.7m，厂房上部宽度39.0m。

厂房下部宽度自厂坝分缝线至机组中心线宽18.0m，机组中心线至下游尾水管出口长为50.0m，故厂房水下建基面宽度为68.0m。

厂房机组段长度受蜗壳平面尺寸控制，蜗壳平面最大尺寸为34.13m，左侧18.334m，右侧15.8m。据结构计算确定，左边混凝土厚度为2.56m，右边厚1.55m，相应机组中心线左侧宽20.9m，右侧宽17.4m，机组段长38.3m。

左厂房边机组（14号机组）坝段与左导墙坝段相邻，按大坝坝块分缝线，14号机组坝段总宽为41.2m，机组中心线左边宽仍为20.9m，右边宽为20.3m。这一宽度可满足2台吊车同时起吊14号机组发电机转子的要求。

尾水管扩散段分3孔，每孔净宽8.9m，两中墩均宽2.5m。机组中心线与尾水管中心线的偏心距为1.75m。

蜗壳进口距机组中心纵轴（X轴）13.2m，钢管直径12.4m，引水压力钢管管轴线与机组中心线（Y轴）相距12.5m，故厂房机组段与大坝坝块之间错缝宽4.1m。

（4）安装场布置。左厂房3个安装场总长度为104.6m；右厂房除布置3个安装场外，在左端另增设一辅助安装场20.0m，总长为124.6m。

按照国家有关规范，对于伞式机组，应能布置下1台机的5大部件，即发电机转子、发电机上机架、水轮机转轮、水轮机顶盖及推力轴承支架。因此，考虑2台机同时检修，分别在安Ⅱ、安Ⅲ各布置1台机4大件，另一大件布置在安Ⅰ段。同时应满足机组大件之间，以及大件与墙、柱之间净距（1～1.5m）。

由于下游尾水位较高，发电机层与尾水平台高程及进厂公路高差较大，安装场按不同高程布置。

安Ⅰ段除作为安装场地外，还作为进厂设备卸货、转运场地，安Ⅰ段地面高程布置与尾水平台、厂坝平台、进厂公路相同，高程为82.00m。

安Ⅱ段和安Ⅲ段是设备安装、检修的主要场地，其地面高程与发电机层高程相同，定为75.3m。安Ⅰ段与安Ⅱ段地面高差为6.7m，为满足运行人员和参观人员交通需要，在下游大门内侧的安Ⅰ、安Ⅱ段连接处，布置有电动扶梯。安Ⅰ、安Ⅱ段的长度与标准机组段一致，为 38.3m。

安Ⅰ段长 28.0m，安装检修时可放置发电机上机架，并作为主变压器在安Ⅰ段卸车，然后转运至上游侧厂坝平台。

安Ⅰ段下层高程 72.60m，布置有油处理室、透平油库、事故油池及通风机室；安Ⅱ段高程 75.30m，地面以下为基岩；安Ⅲ段下层高程为 67.00m，分别布置有机组检修排水井，厂内渗漏集水井及相应的水泵房、水处理室、制冷机室和冷水池等。

安Ⅲ段高程 67.00m 的实体混凝土中，在 59.75m 高程布置有 2 个直径为 5.0m 的排沙孔。安Ⅱ段大体积混凝土中布置有 1 个直径为 5.0m 的排沙孔。在右安Ⅱ段内，除布置 1 个排沙孔外，还布置 1 个排漂孔。

由于 1～5 号机组的厂房坝段坝基下缓倾角裂隙发育，为提高大坝稳定要求，经分析论证，采用厂、坝联合受力方案，为此，建立了抽排廊道系统。在 1～5 号机组近尾水管出口处基础，布置有垂直水流向的抽排廊道，高程为 23.60m。在左安Ⅲ和左安Ⅱ分别靠 6 号、1 号机组一侧，布置有顺流向倾斜的抽排廊道，高程为 37.00～23.60m，渗水排入高程 23.60m 廊道，再排入位于左安Ⅲ左下游底部的抽排集水井，井底高程为 10.00m，立式泵房的高程为 50.00m。采用抽排系统后，可降低建基面场压力，从而满足厂、坝联合受力时各种工况下大坝稳定的要求。

（5）上、下游副厂房布置。

1）上游副厂房布置。上游副厂房布置在主厂房上游侧厂坝平台高程 82.00m 的上部和下部。厂坝平台宽度为 31.6m，副厂房宽为 17.0m，副厂房上游侧 14.6m 长的平段为变压器运输通道，也是引水压力钢管安装运输通道。

副厂房高程 67.00～109.42m，总高度为 42.42m，对应机组段的副厂房高程 75.30m 层与发电机层地板同高，主要布置有主母线出线室、机组单元控制室、0.4kV 公用变压器配合电盘室、0.4kV 机组厂用电变压器及配电盘室，以及运行、值班、检修照明、高压实验室等辅助生产用房。

高程 82.00m 层为厂坝平台，布置有主变压器，其中左厂房有 14 台、右厂房有 12 台。本层除布置有主变压器外，还有主回路母线、PT 柜、励磁变压器、厂用变压器、发电机制动开关等。

高程 95.80m 层为 500kV 六氟化硫全封闭组合电器室，贯通全厂布置。为便于安装检修，在高程 105.94m 布置有 100kN 桥式起重机，屋面 109.42m 高程布置有避雷器、电压电容互感器、阻波器、出线套管等。

发电机低压引出线，自高程 72.20m 穿过高程 75.30m 层，与主变低压侧（18kV）连接。变压器高压侧引出线穿过高程 93.80m 层接至 500kV 六氟化硫封闭电器上，再穿出屋面与屋顶出线钢塔相连。

安Ⅱ段上游侧副厂房高程 82.00m 层，布置有中控室、辅助盘室、参观室、运行交接班室、大厅等。中控室建筑面积 260m^2。高程 89.90m 层布置有通信、调度、仪表测试等辅助生产房间。

安Ⅲ段上游副厂房高程 82.00m，布置有载波机室，配线架室、仪表测试室等。

2）下游副厂房布置。下游副厂房布置在尾水管扩散段上部，自高程 50.00m 至高程

75.30m，分为5层，沿长度方向贯通全厂。

高程75.30m层，主要用于布置各班组运行值班室、空调机房、机修间等；高程67.00m层，主要布置机组的水处理设备室；高程55.48m、61.24m，主要布置机组的技术供水设备；高程50.00m层，用来布置测量监视系统。

（6）厂内廊道与交通。厂房内因运行操作、设备检修、人员交通等要求，在不同部位与高程布置有廊道、楼梯和电梯。

在尾水管下部24.00m高程布置有检修、排水廊道，贯通全厂，直至安Ⅲ段下部检修集水井，在该廊道两端，即安Ⅲ和14号机组端部，设有安全廊道和竖井并通至高程82.00m尾水平台。

在尾水管弯管段顶部（高程41.50m），布置有操作廊道并贯通全厂。廊道内布置有各机组尾水管放空阀操作室和尾水管进入井。该廊道还兼作厂内污水和渗漏集中排水通道，与布置在安Ⅲ段内的渗漏集水井连通。

交通廊道布置在主厂房下部上游侧，距厂坝分缝线5.5m，高程44.00m。该交通廊道贯通全厂，并配有楼梯便于运行人员进出廊道。廊道内还布置有蜗壳放空阀室。交通廊道与操作廊道之间有横向交通廊道连通。

在尾水管锥管段的上下游侧有锥管进人廊道。上游廊道高程50.50m，下游廊道高程48.00m。上、下游均设有楼梯通至锥管进人廊道，该廊道供水轮机就地检修时使用。

蜗壳进人廊道与水轮机室进人廊道均布置在厂房上游侧，高程分别为56.00m、61.00m，有楼梯与该廊道相通。

在安Ⅲ段下52.70m高程布置有引风廊道，与大坝内相应的廊道连接，将大坝纵向廊道内夏冷冬暖的风引入电站厂房，以调节厂内空气。另在安Ⅲ段下部49.72m高程、顺流向布置有通风廊道，将坝基高程25.00m浇筑廊道的风，通过竖井引至49.72m高程，再引向下游副厂房内。

2. 右岸厂房

右厂房位于河床中部泄洪坝段的右侧，布置12台机组，考虑2台机组同时安装或检修，与左厂房一样，布置3个安装场。为使进厂交通方便，右安Ⅰ段、右安Ⅱ段布置在右厂房右端部，其中右安Ⅰ段高程与对外公路高程一致，为82.00m，右安Ⅱ段与发电机层高程一致，为75.30m。右安Ⅲ段位于20、21号机组之间。另靠左侧纵向围堰坝段，布置有一长20.0m的辅助安装场。

右厂房总长度为584.2m，左侧紧靠混凝土纵向围堰下段，右侧布置有进厂公路、钢管运输通道、厂外油库，下游侧还布置有操作管理大楼。

右厂房布置有4个排沙孔，1个排漂孔。4个排沙孔中，在厂房左右端各设1个，中间安装场（右安Ⅲ）设2个。排漂孔布置在右安Ⅱ段内。

右电站尾水渠道布置形式基本上与左电站相同，但尾水渠是在导流明渠的基础上扩挖而成。尾水渠以1∶5的反坡接至下游水平段，水平段底部高程分别为45.00m、58.00m，形成一复式断面，尾水渠宽度540余m，长度210余m，渠内最大流速为2.6m/s。

水力学整体模型试验结果表明，在各级流量下，尾水渠流态平衡，没有壅水及涌流现象。

3. 右岸地下厂房

（1）厂区地形地质、地应力条件。预留扩机 6 台的地下厂房位于右岸尖山体中，与右岸坝后式厂房毗邻。单机容量为 700MW，总装机容量 4200MW。

白岩类附近为低山丘陵地形，白岩尖山脊走向为北东 45°，与坝轴线基本平行。山脊高程 220.00～243.00m，其上游为茅坪溪，下游为枫箱沟；右侧为一垭口，左侧临近长江。白岩尖上游侧地形相对较陡，一般坡度为 20°～30°，坡面较完整。下游侧高程 165.00m 以上较陡，约 20°～30°；165.00m 高程以下较缓，为 15°～20°，分布有近东西走向的宽缓沟谷，形成沟梁相间地貌，山梁高程 100.00～165.00m，谷底高程 80.00～150.00m。

厂区岩体主要为前震旦纪闪云斜长花岗岩，闪长岩包裸，其间侵入细粒花岗脉及伟晶岩脉。微新岩体的湿抗压强度为 90～110MPa、变形模量为 20～40GPa，岩体主要为块状及次块状结构。

厂区断裂走向主要有 4 组，其中以北西组最为发育，其走向为 330°～355°，倾向南西，倾角 60°～85°，规模较大，构造岩以碎裂岩为主，部分断层见糜棱岩，条带宽一般小于 0.1m，最大可达 0.3m，该组断层一般胶结较好。主要代表性断层有 F_{20}，F_{22}，F_{24}，F_{21}。

厂区裂隙主要走向也为北西向，裂隙一般闭合，大部分有填充物，厚度一般在 1.0m 以下，平均密度为 1～3 条/m。

为了解坝区地应力情况，曾进行过多孔地应力测试。结果表明，平均水平地应力为 8～10MPa，为中等地应力水平。水平地应力方向与坝轴线成 75°～79°夹角，即近于垂直。上述地形地质、地应力资料为选定厂区总体布置提供了可靠的依据。

（2）主厂房纵轴选择的原则。在地下电站枢纽中，主厂房是跨度最大的地下建筑物，其位置的选择影响到引水、尾水系统的布置及运行条件，主厂房位置选择遵循下列原则。

1）地下厂房应视作三峡水利枢纽右岸电站建筑物组成部分，而不是一个独立的地下电站。因此，机电设备的布置，原则上应与右岸坝后厂房联合考虑，以尽量简化地下厂房的布置。

2）主厂房轴线位置的选择，应综合考虑地应力和地质构造等因素对围岩稳定的影响。同时，有利于引水和尾水建筑物的布置，使其具有较好的进水条件和尾水宣泄条件，整个引水和尾水系统布置还应满足机组调节保证计算的要求，尽量避免设置昂贵的调压井工程。

3）应考虑水库淤积平衡后泥沙对电站运行的影响，布置必要的排沙建筑物。

4）在满足安全、运用方便的条件下，总体布置上应尽可能简化地下厂房的轮廓布置，尽量减少明挖与洞挖工程量，这不仅有利于围岩稳定，也有利于加快施工进度。

按上述要求与原则，进行了厂房总体布置的方案比较，最后选择地下厂房轴线与坝轴线平行，且与右岸坝后厂房同一轴线相邻布置的方案。

（3）选定方案的总体布置。选定方案的主厂房纵轴线走向与厂房区主要断层裂隙走向的夹角为 50°～75°，与最大水平地应力方向夹角为 75°～79°。

进水口建筑物纵轴线与厂房纵轴线平行，压力引水隧洞在平面上垂直进入厂房，进水口与大坝右岸坝肩相邻，为岸边塔式结构，宽 33.5m，高 77.0m，长 229.8m。进水口中心高程 122.75m，底坎高程 116.00m（若考虑提前在三峡工程施工期发电，则底坎高程降为 106.00m)。引水布置采用单机单洞引水，共 6 条引水隧洞，洞径 13.5m，最大引用流量 966.4m^3/s，相应流速 6.75m/s，单洞长 221.36m。主厂房上游帷幕以后为钢板衬砌，其余为钢筋混凝土衬砌。

为防止水库淤积平衡后的泥沙淤积，进水口布置有 3×ϕ3.0m 的排沙洞，夹沙水流经排沙主洞下泄，洞径 5.0m，排沙流量 360m^3/s。

主厂房机组段总长度 235.0m，标准机组段长 38.3m，边机组段长 43.5m，地下厂房安Ⅰ段与安Ⅱ段连成一体，便于大件、重件利用右岸坝后电站进厂公路运输及进厂安装，省去了进厂交通隧洞。地下厂房安Ⅰ段为明厂房，长 23.3m、高程 82.00m。安Ⅱ段位于安Ⅰ段与地下厂房 1 号机组之间，为半地下式厂房，长 43.0m、高程 75.30m，用以放置机组 4 大件，主厂房总长度为 301.3m。同时，右岸坝后厂房的大桥机可运行至地下厂房的安Ⅰ、Ⅱ段。

距主厂房下游侧岩壁 10.0m 布置有低压母线洞及母线竖井，从高程 71.00m 引至厂房顶地面高程 160.00m 的户外变电所。

地下厂房尾水宣泄方式，由压洞段自机组中心距下游长约 140.0m，为机组尾水管及加长段组成，断面为窄高的矩形，宽 18.0m，加长段出口高 21.0m，紧接尾水洞。设计推荐尾水洞采用随下游水位升高、由无压洞过渡到有压洞的变顶高洞，即洞顶部沿洞轴线方向设计成斜坡上翘式。顶板高程由 67.00m 升高至 78.50m，洞底高程由 42.00m 升至 46.00m。洞宽 20.0m，断面为圆拱直墙型。线路布置上采用 2 台机组尾水管合并于 1 条尾水洞，共设 3 条尾水洞。电站尾水经 3 条尾水洞宣泄至右岸坝后电站尾水渠内。尾水洞长 150m。尾水洞出口设尾水平台及检修门槽。

（4）主厂房布置。

1）主要尺寸及高程。主厂房断面采用圆拱直墙型。由于岩体坚硬完整，不设吊车柱，而采用上部开挖出的岩台支承桥机。主厂房开挖跨度，在岩台吊车梁高程 90.50m 以上为 32.00m；岩台吊车梁至 47.00m 高程，依据发电机机坑尺寸及通道要求，机组中心线上游侧为 14.0m，下游侧为 16.0m。蜗壳部位局部扩挖 2.5m。高程 47.00m 以下为尾水管，为保持两尾水管间岩体稳定，尾水管采用窄高型，其高度为 3.2 倍的水轮机转轮直径。扩散段宽 18.0m，开挖宽度 20.0m。

地下厂房标准机组段的长度，受蜗壳平面尺寸及两侧混凝土结构厚度控制，与坝后厂房一样，定为 38.3m。边机组考虑吊钩限制的要求，其长度为 43.5m。

主厂房水轮机安装高程与坝后厂房一样，定为 57.0m。尾水管高度为 3.2D_1，尾水管底板高程 25.00m，建基面高程为 24.00m。考虑蜗壳尺寸及其顶部结构混凝土厚度，水轮机层高程为 67.00m，发电机层至水轮机层中心高度 18.3m，则发电机地面高程为 75.30m。发电机低压引出线高程为 72.20m。桥机轨顶高程的确定，考虑了两种情况：一是在安装场组装发电机转子，同时其上吊运水轮机转轮通过；二是在机组段上吊运发电机转子通过。两种情况均考虑安全超高 0.5m，确定桥机轨顶 90.5m。根据轨顶以上桥机尺寸，其直墙顶高程定为 95.60m，然后按中心角 120°起拱，拱顶高程 107.84m，厂房主洞室高度，高程 107.84～47.00m，高度为 60.84m，总高度为 83.84m（高程 107.84～24.00m）。

主厂房发电机层上游侧布置有楼梯、吊物孔及配电设备；下游侧布置有吊物孔、厂用变压器、配电盘、继电保护盘等。

水轮机层在第 1 象限布置有水轮机调速器、油压装置。低压母线引出线于 72.20m 高程向下游引出，上游侧布置有发电机中性点接地装置。

发电机层上部布置有 2 台 12000kN 单小车大桥式起重机和 1 台 1000kN 小桥车起重机，两机同轨。

2）主厂房交通布置。水轮机层 67.00m 高程以下布置有 2 条贯通全厂的交通廊道，即上游侧高程 47.00m 的交通廊道和下游侧高程 48.00m 的操作廊道，每台机组高程 67.00～47.00m 之间设有楼梯并有运输设备的吊物孔。母线出线洞至山顶的地面变电所设有电梯和楼梯相通。另外，安Ⅰ段 82.00m 高程下至安Ⅱ段 75.30m 高程有楼梯相连。

除上述厂内交通布置外，还分别在主厂房 1 号、2 号，3、4 号，5 号、6 号机组之间布置有一条宽 2.0m、高 2.5m 的消防安全通道，与尾水操作廊道相连通。

3）厂外防渗与排水。主厂房洞室位于白岩尖山下，山体上游临库，山体地面为全风化岩层，故需采取防止库水和地表水渗入及相应的排水措施。这些措施有：①大坝右岸坝肩防渗帷幕连接至地下厂房右端再延伸足够长度，防库水直接或绕流渗入；②主厂上游侧设置 2 层排水洞（距主厂边墙 12m，高程分别为 82.50m、120.50m），自近地面至下层排水洞及至水轮机层高程打排水孔形成排水幕；③在主厂房顶部下游侧高程 120.50m 设排水廊道，自近地表与廊道间打排水孔形成排水幕；高程 120.50m 廊道以上的上下游排水孔相交形成封闭的排水幕；④主厂房洞室上方地面变电所平台设置场地排水系统排地表水。

4）厂内排水与防潮。厂内排水包括生产和生活排水，岩壁渗水，水下结构和设施漏水、结露等，设置专用渗漏集水井，将水直接排出厂外，不与机组检修排水设施连通。

关于排水系统布置，厂房上下游防潮隔墙底部（高程 67.00m）设有排水沟，用竖向排水管将水引进渗漏集水井。厂内不同高程的进入廊道地坪均有排水沟将水排入高程 47.50m 的交通廊道，然后将水排至安Ⅱ段渗漏集水井中，用深井泵将水排至尾水渠。

厂房上下游侧及拱顶均设有防潮隔墙及隔层，用以改善地下厂房的运行环境，保护运行人员的身心健康及设备安全运行。

（5）副厂房布置。地下厂房的副厂房，分地下、地上部分以及与右岸坝后厂房共用部分，地下厂房不单独设立副厂房洞室段，尽量利用现有的厂房空间进行布置。

安Ⅱ段的 75.30m 高程以下布置有渗漏集水井和空压机房。

发电机层 75.30m 高程的上下游侧布置有配电盘、励磁盘、二次控制继电保护盘等。

技术供水系统布置在主厂房下游侧两机组段之间，从高程 51.80～67.00m 分 3 层布置。

地下厂房顶部的地面变电所内（高程 160.00m）设置有副厂房，布置有 18kV 厂用变压器、18kV 母线强近风冷装置、10kV 配电盘及部分 400kV 配电盘。

与右岸坝后厂房共用部分有中央控制室、透平油系统、检修排水集水井、蓄电池室、巡回检测装置、电子计算机室、电气试验室、机修间、电工修理间、高压试验室及有关运行值班房间。

(6) 母线出线布置。对于地下厂房发电机的 18kV 母线出线，每 2 台机组共 1 个出线洞，在厂房下游侧共布置 3 个出线洞。洞断面为圆拱直边墙，自高程 67.00m 至 75.30m 分为 2 层，上层地面高程 71.00m，为母线出线廊道，母线洞长 13.0m、宽 9.0m；下层地面高程 67.00m，为厂用照明盘室。母线竖井距主厂房下游岩壁 10.0m，断面尺寸 9.6m×3m，从高程 71.00m 可直通至厂房顶高程 160m 的 500kV 地面变电所，考虑母线洞与变电所的交通，在母线竖井下游侧布置有电梯井及楼梯，运行人员可乘电梯从地下 67.00m 高程直达地面变电所 160.00m 高程。

4. 电站进水口及引水管布置

经过多年的研究、比较论证和水力学试验，左、右岸电站进水口均采用单孔坝式小进口方案。

进水口布置 2 道闸门，一道是液压操作的快速工作闸门，另一道为检修闸门。为减少门槽水力损失，检修门布置在坝上游面，采用反钩门方式。上游喇叭孔口尺寸为 14.50m×19.15m（宽×高），工作闸门孔口尺寸为 9.30m×13.09m（宽×高）。

进水口段上游侧布置拦污栅，为便于清污和提栅，拦污栅栅后各机组间相互补水，当部分机组拦污栅堵塞时，相邻机组可起补水作用，以减少水头损失，有利于机组正常运行。拦污栅由宽 1.2m 的中墩及边墩支承在坝面上。每一机组段为 6 跨 7 墩结构，墩间净距均为 4.75m，栅墩上布置 2 道拦污栅槽，1 道工作，1 道供检修时备用。

为了清污、操作检修门和拦污以及为了工作门的安装和检修，利用坝顶设置带有回转吊的 2×2500kN 门式起重机吊运。

工作门槽后，进水口段中心线以 3.5°倾角向下游倾斜，以长度为 1.21 倍钢管直径的渐变段与钢管相接。

压力引水钢管由上斜段、上弯段、斜直段、下弯段和下水平段组成。上弯段转弯半径为 35.0m、中心角 50.25°，下弯段转弯半径为 30.0m、中心角 54.25°，斜直段长 35.44m，下水平段长 8.34m。

压力钢管在坝身的布置采用背管浅槽埋置方式，约管截面的 2/3 露出坝面，1/3 入坝下游坡浅槽内。

电站进水口底坎高程为 108.00m，在最低运行水位 135.00m 时，最小淹没深度 12.91m，为闸门孔口高度的 0.99 倍。水力学试验表明，在库水位 135.00m、流量 880.0m^3/s 时，进水口流态平衡。

（五）通航建筑物

通航建筑物包括永久船闸和升船机，均位于左岸。

1. 双线五级船闸

永久船闸为双线 5 级连续梯级船闸。船闸设计总水头 113m，单级最大工作水头

45.2m，单级闸室有效尺寸为280m×34m×5m（长×宽×坎上最小水深），可通过万吨级船队。船闸闸首长度为：第一闸首为70m，第二、三、四闸首为41.5m，第五闸首为47.5m，第六闸首为56.0m。船闸闸室结构长度：第1级为267m，第2、3、4级为265.5m，第5级为259.5m。上、下游导墙长分别为250m、200m，上、下游靠船墩各长200m。闸首顶部高程为：第一闸首为185.00m，第1闸室与第二闸首为179.00m，第2闸室与第三闸首为160.00m，第3闸室与第四闸首为139.00m，第4闸室与第五闸首为116.67m，第5闸室与第六闸首为96.42m。船闸底部高程，第一至第五闸室分别为130.00m、119.25m、98.50m、77.75m和57.00m。每一线船闸的输水系统采用两侧主廊道、闸室底部4区段8支廊道分散出水，盖板消能方式。上游进水口布置在上游引航道右外侧。下游泄水主廊道经下游引航道底部引至隔流堤外泄入主河槽，辅助泄水廊道经下闸首直接泄入下游引航道。

2. 升船机

升船机为单线一级垂直提升式设计，最大提升高度113m。承船厢设计有效尺寸为120m×18m×3.5m（长×宽×船厢水深），一次可通过一条3000t的客货轮。承船厢设计运行时总重量为11800t，总提升力为6000万N。升船机上闸首长125m，其后为4个双“日”字形承重塔柱，前后塔柱间隔13.6m。下闸首长32.5m。升船机顶部高程：上闸首185m，塔柱197m，其上部机房为225m，下段为84m。底部高程：闸首航槽底部为141m，闸室底板为50m，下闸首航槽底板为58m。

（六）施工组织安排

三峡工程施工经多方案比较与论证，采用“三期导流、明渠通航、围堰挡水发电”的施工方案。工期安排为：总工期17年，其中施工准备及第一期工程施工5年，二期工程施工6年，三期工程施工6年。

第一期（1992～1997年），围右岸，在中堡岛右侧的后河上下游及中堡岛左侧修建一期土石围堰，开挖导流明渠，修建混凝土纵向围堰，同时在左岸修建临时船闸，并开始施工永久船闸及升船机挡水部位的土建工程。长江水流仍从主河床宣泄，照常通航。

第二期（1998～2003年），围左岸，截断主河床，修建二期上下游横向土石围堰，与混凝土纵向围堰形成二期基坑，施工大坝泄洪坝段、左岸厂房坝段及电站厂房。继续施工升船机挡水部位（上闸首），并完建永久船闸。江水从明渠宣泄，船舶从明渠及左岸临时船闸通行。

第三期（2003～2009年），封堵明渠，在其上、下游修筑低土石围堰及上游碾压混凝土围堰，在三期基坑内施工右岸厂房坝段及电站厂房，碾压混凝土围堰和混凝土纵向围堰及其以左大坝挡水、左岸电站发电。江水从泄洪坝段、导流底孔及深孔宣泄，船舶从永久船闸通行。河床溢流坝段导流底孔封闭，水库蓄水至135m高程时，开始发电，此后汛期洪水由23个永久泄水深孔及22个临时溢流堰宣泄。

三峡17年施工期间，需要外运进场各种物资材料设备4025万t，其中：商品材料1350万t，砂石料2675万t（天然砂石料1093.07t，人工砂石料1582万t）。高峰运输量424.5万t，直接施工的人员交通1971.0万次，高峰期每月达6000人次。三峡工程规模巨大，反映在施工上的问题极为复杂，为了使施工可靠并且保证合理的施工进度，必须研究新的施工技术和巨型高效的施工机械，如石方开挖爆破新技术、混凝土快速浇筑及温控技术、大直径隧洞开挖和衬砌技术、深水围堰抛填和截流技术等。三峡工程施工中的主要技术问题如下。

(1) 施工期通航。主要解决自第一期末大江截流至水库蓄水发电、正式通航前约6年时间的通航问题。经过多种方案比较，归纳为两类，即明渠通航方案和明渠不通航（左岸布置临时通航建筑物）方案，从保证施工通航可靠性，特别是尽量减少初期工程规模、缩短工期、提前发电出发，选用了明渠通航方案。

(2) 导流与围堰。选择三期导流、明渠通航方案。二期大江截流时最大水深约60m，需要攻克堤头坍塌、深水龙口预平抛垫底、截流期通航和跟踪预报等技术难题。水下抛填稳定问题突出，采用单戗立堵双向进占，下游围堰石渣戗堤尾随跟进的方案，于1997年11月8日上午9时开始龙口合龙施工，6.5h后截流成功。导流明渠截流采用双戗立堵截流方案，实施中上下戗协调配合难度大，上游双向进占，下游单向从右端进占，按上游戗堤承担2/3落差，下游承担1/3落差控制上下游龙口进占宽度。2002年11月6日上午9：10，上下游同时开始合龙进占，38min后上下游戗堤合龙，截流成功。其中施工关键技术是双戗堤截流协调进占、来流及分流变化风险控制、系统化施工组织与管理、施工信息化系统集成、垫底加糙拦石坎施工、堤头填筑技术与安全进占。

三峡水利枢纽施工一、二、三期围堰共9座。一期土石围堰位于长江主河槽右侧，堰顶高程79.00～80.00m，最大堰高37m，全长2502.36m。堰体及堰基采用塑性混凝土防渗墙上接土工膜防渗型式，局部地质条件不良地段的地基采用防渗墙下接帷幕灌浆或高压旋喷桩柱墙等措施。施工难题是葛洲坝工程1981年开始蓄水后淤积的厚约4～8m粉细砂（最厚达18m）的地基处理问题。混凝土纵向围堰全长1190.57m，采用碾压混凝土重力结构型式，按其部位及作用大致分为上纵段、坝身段与下纵段。坝身段为三峡大坝的一部分，下纵段待导流工程结束后作右岸厂房和泄洪坝段间的导墙，按永久建筑物保留。大部分采用碾压混凝土，基础垫层及孔洞周边采用常态混凝土，全线堰体碾压混凝土基本采用“金包银”方式，堰壳为1～4m的富灰碾压混凝土防渗层。二期上游围堰轴线大致以折线型凸向上游，全长1439.6m。堰顶高程88.50m，顶宽15m。堰体主要由石渣、风化砂、石渣混合料及过渡料填筑而成，断面总体为“两戗堤夹风化砂”型式。下游土石围堰呈折线布置，全长996.53m。堰顶高程81.50m，顶宽15m。堰体主要由石渣、风化砂、石渣混合料及过渡料填筑而成，也采用“两戗堤夹风化砂”断面型式。三期上游土石围堰布置在导流明渠内，为低水围堰，轴线全长400m，堰顶高程81.00m，顶宽15m，防渗采用粘土斜墙方案。下游土石围堰轴线全长约450m，堰顶高程81.50m，顶宽15m，为了加快施工进度、方便施工，采用黏土心墙防渗方案，全线断面呈“双戗夹土”型式，有利于全断面同时进占施工，提高抛填强度。三期RCC围堰轴线位于大坝轴线上游114m，轴线全长580m。采用碾压混凝土重力坝型式，堰顶高程140.00m，最大堰高达120.00m，顶宽为8m。堰体混凝土主要为三级配碾压混凝土（R_{90}150号，S_4），挡水侧设厚4m富灰RCC防渗层。每40m设一条永久横缝，两条横缝之间还设1～2条诱导缝。

(3) 土石方施工。土石方施工的开挖总量达到1.04亿m^3，土石方工程施工工程量大、强度高，明挖高差最大挖深达175m，水下最大挖深15m，建筑物基础开挖轮廓复杂、岩石坚硬，其边坡、基础保护要求使得其开挖难度较一般水电工程大得多。

土石方开挖中70%以上需采用钻爆法开挖，为了加快施工进度，研究出凿裂法开挖全强风化岩石。深孔梯段爆破是三峡工程土石方开挖最主要的爆破手段。提高深孔梯段爆破效率的主要技术有：根据不同的要求装备不同品种规格的炸药，采用不同的装药结构与方式；控制最大分段药量，减少爆破震动的影响，扩大爆破规模；从装药、参数设计、起爆顺序等方面改进，充分利用爆破的能量达到降低大块率的目的；提高铲装、运输的效率。在基岩保护层爆破开挖方面对保护层一次爆除取得了诸多施工工艺及技术成果。高边坡控制爆破技术、水下工程爆破技术、土石方平衡及调运规划等方面成果斐然。

(4) 混凝土工程施工。三峡工程混凝土工程总量为2815.5万m^3，实际最高年浇筑548万m^3，超出了国内外已建大坝水平。大坝混凝土施工具有工程量巨大、施工干扰大、施工复杂、高峰强度高，同时金属结构安装及其他项目的施工强度也非常高，高峰期持续时间长等特点。要求初期混凝土施工强度高，且必须要在夏季大量浇筑约束区混凝土，这既是一个施工组织难题，也是重大的技术和质量控制难题。

三峡工程大坝混凝土快速施工新技术研究和实践的主要技术突破和创新点有：经过充分反复论证，选定以塔带机为主、辅以大型门塔机和缆机的“2、6、10”综合施工方案。即三峡工程大坝共布置6台塔带机，每台理论设计生产率可达420m^3/h，为了与选定的特高强度浇筑方案相配套，建立了一整套新的施工工艺和现代施工管理体系，创造了塔带机浇筑四级配混凝土和一个仓号多品种混凝土的首例。研究开发并实施混凝土生产输送浇筑综合监控系统和计算机模拟系统，使工程机械化、自动化程度和综合施工管理水平大幅度提高。

混凝土拌和采用3个拌和系统，首次采用二次风冷骨料技术，解决了混凝土制冷系统规模大、施工场地不足、系统难以布置的困难，节省了大量施工用地及工程投资。经过1999～2001年3个夏季高峰的运行，实测混凝土出机口平均温度为6.85℃，小于7℃，合格率均在80%以上，确保了混凝土的生产质量。混凝土原材料采用具有微膨胀性能的中热525号硅酸盐水泥，选用品质优良的高效减水剂，在混凝土中将Ⅰ级粉煤灰作为功能材料掺用，采用缩小水胶比加大粉煤灰掺量的技术路线，限制原材料的碱含量和混凝土总碱量，满足了三峡混凝土耐久性的特殊要求。混凝土配合比先进。用花岗岩人工骨料的大坝四级配混凝土在塔带机为主的运输浇筑方式情况下，其用水量仅为90kg/m^3左右，并能满足高性能大坝混凝土的要求。三峡工程大坝柱状块尺寸大，基础温差标准高，温控措施要求严格，首次实施全过程、全方位、高标准、大容量的综合温控技术，确保了混凝土施工质量。

(5) 施工企业及附属工程。三峡的主要施工企业有砂石加工系统、混凝土系统、制冷系统、供水系统、施工供电系统、供风工程、施工通信、机械修配系统、钢管拼装厂及综合加工厂。

三峡工程需混凝土骨料（砂石料净料）4171.3万m^3，其中粗骨料3028.5万m^3，细骨料（砂）1142.8万m^3。骨料需求巨大，骨料料源选择直接影响工程成败和造价。经综合比较，天然砂砾料选择长江河床砂砾料场和长江支流黄柏河南村坪河滩砂砾料场。人工料场选择基坑开挖利用料、下岸溪人工砂料场。根据选定的料源、料场及工程分三期施工的混凝土施工部位进度、强度等，长江河床天然砂砾料开采加工系统布置在右岸距坝址约2km的高家冲，长江支流黄柏河南村坪河滩砂砾料加工系统设在南河坪料场一滩右岸附近的台地上，距坝址约45km。人工骨料开采加工系统由古树岭人工碎石加工系统和下岸溪人工砂系统两个独立部分组成。古树岭人工碎石加工系统位于永久船闸和临时船闸之间的古树岭和陈家冲，主要承担一、二期工程左岸1845.0万m^3混凝土浇筑所需粗骨料供应任务及部分右岸三期碾压混凝土浇筑所需骨料任务。下岸溪人工砂石系统位于三峡大坝下游，长江左岸下岸溪，距坝址12km，是目前世界最大的专门用于生产人工砂的系统，提供三峡工程一期工程后两年混凝土生产及二期混凝土生产所需砂料。

三峡工程三期混凝土主体工程左岸为1750万m^3，右岸为921.4万m^3，右岸配置两个混凝土系统：高程85.00m混凝土系统承担生产混凝土258.05万m^3，布置有搅拌楼、冷冻楼、胶凝材料储存库及输送设备、空压机房及其他附属设施；高程120m混凝土系统主要任务为二期供应混凝土，同时与右岸高程85.00m混凝土系统共同供应三期上游横向围堰的碾压混凝土，以及三期右岸厂房坝段高程120.00m以上部分混凝土。左岸有4处混凝土系统和1处高程115.00m公用粗骨料堆场。4处混凝土系统包括：高程98.70m混凝土系统主要承担高程115.00m混凝土系统形成前的临时船闸、升船机、左岸1～11号坝段及下游引航道的混凝土；高程82.00m混凝土系统主要承担电站厂房的混凝土生产任务及左非12号坝段至纵向围堰堰身坝高程160.00m以上部分混凝土供应、导流底孔封堵的混凝土供应等；上游高程90.00m/120.00m混凝土系统承担左非12～18号坝段及左厂1～14号坝段的混凝土供应；高程79.00m混凝土系统主要承担厂坝导墙至23号泄洪坝段高程160m以下的混凝土生产任务。

三峡工程混凝土预冷措施采用了水冷骨料及冲洗脱水、风冷骨料及混凝土加冰拌和。混凝土制冷系统的规模以二期工程施工高峰年混凝土拌和系统的规模和布局为依据，按出机口温度为7℃及14℃的预冷混凝土设计。

三峡工程三期总用水量达到约150万t/d，但每期用水时间不长，并分位于长江左右岸。根据三峡工程特点和河势变化及总体布置的要求，提出了分质供水，设直流供水、循环供水、回收处理等系统，建设了3座水上移动式水厂，每座水厂的规模为9万t/d。施工用电高峰出现在二期，用电高峰负荷为7.0万kw。施工供电系统按照满足施工用电为主、远景利用为辅的原则进行规划和布置，该系统由1座220kV变电所、9座35kV变电所、3座35kV厢式变电所、约200个6kV配电所、49km220kV输电线路、15km110kV输电线路、73km35kV输电线路、125km6kV配电线路组成。施工供风设计供风站左岸6座，右岸2座。

二、葛洲坝水利枢纽工程

（一）枢纽概况

葛洲坝水利枢纽工程是在我国第一条大河长江干流上修建的第一座大坝，因坝址处江中原有一个小岛“葛洲坝”而得名。

葛洲坝水利枢纽工程位于西陵峡南津关出口下游2.3km，上距三峡枢纽坝址38km，距宜昌市镇江阁约4km。

坝区地层系白垩纪下统红色岩系，由黏土质粉砂岩、粉砂岩、砂岩、枯土岩和砾岩互层组成。地质构造简单，为一走向北东20°～60°、倾角4°～8°的单斜构造，构造裂隙不发育，岩体完整性一般较好。主要工程地质问题是沿分布连续性好的黏土岩夹层产生层间错动，因而形成泥化夹层或局部泥化夹层，以及几条规模相对较大的断层。断层的主断面有泥化物和碎块岩，常为透水通道。泥化夹层的存在，直接影响建筑物的安全和建筑物的规模尺度，是设计中考虑的主要问题之一。坝区地震基本烈度为Ⅵ度。

葛洲坝水利枢纽工程的主要作用是发电，装机 21 台，总容量为 271.5 万 kW，对缓和华中地区用电紧张局面和促进经济发展发挥了重要作用；还可改善川江近 200km 三峡峡谷航道，并为三峡水利枢纽工程的建设作积累了经验、锻炼了队伍、建立了基地，它标志着我国与水电建设有关的科学技术发展到了一个新的阶段。

葛洲坝水利枢纽工程主体建筑物包括通航船闸、电站厂房和泄洪建筑物，枢纽布置如图 4-3-7 所示，自左至右分别为：左岸镇镜山下为土坝，与三江通航建筑物相接；在三江左侧为 3 号中型船闸，主要通过地方船队及客货轮，右侧为 2 号大型船闸，主要通过大型船队，两座船闸之间设置 6 孔冲沙闸；在三江上游右侧西坝头部的黄草坝布置防淤堤，扩宽浚深原三江河道成为左岸航道；穿黄草坝建混凝土心墙挡水坝，接二江电站厂房，装机容量 96.5 万 kW（7 台）；二江泄水闸大约在枢纽的中央位置，正对南津关河段主槽，共 27 孔，挡水前沿宽度 498m，最大泄量 8.39 万 m^3/s。泄水闸的右导墙，结合作为二期施工纵向围堰的组成部分，并在其上架设通到大江下游的桥梁；右接大江电站厂房，装机容量 175 万 kW（14 台）；紧邻大江一号大型船闸，闸室尺寸与二号船闸相同，有效尺寸为 280m×34m×5m（长×宽×槛上最小水深），主要通过大型船队；在船闸左侧上游设防淤堤，下游设导航堤，与大江右岸组合成大江航道；大江船闸右侧接 6 孔冲沙闸，再用土石坝与狮子包相接。沿坝轴线枢纽建筑物全长 2595m。

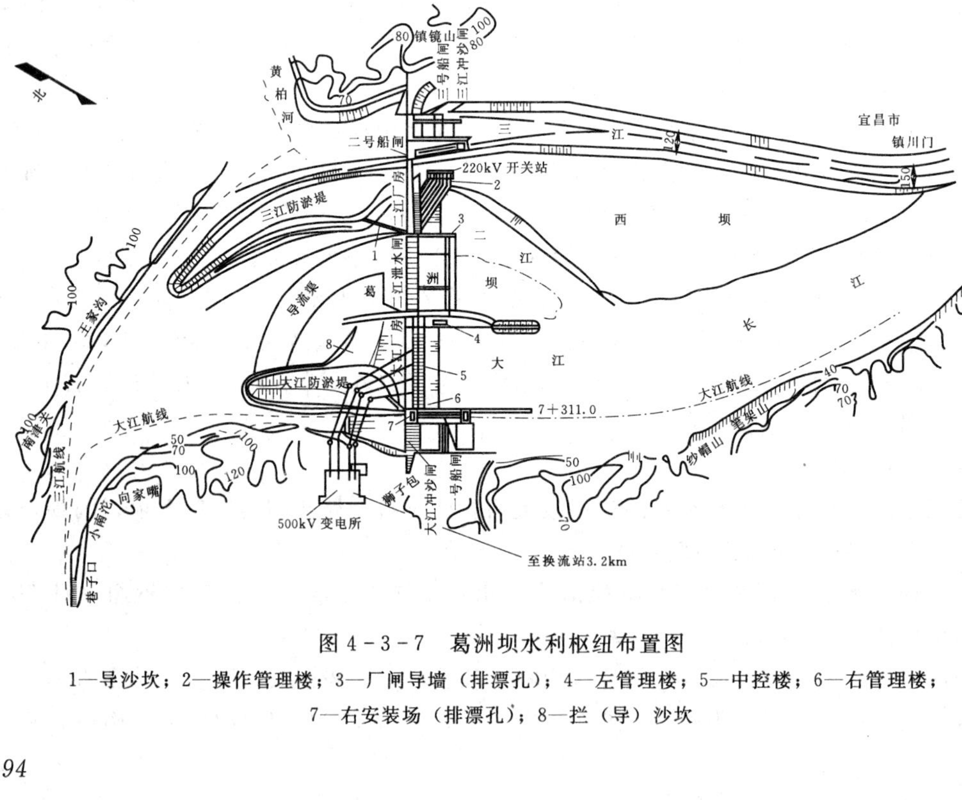

图 4-3-7 葛洲坝水利枢纽布置图

1—导沙坎；2—操作管理楼；3—厂闸导墙（排漂孔）；4—左管理楼；5—中控楼；6—右管理楼；7—右安装场（排漂孔）；8—拦（导）沙坎

葛洲坝水利枢纽工程为一等工程。永久建筑物为一级建筑物，设计标准为千年一遇洪水（P=0.1%），校核洪水标准为万年一遇洪水（P=0.01%），抗震标准按Ⅶ度设防。

葛洲坝水利枢纽工程为混凝土闸坝，坝顶高程 70.00m，正常蓄水位 66m，校核洪水位 67m，坝轴线全长 2606.5m。

葛洲坝水利枢纽工程于 1970 年 12 月 30 日动工，1974 年 10 月主体工程正式施工，1981 年第一期工程完工，1988 年第二期工程完工，1991 年通过国家正式验收。

（二）主要水工建筑物

1. 挡水建筑物

葛洲坝水利枢纽工程挡水建筑物分为 3 种类型。

（1）与两岸连接的挡水坝段，即在两坝肩与河床建筑物间阶地高程不足 70m 的部位修建的挡水坝。其中，左岸为黏土心墙砂砾石坝型，即左岸土石坝；右岸为混凝土重力坝坝型，即右岸挡水坝。

（2）连接二、三江建筑物的坝段，即西坝坝头黄草坝阶地高程较低处建筑的挡水坝，为混凝土重力坝坝型，即黄草坝挡水坝。

（3）三江内连接二相邻建筑物的坝段。由于二号船闸轴线与坝轴线斜交成 81.5°角，因此船闸与三江冲沙闸间出现三角形空挡，采用混凝土重力坝连接挡水，即三江非溢流坝。

2. 泄水建筑物

（1）二江泄水闸。设计中对二江泄水闸提出如下要求。

1）在二期工程导流期间，同三江冲沙闸一道能宣泄施工设计流量 6.68 万 m^3/s，校核洪水流量 7.11 万 m^3/s 和保围堰流量 8.6 万 m^3/s。大江截流时，在截流流量 5200～7300m^3/s 的条件下，水流通过泄水闸下泄，这时要保证截流落差不超过 3m，以确保胜利截流。

2）工程建成后，低水期抬高上游水位，以保证库区航道水深及发电水头要求；洪水期，同大江、三江冲沙闸一起，宣泄设计洪水 8.6 万 m^3/s 和校核洪水 11 万 m^3/s，相应设计洪水位和校核洪水位分别为 66m、67m。其中二江泄水闸的最大泄流能力为 8.39 万 m^3/s。此外，考虑长江推移质泥沙数量较大，吸取国内外经验，采用“先导后排、导排结合”方式，将被拦沙坎拦截下来的泥沙通过泄水闸排走，以尽量减免粗沙过机数量。

综合考虑上述要求，最终选定开敞式平底闸闸型，共 27 孔（9 个闸段），每个闸孔在上游水位 66m 时泄流量均为 3000m^3/s。二江泄水闸挡水前沿宽度 498m，闸室长度 65m，闸底板高程 37m。孔口尺寸宽 12m，高 24m。每孔设上、下两扇闸门，上扉平板门，下扉弧形门，尺寸均为 12m×12m。为适应基础岩体变形，加强结构的整体性，采取每三孔一联方式，中墩厚 5.3m，边墩厚 4.5m。每扇弧形闸门承受的门轴推力为 4200t。

闸下游设一级平底消力池，池长 180m，紧接消力池尾坎下游设有 20m 检修平台，以便必要时分区检修，下接 50m 防冲段，闸尾的防冲设施有深 20m 的防淘墙和长 85m 并设加糙墩的柔性混凝土海漫，总长 335m。为了满足运用中的分区泄流和方便检修，消力池内设两道隔墙，将泄水闸分为左（6 孔）、中（12 孔）、右（9 孔）3 个区。

二江泄水闸平面布置图和纵剖面图分别如图 4-3-8、图 4-3-9 所示。

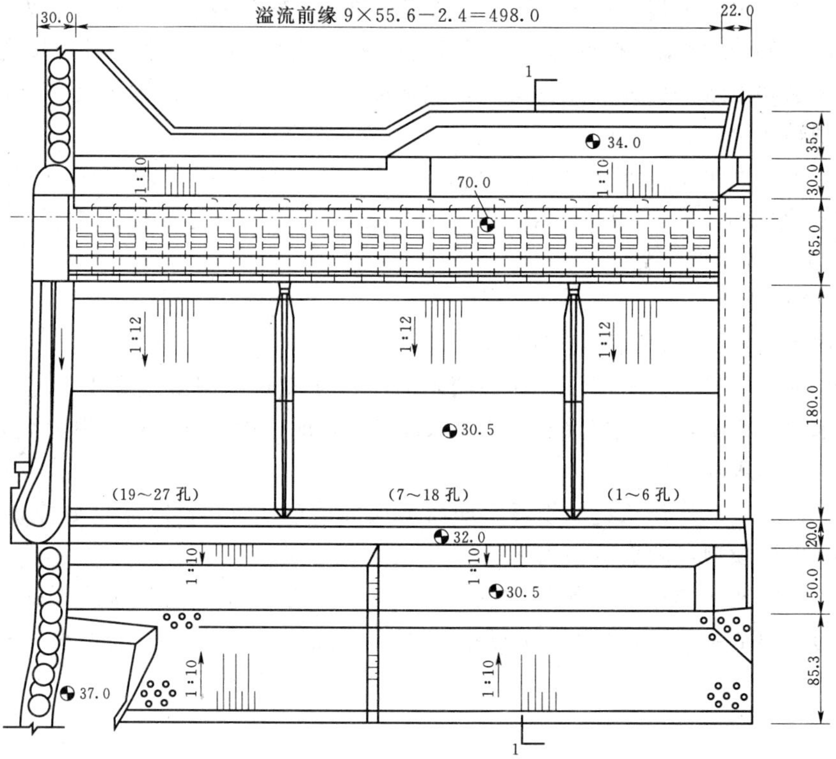

图 4-3-8　二江泄水闸平面布置图

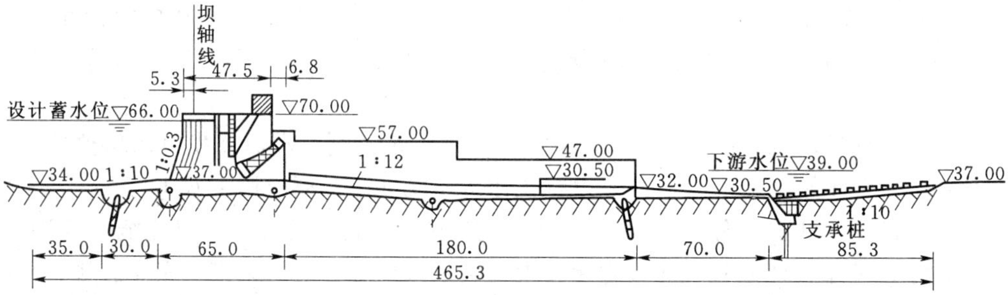

图 4-3-9　二江泄水闸纵剖面图

(2) 冲沙闸。冲沙闸的主要作用是引流冲刷淤积在引航道内的泥沙，以确保引航道畅通；此外，在大洪水时参加泄洪。三江冲沙闸共 6 孔，总宽度 108m，最大泄量 1.05 万 m^3/s。采用大孔口平底闸，孔口尺寸为 12m×10.5m，闸宽 58m，闸底板高程 43.00m，闸顶高程 70.00m，闸孔间闸墩分缝，墩厚 6m，闸门为 12m×10.5m 的弧形门。闸室上游设 30m 长的防冲底板，下游有 405.5m 长的三级消力池。

大江冲沙闸 9 孔，最大泄洪能力 2 万 m^3/s，如图 4-3-10 所示。

3. 通航建筑物

通航建筑物包括大江 1 号船闸、三江 2 号船闸和 3 号船闸。

大江 1 号船闸与三江 2 号船闸的规模相同，长 280m，净宽 34m，槛下最小水深

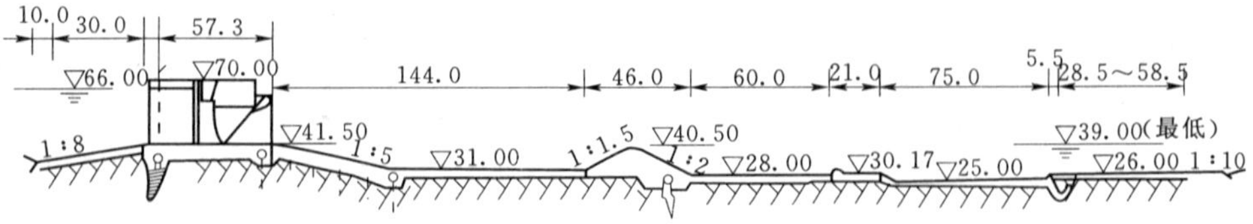

图 4-3-10　大江冲沙闸纵剖面图

5.5m，是目前我国内河最大的单级船闸之一。上、下闸首人字形工作门单扇叶的高×宽×厚分别是 11m×19.7m×2.7m（二号船闸为 13.5m×19.7m×2.7m）和 34m×19.7m×2.7m，每扇门面积比一个篮球场还要大，有 12 层楼房高，重 600t，号称“天下第一门”。1 号、2 号船闸可通过大型客货轮和 12000～16000 吨级的大型船队，每次过闸时间约为 50～57min。

三江 3 号单级船闸，长 120m，净宽 18m，槛下最小水深 3.5m。上、下闸首人字形工作门单扇叶的高×宽×厚分别是 12m×11m×1.7m 和 33m×11m×1.7m。主要通过 3000t 以下客货轮和地方小型船队，每次过闸时间约 40min。

葛洲坝船闸主要包括上游进水段、上闸首、闸室、下闸首和下游泄水段 5 部分。上、下闸首及闸室均采用分离式结构，上闸首上游设上提式事故检修平板门，下闸首下游设浮式检修门槽。闸室两侧设有随水位升降的浮式系船柱，供船舶过闸时系缆用。闸室底板中设有输水系统的纵支廊道，输水主廊道布置在两侧闸室内。3 座船闸均为一级船闸，设计最大水头（上、下游水头落差）27m。上游正常水位 63～66m，下游最高通航水位 54m，最低为 39m。

4. 电站建筑物

葛洲坝电站由进水与尾水建筑物、主厂房与安装场、防沙与排漂建筑物、中央控制楼与操作管理楼、变压器场地与开关站等建筑物组成。

葛洲坝采用厂坝结合的河床式厂房。由二江电厂和大江电厂组成。总装机容量 271.5 万 kW，水轮机共 21 台。其中二江电厂装机 96.5 万 kW，有 17 万 kW（大机组）2 台和 12.5 万 kW（小机组）5 台；大江电厂 12.5 万 kW14 台，共装机 175 万 kW。机组最大水头 27.0m（小机组）和 23.0m（大机组），最大流量 $1130m^3/s$（大机组）和 $825m^3/s$（小机组）。根据电站防沙排沙要求，厂房内设置排沙底孔。

电站设计水头 18.6m，最大水头 27.0m，最小水头 8.3m，异常最小水头 6.3m，平均水头 20.5m。

电厂厂房大机组段宽 40.2m，设两个排沙底孔；小机组段宽 35.3m，设一个排沙底孔。每个底孔泄量为 $250m^3/s$，流速约为 4～5m/s。厂房顺水流方向布置是：进水口和上游平台（宽 43.3m），主机房（宽 33m），下游副厂房和尾水平台（39.55m），总长度 110m（水下）～116m（水上）。

电厂水轮机有两种类型：即 4 个叶片（直径 11.3m）和 5 个叶片（直径 10.2m）。采用 22 万 V 和 50 万 V 的高压输电线向外地送电，在西坝和右岸分别设有 22 万 V 和 50 万 V 的开关站。

厂房横剖面、发电机层平面布置分别如图 4-3-11、图 4-3-12 所示。

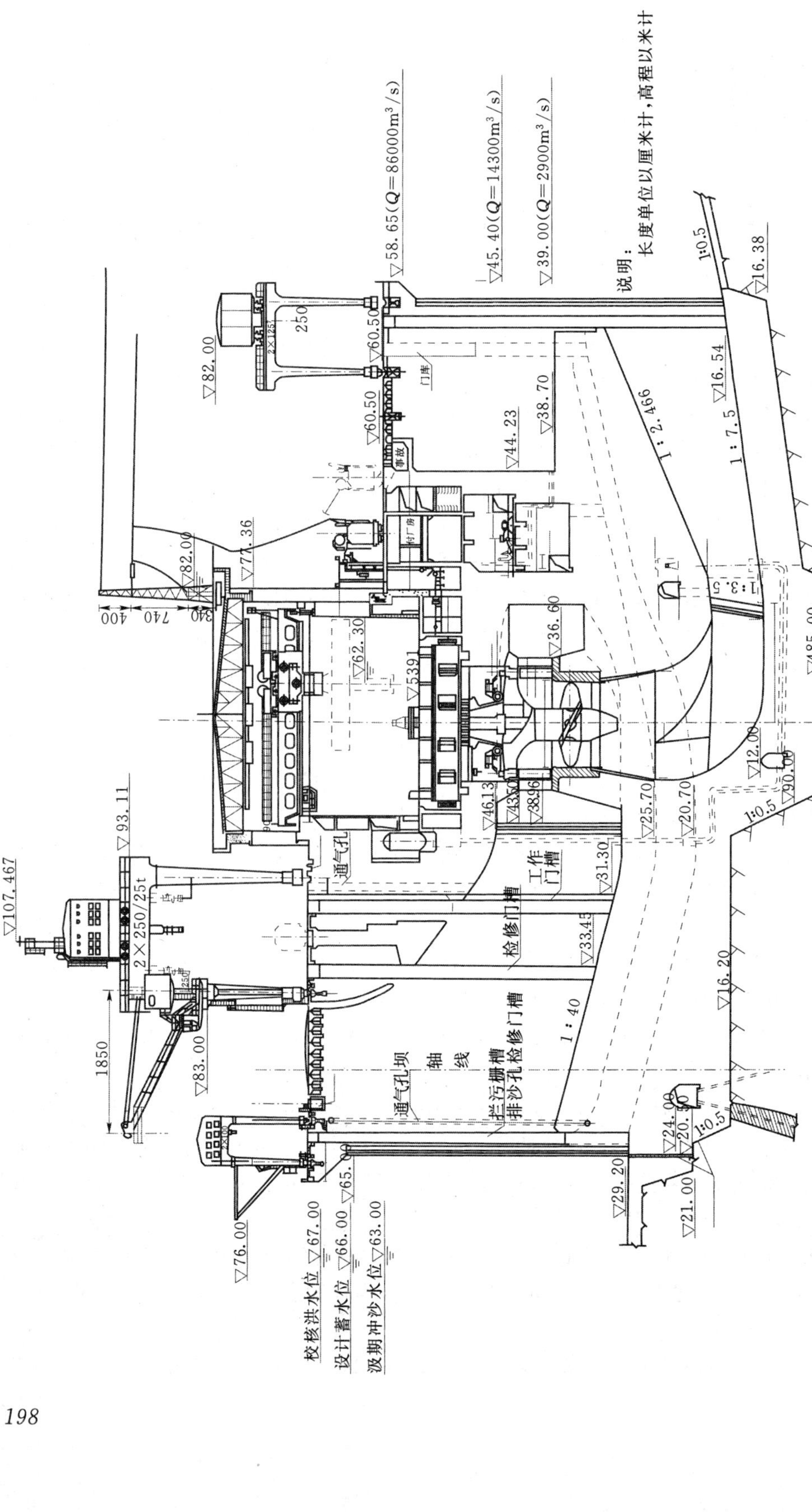

图 4－3－11　厂房横剖面图($D_1=11.3$m 机组)

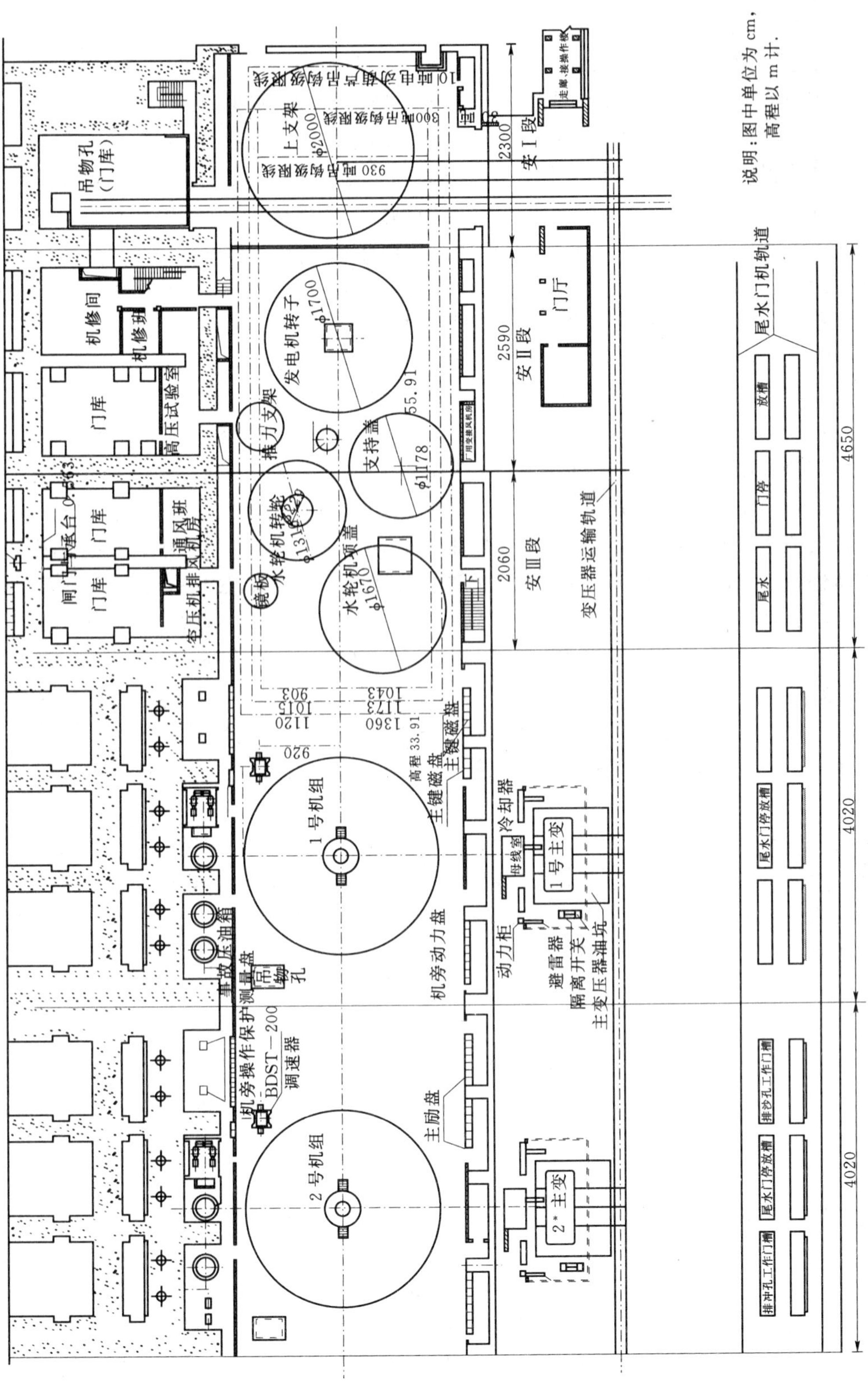

图 4-3-12 发电机层平面布置图（D_1=11.3m 机组）

（三）施工组织安排

葛洲坝水利枢纽大坝分为大江、二江、三江3部分工程，大江主要布置大江电厂和1号船闸，二江布置二江电厂和泄水闸，三江布置2号、3号船闸和冲砂闸。

（1）工期安排。葛洲坝工程经历了从“边施工、边设计、边勘探试验”的“三边”状况逐步到正常勘测设计和施工的过程。开工初期目标是“三年半发电、五年可成”，实际工期总历时18年。全部工程分两期施工，一期修建位于二江、三江上的建筑物，包括左岸土石坝、3号船闸、三江冲砂闸、2号船闸、混凝土挡水坝、二江电厂和二江泄水闸等12个单项工程；二期修建大江上的建筑物，包括大江电厂及右岸500kV变电站、大江航道及1号船闸、大江冲砂闸和右岸混凝土挡水坝等。

（2）施工简况。葛洲坝工程于1970年12月30日破土动工，第二期工程1982年开始，1988年底整个葛洲坝水利枢纽工程建成，1991年11月27日二期工程竣工验收，工程建设总历时18年。工程开工之后，由于重大技术问题没有妥善解决，1972年11月决定主体工程暂停，修改初步设计。1974年10月复工，1980年完成土建工程，1981年1月4日大江截流，同年6月三江航道正式通航，7月二江电站第一台机组并网发电，自此一期工程开始发挥通航发电效益，比设计工期提前1年发挥效益。一期施工中，混凝土及土石方的挖填创造了国内先进水平，最高混凝土年浇筑量194万m^3，最高月浇筑量24万m^3，土石方挖填年产1259万m^3，月产226万m^3。1985年4月正式通过国家验收。二期工程自1981年汛后开始基坑抽水和开挖，1981年底开始浇筑。1986年6月第一台机组投产，5年时间实现了大江工程上下游全线挡水、大江电厂第一台机组投产发电，并于当年实现了安装5台机组并网发电。1987年又装机投产6台，1988年装完最后3台机组，1988年8月30日至9月1日，安全顺利完成大江航道、1号船闸的试航任务。1988年12月整个工程完工。

为了筹备整个工程建设，于1969年11月1日成立三三〇工程指挥部（后更名为长江葛洲坝工程局），下设一、二、三3个分部，一分部负责厂房，二分部负责附属企业，三分部负责船闸，施工队伍编10个团，各团按工种组编。参与工程施工单位有丹江口工程局、马颊河工程局、鄂西指挥部和长办施总。参与该工程设计单位有长办葛洲坝工程设计组，直属三三〇工程指挥部。

（3）主要工程量。葛洲坝水利枢纽主体工程量为：土石方开挖13512.65万m^3，土石方填筑2219.37万m^3，混凝土浇筑1106.65万m^3，固结灌浆12.97万m，帷幕灌浆5.47万m，金属结构安装7.46万t。葛洲坝工程根据枢纽布置的特点和坝址处的自然条件，采取分期导流的方式，葛洲坝工程一、二期工程施工分区布置见图4-3-13。

三、隔河岩水电站工程

（一）枢纽概况

隔河岩水电站工程位于湖北省长阳县境内，距县城上游9km。两岸陡岩隔河相对，甚为奇特，当地人称之为“隔河岩”，该枢纽工程也因此而得名。坝址处在近南北向河谷的末端，两岸高山连绵，无天然垭口。山顶高程在500.00m左右，高程200.00m处，河谷宽约630m。右岸地形完整雄厚，左岸沟谷切割，地形相对平坦。岩层倾向上游，倾角25°～

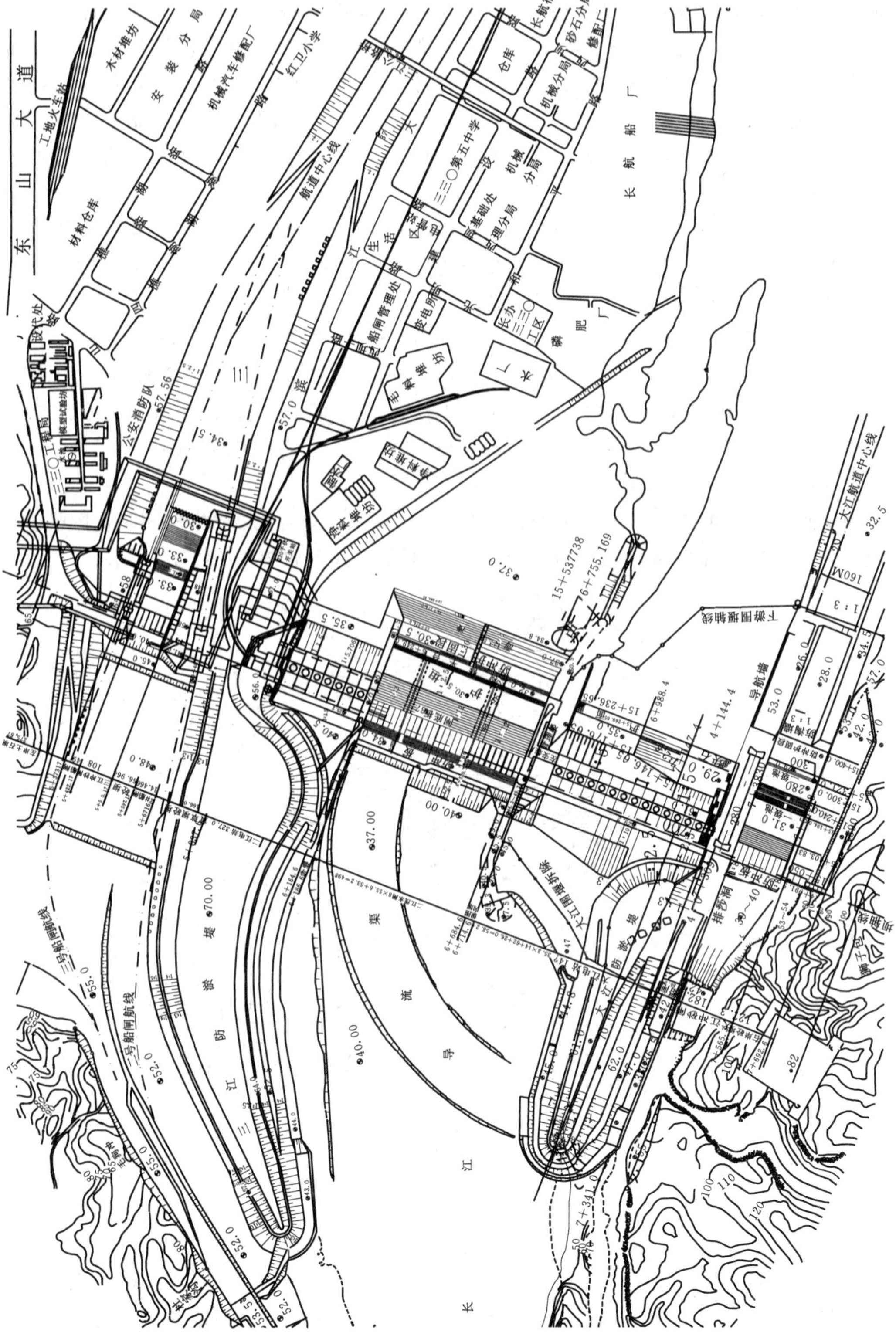

图 4-3-13 葛洲坝工程一、二期工程施工分区布置图

30°。坝基为石灰岩，湿抗压强度一般为60～80MPa。坝址处石灰岩岩层厚度150～185m，顺水流向可供利用的水平出露宽度仅200～280m。左岸在高程120.00m以上为岩性相对较弱的灰页岩互层，岩面也较平缓，岩体内有强度较低的层间剪切带和陡倾角断层。

隔河岩水电站的首要开发目标是发电，隔河岩水电站可为华中电网系统提供主要调峰调频电源；隔河岩水电站的第二个任务是防洪，可避免清江洪峰与长江洪峰遭遇，减轻荆江河段的洪水压力；隔河岩水电站还可改善航运和促进水产、旅游，有力地促进鄂西地区的社会经济发展。

隔河岩水电站于1964年提出规划，1987年1月动工，1993年6月4日第一台机组并网发电，1994年11月26日，4台机组全部安装完毕，投入商业运行。1998年，除通航建筑物外，工程通过国家竣工验收，前后历时10年。

隔河岩水电站工程为Ⅰ等工程，永久建筑物为一级建筑物。工程设计洪水标准为千年一遇（P＝0.1％），校核洪水标准为万年一遇（P＝0.01％）。抗震标准按比坝址区地震基本烈度Ⅵ度高1度设防，即按Ⅶ度设防。主坝坝顶高程206.00m，正常蓄水位200m，设计洪水位203.14m，校核洪水位204.54m，防洪限制水位193.6m，坝轴线全长665.45m。

水电站枢纽工程由拦河大坝（重力拱坝）、右岸引水式电站和左岸升船机等主要建筑物组成，工程枢纽布置如图4－3－14所示，上、下游立视图如图4－3－15所示。

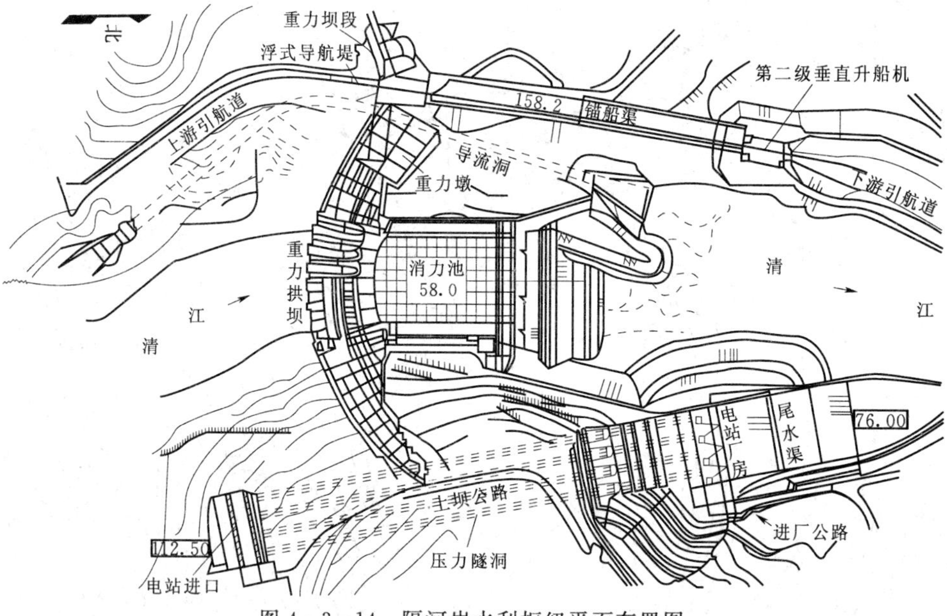

图4－3－14　隔河岩水利枢纽平面布置图

（二）主要水工建筑物

1．挡水建筑物

隔河岩水电站主河床挡水建筑物为混凝土重力拱坝，布置在两岸地形不对称的U形峡谷中。坝址处两岸山顶高程在500.00m左右，河谷120.00m高程以下部位，两岸岸坡陡立；河谷120.00m高程以上部位，右岸岸坡较陡，但左岸岸坡较平缓。

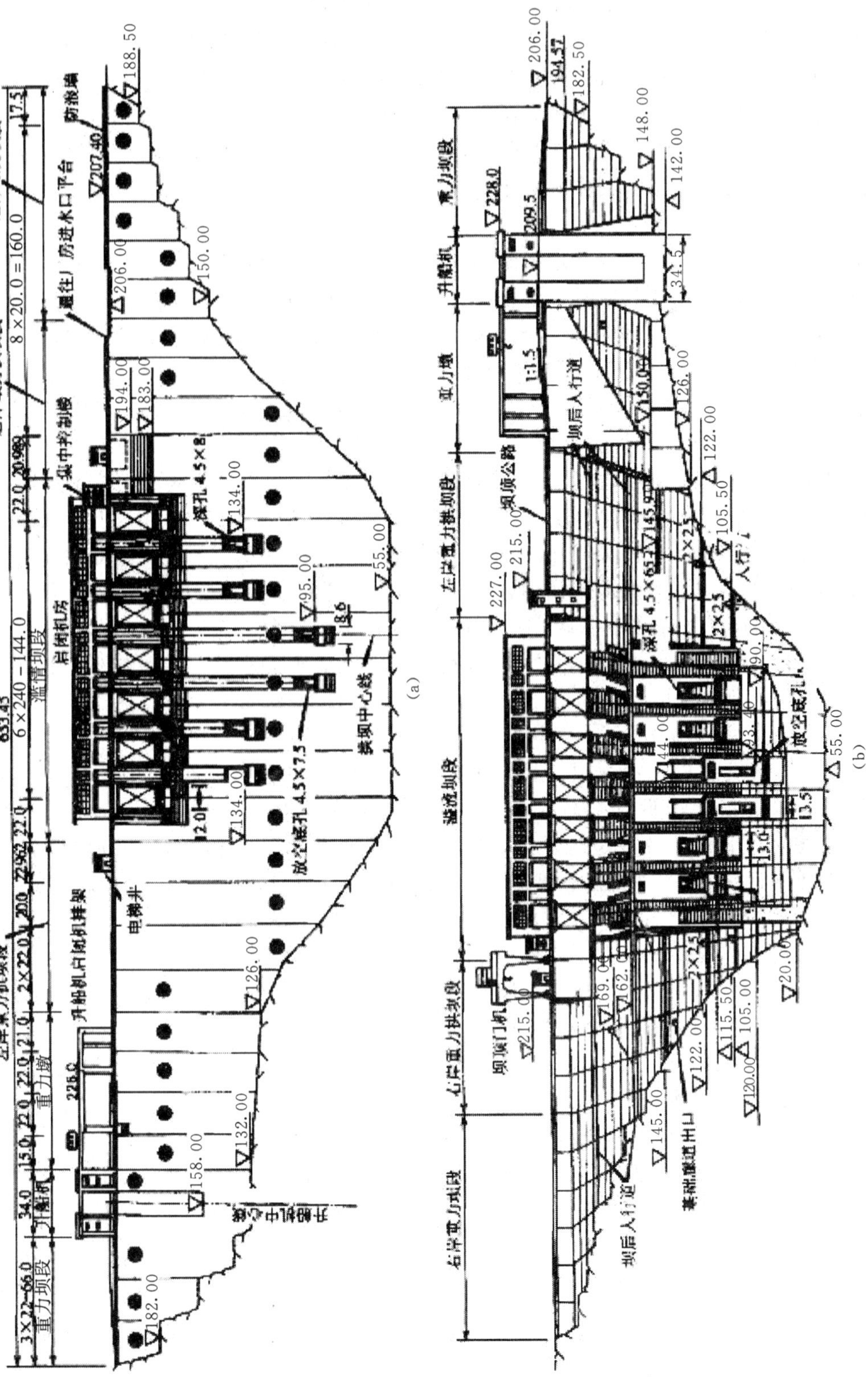

图 4-3-15 隔河岩水电站上、下游立视图(单位:m)

(a)重力坝上游立视图;(b)重力坝下游立视图

隔河岩水电站大坝建基面最低高程55.00m，最大坝高151m，坝底最大宽度80.5m，共分31个坝段，自右至左：1～6号坝段为重力坝，坝块上游铅直，下游坝坡1∶0.7；7～22号坝段为“上重下拱”的重力坝段，其中11～18号坝段为溢流坝段；23～26号坝段为重力坝，高程150.00m以下横缝通过接缝灌浆连成整体，支承拱坝推力，150m以上横缝不灌浆，按重力坝计算，下游坝坡为1∶0.7；27号坝段为垂直升船机坝段，既是枢纽挡水建筑物，又是船舶过坝航槽和升船机的承重结构；28～31号坝段为重力坝，下游坝坡为1∶0.7。

由于左岸高程126.00m以上地形平缓、低矮，为了改善修建拱坝的河谷地形和尽量提高下部拱坝的高度，减小拱坝上部的重力坝高度，在左岸坝肩（建基面高程126.00～138.00m）设置了重力墩。但因重力墩左端为垂直升船机，从稳定和应力条件看，不宜做得过高，只宜承受150m以下拱推力，因此，重力墩150m以下横缝通过接缝灌浆连成整体，承受拱坝推力，150m以上的横缝不灌浆，成为重力坝。重力墩共由4个坝段组成，顺轴向87m，垂直轴向81m。

拱坝体型选择经过多次反复比较，隔河岩的重力坝体型最终选定为“上重下拱”的重力拱坝，其封拱高程左岸为150.00m，河床为180.00m，右岸为160.00m，上游坝面采用铅直圆弧面，外半径为312m。下游坝坡：上部重力坝为1∶0.7，下部重力拱坝为1∶0.5，其间用铅直线联结。拱圈平面内弧采用三心圆，靠近拱冠部位采用定圆心大半径等厚圆拱，拱端部位采用变圆心小半径贴角加厚。顶拱中心角为80°。

隔河岩枢纽所采用的“上重下拱”的特殊坝型，既适应了地形、地质条件，也兼顾了坝肩稳定及安全泄洪等方面的要求，是重力拱坝设计中一项新的探索，综合分析其体形有以下几个特点。

（1）拱坝封拱高程不在坝顶，且封拱高程不在同一高程上，在重力拱坝的上部有一个较重的重力坝，随着封拱高程的不同，重力坝的高度由26m增至56m，下部重力拱坝在立面上形成了一个竖向斜拱，这样，一方面扩大了整体联合受力作用；另一方面又使结构近乎对称，并通过斜拱作用将部分水荷载传递到两岸，这种斜拱式结构较封拱高程全为150.00m的平拱方案，其最大拉应力可减少25%～30%，使坝体拉应力能满足规范要求。

（2）拱坝坝顶中心为80°，比规范规定的90°～110°偏小，拱坝设计较扁平，这主要是为了适应坝身宣泄大流量洪水的要求。隔河岩大坝泄洪流量高达2万m^3/s以上，泄洪时每1m宽度将有17万kW的能量，若顶中心角大，水流向集中程度加大，能量更趋集中，将会给下游的消能带来困难。

（3）隔河岩重力拱坝采用三心圆拱，其拱圈平面在中间采用大半径，两端采用较小半径，类似椭圆拱；而一般三心圆拱则相反，中间采用较小半径，两端采用较大半径，类似抛物线。这主要也是为改善泄洪条件。隔河岩水利枢纽所采用的扁平化拱坝，虽然避免了过大的向心水流作用，但使拱座产生了较大的拉应力，设计上采用近乎椭圆形的三心圆拱，在拱端处用小半径贴角加大断面，既可改善水流的向心问题，又能减小拱座拉应力。

2. 泄水建筑物

隔河岩水电站泄水建筑物集中布置在大坝的河床中部11～18号坝段，总溢流前缘长度 156m。泄洪孔口分 3 层设置，以满足不同泄水运用的要求。

坝顶层设置 7 个表孔，孔口尺寸为 12m×18.2m（宽×高，下同），孔口剖面型式为实用溢流堰，堰顶高程 181.8m。该层孔口为主要泄洪通道，在设计和校核条件下，分别下泄 17060m³/s 和 19950m³/s。各表孔堰顶设一扇弧形工作闸门，由坝顶启闭机室内的液压启闭机操作，并可作不同闸门开度的控制运用。7 个表孔设一扇事故检修闸门，由坝顶门机操作。

中间层为 4 个下弯形压力深孔，供泄洪、冲沙、放空水库以及后期导流使用。深孔进口底槛高程为 134m，孔口断面尺寸由上游坝面处的 6.1m×10.67m 至出口收缩为 4.5m×6.5m。深孔弧形工作闸门设在出口，由闸墩内液压启闭机操作。为便于检修，深孔进口处沿上游坝面设置反钩式平板事故检修闸门，由坝顶门机启闭。

第 3 层为检修放空底孔，平底式压力管道，进口底槛高程 95m，孔口断面尺寸由进口 6.1m×10m 收缩至出口的 4.5m×6.5m。深孔进口设检修平板挡水闸门，由坝顶门机启闭。该闸门在枢纽正常运行时，处于关闭挡水状态。出口设弧形工作闸门，由闸墩内的固定卷扬机启闭。底孔不参与泄洪，只作后期导流和检修放空水库用。

隔河岩采用宽尾墩一附加射流一水垫堂（消力池）联合消能工进行消能。

溢流坝段结构见图 4-3-16。

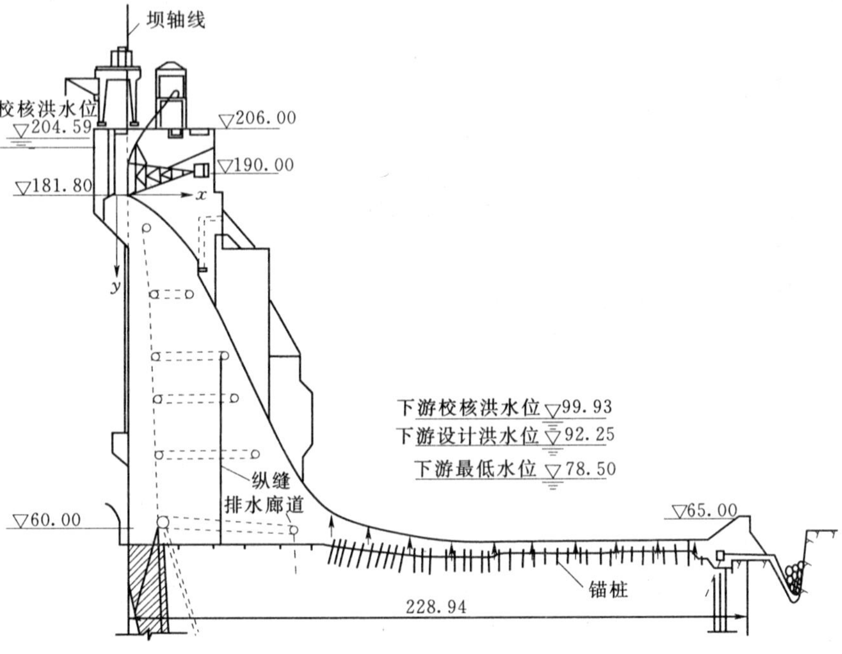

图 4-3-16 隔河岩水电站溢流坝段剖面图（单位：m）

3. 电站建筑物

隔河岩水电站共安装 4 台机组，单机容量 300MW，总容量 1200MW。电站建筑物由进水口、引水隧洞、压力钢管、主副厂房及尾水建筑物等组成。

(1) 进水口。水电站进水口布置在水库右岸凶溪沟谷北坡，为塔式进水口。

引水渠渠底高程 142.50m，渠底宽 70～75m，两侧边坡高程为 175.00m。当水库在死水位运行时，引水渠最大流速1m/s。

进水塔按单机单管引水分为4段，每段长24m，另加安装平台长24m，总长120m。进水塔设开敞式拦污栅、检修门、快速工作门等。进水口底板高程为142.50m，可保证在任何工况下均为有压引水，进水塔顶高程206.00m，较万年一遇校核水位高1.41m。

（2）引水隧洞。电站用一机一洞单管式引水，引水隧洞共4条，每条长444m，直径9.5m，根据调保计算不设调压井。开挖直径11.3m，隧洞中心间距24m，进口中心高程147.25m，出口中心高程134.00m，纵坡2.98%，设计流量325m^3/s，流速4.58m/s。

（3）压力管道。隧洞出口接引水压力钢管，管径8m，采用半埋入式，用钢筋混凝土外包，钢管以1∶1.8坡降至高程74.00m接电站厂房，钢管每根长155m。钢管设上、下伸缩节，上伸缩节可单向移动，下伸缩节可双向位移。压力钢管上、下两端分别设上镇墩和下镇墩。

考虑到钢管防锈及减少温度对钢管影响，采用钢管外包混凝土，此外包混凝土承担部分内水压力。外包混凝土厚度在高程100.00m以上为1m，高程100.00m以下为1.5m。

发电引水系统纵剖面图如图4-3-17所示。

（4）主副厂房布置。电站的主厂房位于峡谷出口的西寺坪。主厂房内装有4台混流式水轮机。厂房总长度为142.0m，其中安装场总长度为44.0m。

水轮机安装高程为74.00m，发电机层高程87.10m，尾水管底板高程为57.70m。

厂房横剖面、发电机层、水轮机层、蜗壳层平面布置图分别见图4-3-18、图4-3-19、图4-3-20、图4-3-21。

（5）尾水渠及挡墙。尾水渠宽98m，沿水流向延伸长166m，与清江河道相接。从尾水管出口底高程59.35m以1∶5反坡至高程74.00m，长74.70m，该段衬以50cm厚钢筋混凝土板，其后接7.1m长水平段，并衬护厚1m的钢筋混凝土，再开挖38.3m长的水平段，并以1∶25反坡至高程76.00m，接清江河道。

4. 升船机

隔河岩水电站垂直升船机位于清江左岸，可通过300t级船舶。通航建筑物由上游引航道、第一级垂直升船机、中间渠道（包括通航渡槽）、第二级垂直升船机及下游引航道等5部分组成。

升船机总提升高度124m，分两级，第一级提升高度42m，第二级提升高度82m。

（1）上游引航道。上游引航道长410m，其中闸前直线段100m，以半径165m、中心角42°的曲线向右转，再以直线段与上游水库衔接。上游引航道底宽45m，底高程158.00m，最小水深2.0m，最高通航水位202m，最低通航水位160m，水位变幅42m。

（2）第一级垂直升船机。第一级垂直升船机采用挡水和升船机承重结构合为一体，上闸首和机室为整体式槽形结构，两者联合受力。总长63.5m，底宽34.0m。

第一级提升主机采用4台500kW同轴刚性连接交流电动机驱动。

（3）中间渠道。升船机中间渠道全长385m，包括两部分：上段为开挖回填渠道段，长185m，上接第一级垂直升船机下闸首，下游端与通航渡槽相连接。下段为通航渡槽段，长200m，其平、纵面布置是根据两级垂直升船机总体布置来确定的。

（4）第二级垂直升船机。第二级垂直升船机乘船厢有效尺寸为长42m，宽10.2m，水深1.7m；升船机机室平面尺寸为47.5m×15.4m。其通航水位恒定为160m，下游

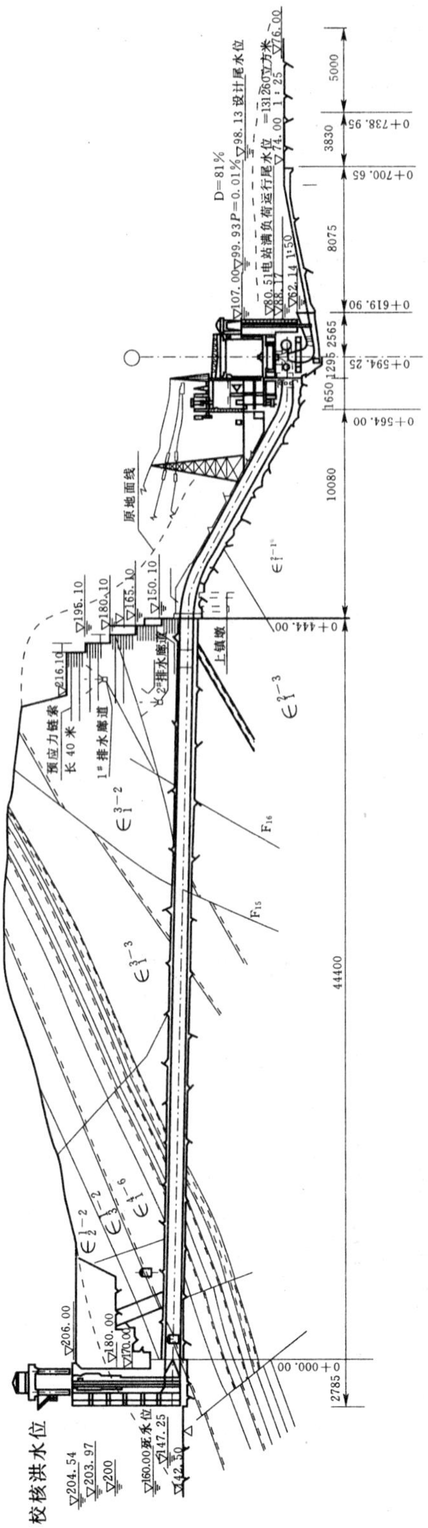

图 4-3-17　发电引水系统纵剖面图

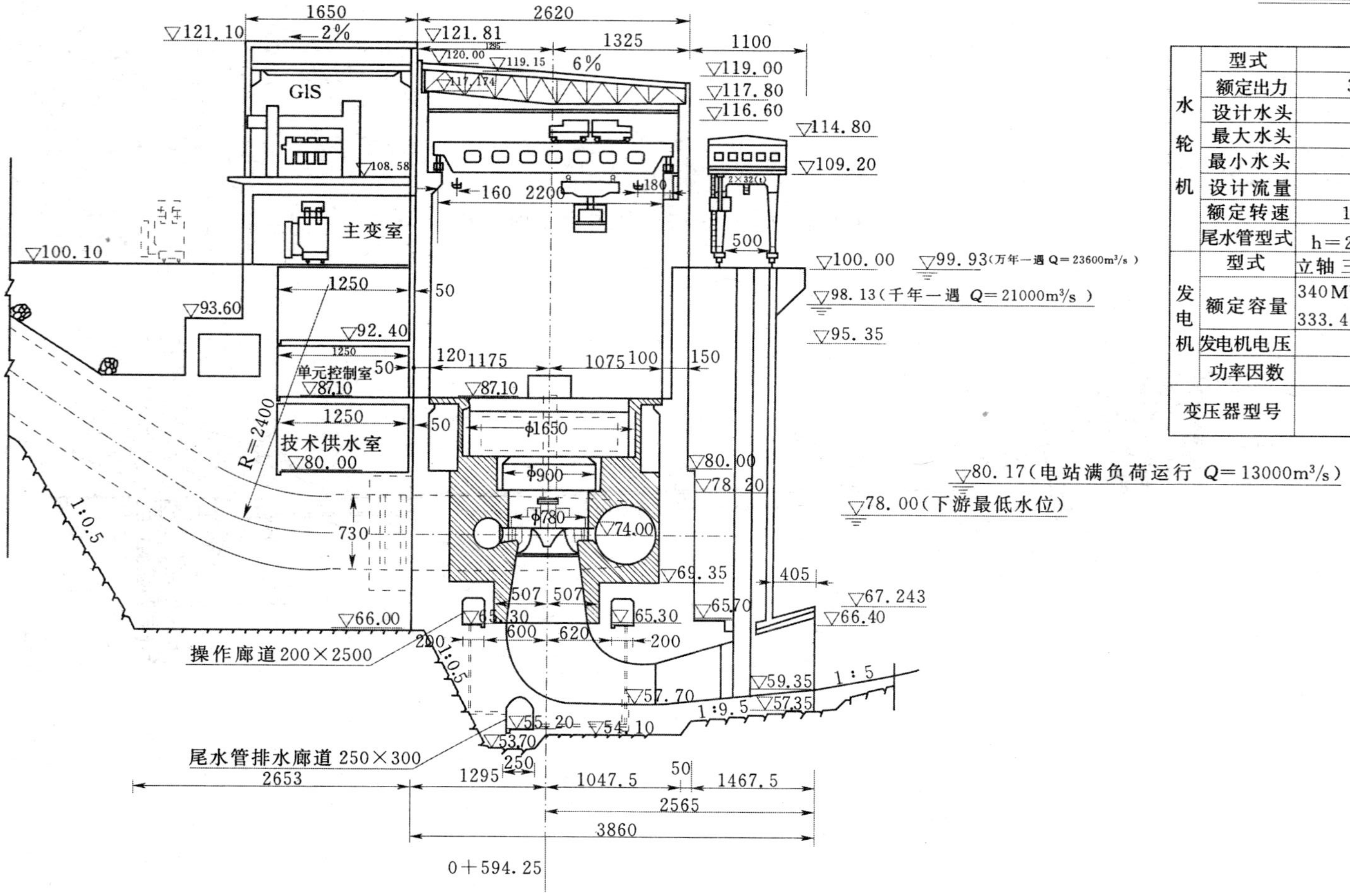

图 4-3-18　厂房横剖面图

机组主要参数

水轮机	型式	混流式
	额定出力	310MW
	设计水头	103.0m
	最大水头	121.5m
	最小水头	80.7m
	设计流量	325m³/s
	额定转速	136.4r/min
	尾水管型式	h=2.7D　L=4.47D
发电机	型式	立轴 三相 同步 普同伞式
	额定容量	340MVA　1号,2号机 333.4MVA　3号,4号机
	发电机电压	18kV
	功率因数	0.9(滞后)
变压器型号		强油风冷 360MVA

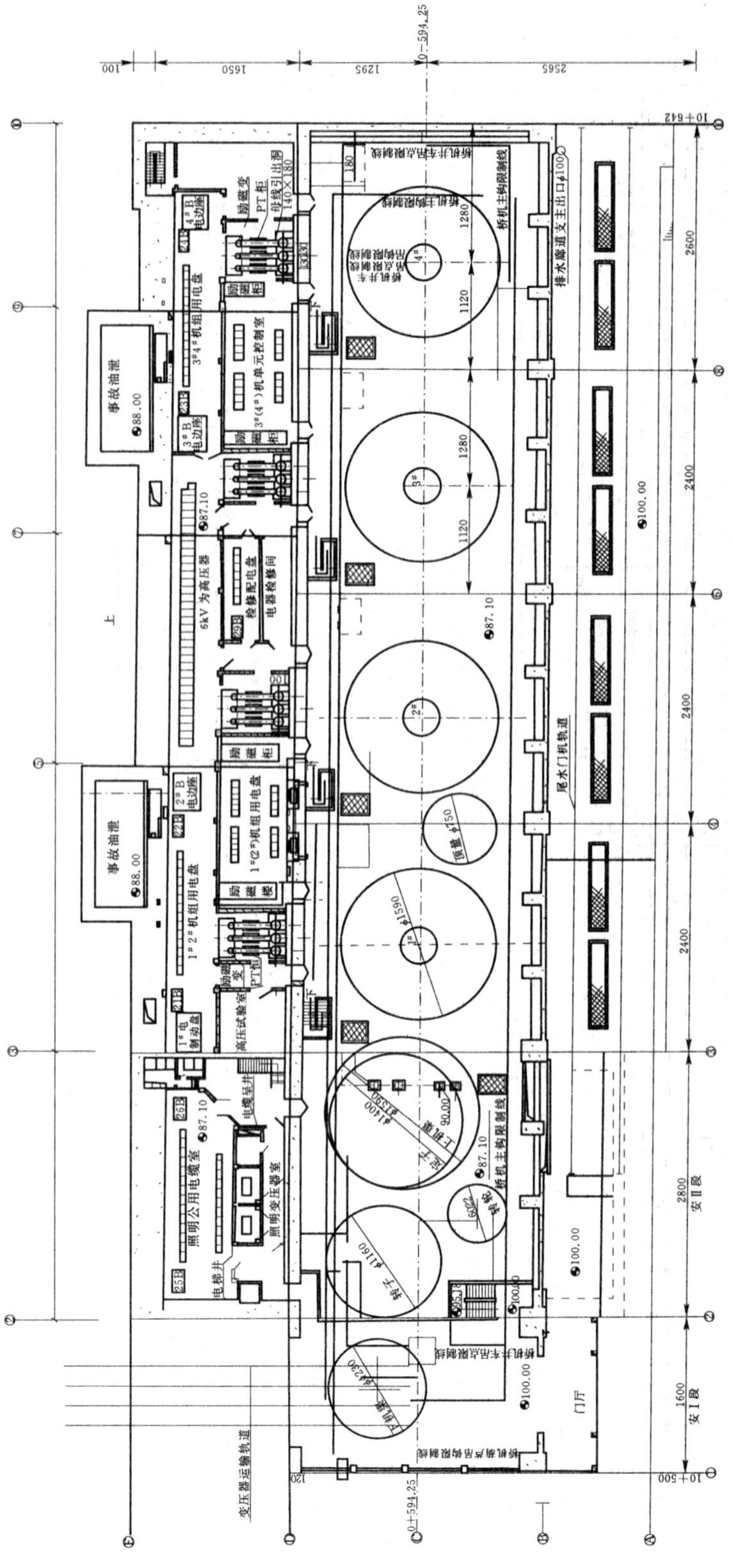

图 4-3-19　厂房发电机层平面布置图

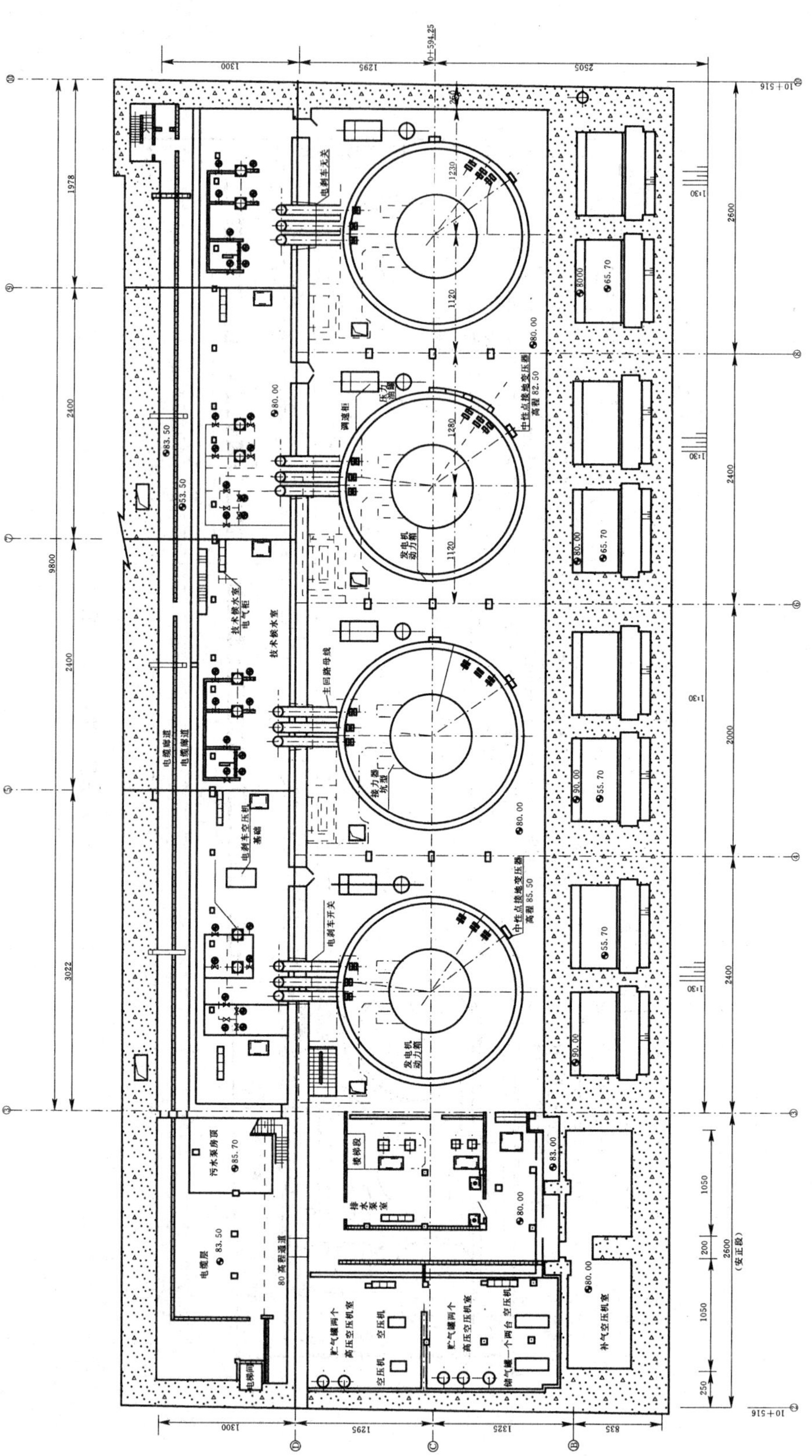

图 4-3-20 厂房水轮机层平面布置图(图中尺寸单位为 cm,高程单位为 m)

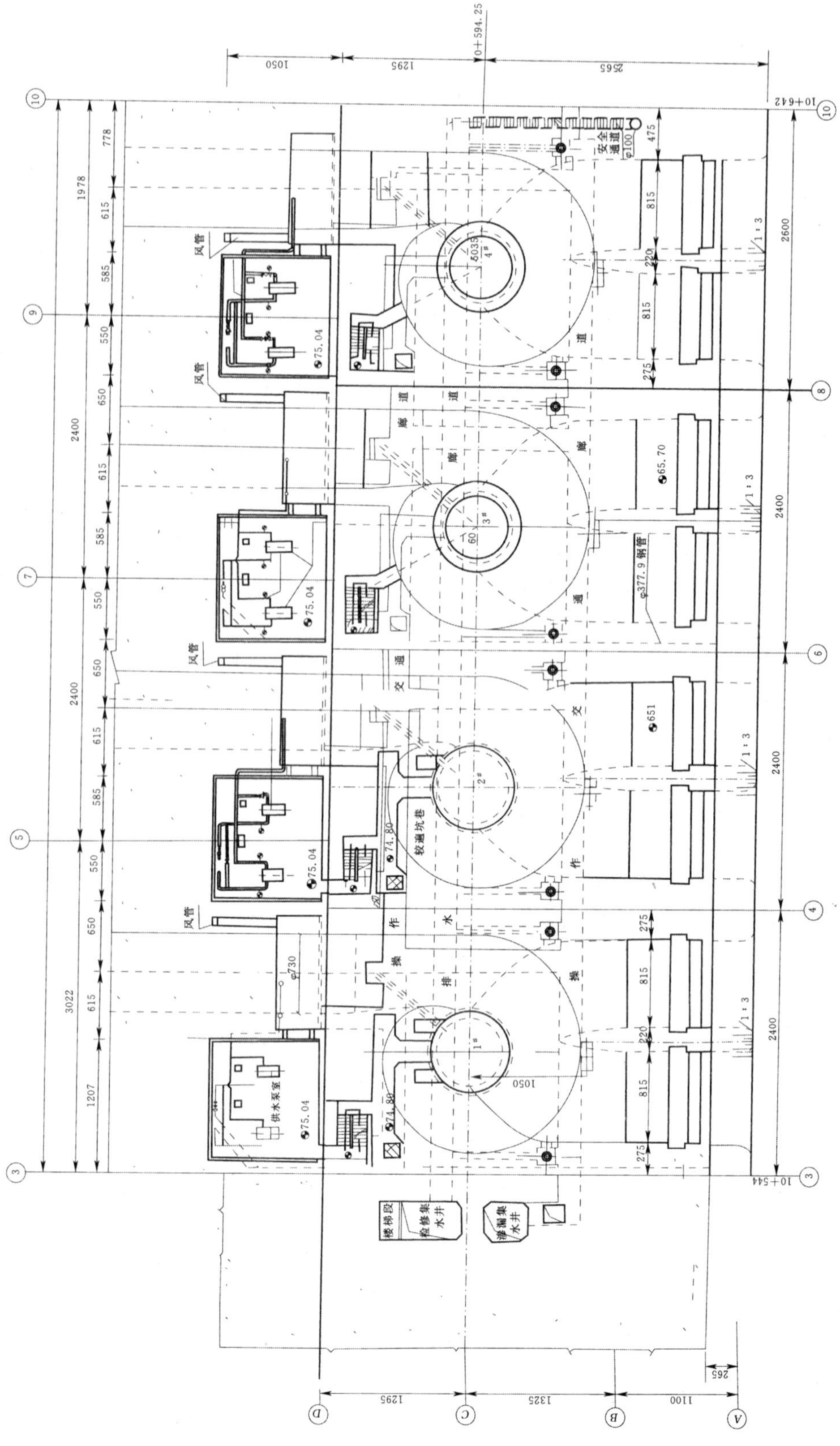

图 4-3-21 厂房蜗壳层平面布置图

为78.0～81.5m。

（5）下游引航道。清江属Ⅴ级航道。下游引航道最小宽度为35.0m，最小水深为船舶吃水深加富余水深。船舶吃水深为1.3m，选定最小水深2.0m。为了减少电站出流对航道水流条件的影响，引航道右侧布置有488.85m的隔流堤，其中70m为混凝土重力式，418.85m为钢筋混凝土板桩式结构。隔流堤的顶高程为81.50m。

（三）施工组织安排

隔河岩水电站工程于1987年1月破土动工，1987年12月工程截流，1993年6月4日第一台机组并网发电，至1994年11月26日，4台机组全部安装完毕。1998年除通航建筑物外，工程通过国家竣工验收，该水电站概算总投资为516953.91万元，决算未计升船机及下游航道整治，完成投资434042.46万元，千瓦造价为4175.46万元，实现了投资省、工程优的建设目标，2000年获得建筑行业最高奖“鲁班奖”。

隔河岩水电站前期准备工作主要包括导截流工程、交通工程及附属工程。导流方案为一次拦断河床，枯水期隧洞导流，汛期围堰和基坑；后期导流枯水期利用永久泄洪建筑物坝体底孔导流，汛期在坝体预留缺口宣泄洪水。为了方便施工，隧洞断面选择圆拱直墙式，利用11个月打通了在石灰岩地层中导流量为3000m^3/s、衬砌断面13m×16m、全长695m的导流隧洞，其中锚喷衬护顶拱洞段总长度为375m，占隧洞总长的55.8%，锚喷层厚度达15cm。围堰施工方案为上游土石围堰及下游面板混凝土过水围堰保护基坑开挖及上游碾压混凝土围堰施工，上游碾压混凝土过水围堰及下游面板过水围堰保护大坝混凝土施工。1987年11月10日完成了下游围堰左岸龙口封堵，同年12月15日上游围堰截流成功，实现了工程当年准备、当年开工、当年截流，工期缩短一年。交通工程根据地形特点及施工需要，工区内布置了主干道西一路、西二路、右岸上坝公路、采石场公路、左岸上坝公路，用索道桥沟通左右岸形成大循环，用下游围堰构成小循环。施工期间大坝左右岸坝肩上游形成上坝公路。隔河岩施工期间对附属工程进行了统一规划、统一部署、统一调度，使得各系统协调运转，满足工程进度需要。

隔河岩水电站土石方开挖包括大坝（含消力池）、电站厂房（含进水口、引水隧洞、高边坡、压力钢管槽、厂房以及尾水渠）、通航建筑等三大建筑物的基础开挖及副坝回填，设计工程量为515万m^3，其中覆盖层开挖170万m^3，岩石开挖345万m^3。其中大坝基础开挖分三期间断进行，对陡于1∶1边坡均采用预裂和光面爆破技术，4号坝段上块保留岩体等局部使用了特殊控制爆破技术，其他部位按钻爆施工一般规定进行梯段爆破。隔河岩大坝坝基岩体透水性差异大，基础处理项目包括大坝基础防渗帷幕灌浆、基础排水孔、固结灌浆、洞室回填灌浆、大坝两岸拱座深层处理、消力池锚桩、勘探平洞回填及导流洞永久堵头。于1989年5月开始至1996年1月，历时6年8个月。共计钻孔约433397m，固结灌浆140945m，回填灌浆48933m^2，帷幕灌浆184550m，排水孔42462m，锚桩16508m。帷幕灌浆过程中主要采用“小口径钻孔、孔口封闭、自上而下孔内循环”的方法，对大断层及强岩溶地段的处理方法一般按先封闭后回填、再高压使其密实的原则进行施工，施工过程中创造了地下工程高压帷幕灌浆年产10万m的记录。

主体混凝土工程包括大坝、引水建筑物及电站厂房、通航建筑物三大部分，枢纽各建筑物混凝土工程量为360.0万m^3，施工历时7年。大坝有多层泄水通道，结构及受力条件复杂，环境温度变化大；引水建筑物及电站厂房施工点多面广、工期要求紧；通航建筑物岩水流长度大、垂直高度高；这些给工程施工及进度管理带来了极大困难。大坝混凝土施工 80m 高程下为天然骨料，100m 高程混凝土系统与门机配合浇筑；80m 高程以上为人工骨料，180m 混凝土拌和系统与高低缆机配合浇筑。大坝混凝土施工从 1989 年 12 月 13 日第一仓浇筑到第一台机组发电，历时 54 个月，其中 12 个月坝体过水停止施工，实际工期为 42 个月。电站建筑物混凝土施工引入了诸多施工新技术加快施工进度，如引水隧洞混凝土施工研制出针梁钢模台车，实现了后张法预应力钢筋混凝土施工一次成洞，浇筑厚度仅 0.9m。通航建筑物属缓建项目，采用 206m 以下部分施工上中块靠高缆，下块依靠下游 165m 高程安装一台高架丰满门机，206m 以上大部分靠混凝土泵车施工，解决了施工机械布置难的问题。

隔河岩水电站 4 台混流式水轮发电机组中 1 号、2 号由加拿大负责，3 号、4 号由哈尔滨电机厂负责。4 台机组发电电压设备、升压变电设备以及全套计算机监控系统均从加拿大引进。首台机组发电时，要求计算机监测系统必须投入运行。整个水轮机、发电机、电气设备安装虽然标准严、难度大、时间紧，经认真研究施工方案均按设计要求达标投产。金属结构安装工程量总量约 2.4 万 t，由于隔河岩水电站采用分期蓄水发电方案，金属结构安装必须与发电目标一致、与土建工作基本同步，通过解决压力钢管制造机安装技术、底孔弧形闸门安装、进水塔拦污栅一期安装、底孔检修门安装、升船机叠梁门安装等难点问题，如期完成了安装任务。

四、水布垭水电站工程

（一）枢纽概况

水布垭水电站工程位于湖北省巴东县境内，上距恩施市 117km。坝址区地质为砂页岩夹煤层以及灰岩层夹软弱夹层，岩性总体呈上硬下软分布，软弱夹层主要为含炭泥质较重的生物碎屑灰岩、灰质泥岩及页岩、炭质页岩，并受到不同程度的层间剪切破坏，风化较强，性状较差，裂隙较为发育，大小断层 233 条。河谷形态在高程 400m 以下呈阶梯状高陡谷坡，属 U 形谷，其中在高程 350m 以下两岸地形陡峻，基本对称；350～400m 高程则左陡右缓，两岸不对称，谷底宽度 100～110m。

水布垭水电站下距隔河岩水电站工程 92km，是清江水电梯级开发的龙头枢纽工程，具有以发电、防洪为主，兼顾航运及下游其他水利枢纽工程等综合效益的大型水电工程。水布垭水电站装机 160 万 kW，多年平均发电量 39.2 亿 kW·h。水布垭水电站的投产，还可显著增加清江下游已建隔河岩和高坝洲两座电站的调峰调频能力，清江流域的水布垭、隔河岩、高坝洲 3 座电站可承担华中电网 15%左右的调峰任务，成为华中电网清洁可靠的调峰调频电源基地。水布垭水电站水库是长江中下游防洪体系的重要组成部分，水布垭水库预留的 5 亿 m^3 防洪库容，与隔河岩水库已预留的 5 亿 m^3 防洪库容联合调度运行，可有效减轻荆江河段的防洪压力，提高长江中下游地区的防洪标准。

水布垭水电站大坝为混凝土面板堆石坝，枢纽工程为Ⅰ等工程，永久建筑物为一级建筑物。工程设计洪水标准为千年一遇（P＝0.1%），校核洪水标准为万年一遇（P＝0.01%）。坝址区地壳稳定，区内无孕震和地震构造，工程按基本烈度Ⅵ度设防。正常蓄水位 400m，设计洪水位 402.1m，校核洪水位 404m，防洪限制水位 391.8m。

水布垭枢纽由左岸开敞式溢洪道、混凝土面板堆石坝、右岸地下厂房等主要建筑物组成。枢纽布置如图 4－3－22 所示。

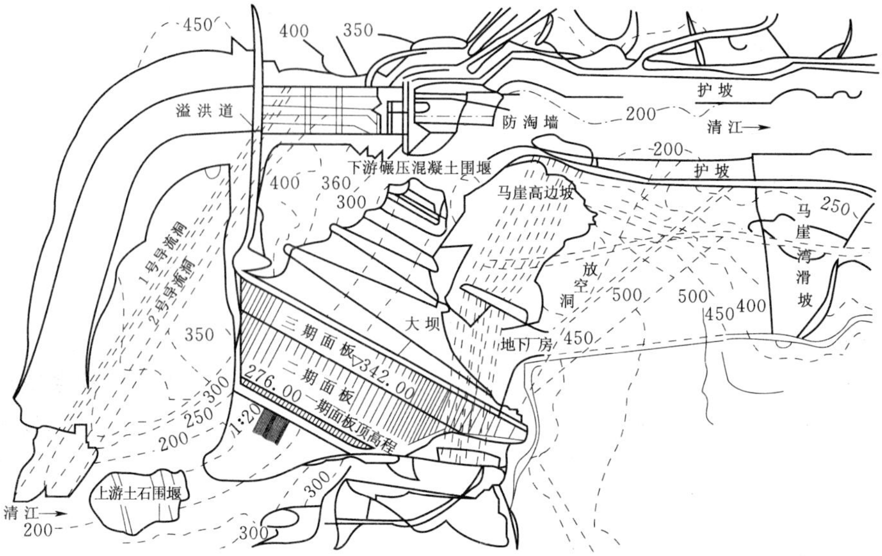

图 4－3－22　水布垭水利枢纽平面布置图

水布垭水电站工程于 2000 年正式动工，2007 年首台机组发电，2009 年全面竣工。

（二）主要水工建筑物

1. 混凝土面板堆石坝

（1）大坝剖面。水布垭混凝土面板堆石坝最大坝高 233m，是目前世界上最高的面板堆石坝。坝顶高程 409.00m，坝轴线长 660m，坝顶宽度 12m。坝顶设钢筋混凝土防浪墙，墙顶高程 410.20m，墙高 5.2m。大坝上游坝坡 1∶1.4，下游坝面设置“之”字形马道，马道宽 4.5m；下游综合坝坡 1∶1.4。坝体典型断面如图 4－3－23 所示。

（2）坝体分区与填筑材料。根据坝体各部位工作及受力条件、填料来源及其特性，坝体填料分为以下几个主要填筑区（见图 4－3－23）：ⅠA（黏土铺盖层）、ⅠB（盖重区）、ⅡA（垫层区）、ⅢA（过渡区）、ⅢB（主堆石区）、ⅢC（次堆石区）和ⅢD（下游堆石区），总体积 1564 万 m^3。

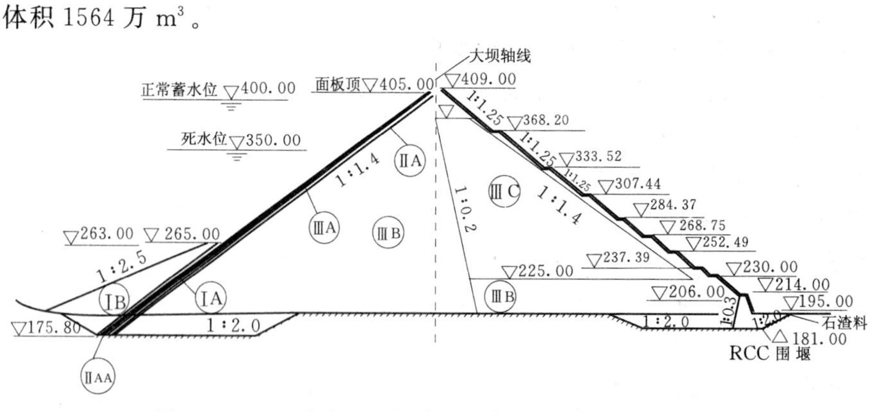

图 4－3－23　水布垭面板堆石坝典型剖面及材料分区图

(3) 趾板。采用平趾板形式布置，趾板线由面板底面与趾板下游面的交线控制。趾板基础坐落在弱卸荷带上，局部坐落在经过处理后的强卸荷带上。趾板按不同高程设计分为4类，趾板尺寸见表4-3-3。趾板线总长1100m，不设永久缝，只设施工缝；趾板与防渗板之间设沉降缝，缝内设铜片止水；在高程348.00m以下，下游增设厚50cm防渗板。

表4-3-3　　　　趾板尺寸表

<table>
<tr><th>趾板类型</th><th>高程（m）</th><th>标准板宽（m）</th><th>厚度（m）</th><th colspan="2">防渗板宽（m）</th><th>最大水力梯度</th></tr>
<tr><td>A</td><td>235.00以下</td><td>8.0</td><td>1.2</td><td colspan="2">12.0</td><td>11.20</td></tr>
<tr><td rowspan="3">B</td><td rowspan="3">235.00～285.00</td><td rowspan="3">8.0</td><td rowspan="3">1.0</td><td rowspan="2">右岸</td><td>9.0 (235.00～273.35)</td><td>9.71</td></tr>
<tr><td>6.0 (273.35～285.00)</td><td>9.05</td></tr>
<tr><td colspan="2">左岸 8.0</td><td>10.31</td></tr>
<tr><td rowspan="3">C</td><td rowspan="3">285.00～348.00</td><td rowspan="3">8.0</td><td rowspan="3">0.8</td><td rowspan="2">右岸</td><td>6.0 (285.00～298.71)</td><td>8.21</td></tr>
<tr><td>4.0 (298.71～348.00)</td><td>8.44</td></tr>
<tr><td colspan="2">左岸 4.0</td><td>9.58</td></tr>
<tr><td>D</td><td>348.00以上</td><td>6.0</td><td>0.6</td><td colspan="2"></td><td>8.67</td></tr>
</table>

(4) 面板。面板顶部厚0.3m，河床底部厚1.1m，中间按直线变化，用公式表示为：$t=0.3+0.0035H$，式中t为面板的厚度，H为计算截面与高程405m间的垂直距离。

面板面积13.8万m^2，最大斜长392m，共分为55个条块。面板垂直缝的间距在左岸坝肩面板受拉区和右岸庙包滑移体区为8m，其他部位间距为16m。左岸设张性缝11条，右岸设张性缝26条。两岸垂直缝在距周边缝法线方向1.0m内，垂直于周边缝布置。面板分块如图4-3-24所示。面板分三期浇筑，设2条水平施工缝，第一期面板顶部高程276m，第二期面板顶部高程342m，第三期到顶。浇筑后期面板混凝土之前，施工缝的缝面应经凿毛处理，清理干净，缝面用水湿润，铺一薄层高强度砂浆，面板钢筋穿过缝面。在高程346.00m以上，面板混凝土抗压强度采用R_{90}300号，高程346m以下为R_{90}350号。混凝土抗渗等级W12，抗冻等级F250，极限拉伸不小于1×10^{-4}，坍落度4～7cm，掺高效多功能复合外加剂和Ⅰ级优质粉煤灰。

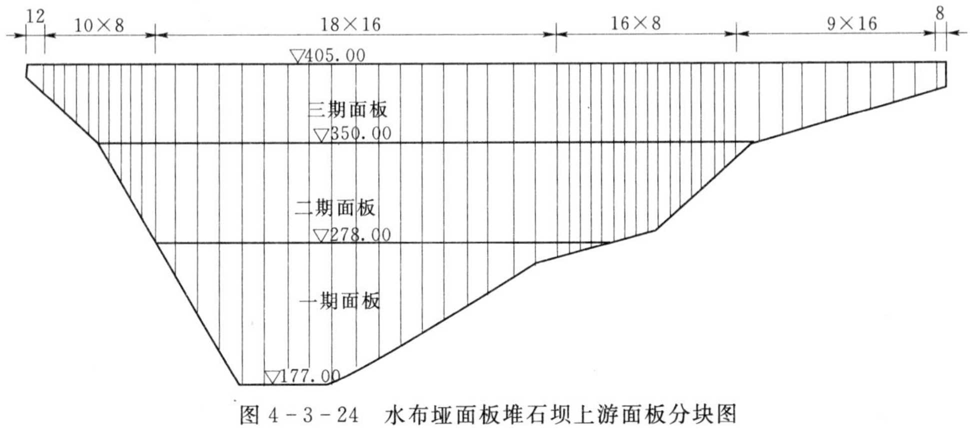

图4-3-24　水布垭面板堆石坝上游面板分块图

（5）接缝止水。周边缝在高程 350.00m 以下采用 3 道止水，底部和中部为铜片止水，顶部止水缝口设橡胶棒（ϕ=70mm），橡胶棒上设橡胶波形止水带，两者之间的空隙填柔性材料，波形止水带上铺设柔性材料，表面用加筋橡胶带密封。高程 350.00m 以上，取消中部止水，只设顶、底两道止水。周边缝的表部铺设无黏性细料作为自愈材料。

面板垂直缝的止水结构设计均按张性缝处理，所有垂直缝止水结构相同，底部设紫铜片止水，顶部设柔性填料止水。在高程 350.00m 以下，距离周边缝 5.0m 范围，为了周边缝中部止水的封闭性，垂直缝相应布置了中部止水。

2. 溢洪道

（1）引水渠。引水渠底高程 350.00m，底宽 90.0m，轴线长 890.32m。引水渠横断面为复式，两侧边坡坡比为：覆盖层 1∶1.5，上部龙潭组页岩为 1∶1.0。每 15m 高设一级宽 3.0m 的马道。下部茅口组灰岩为直立式，每 15m 高设一级宽 4.5m 的马道。

（2）控制段。控制段由 6 个溢流坝段和 4 个非溢流坝段组成，坝轴线全长 163.0m，坝顶高程 407.00m。溢流坝段设 5 个孔口尺寸为 14.0m×21.8m 的表孔，堰顶高程 378.2m。每个表孔均设有平板检修闸门槽和弧形工作门各一道，平板检修门由坝顶门机操作，弧形工作门由设在闸墩下游侧的液压启闭机操作。溢流坝段从上游至下游分别布置有：防浪墙、人行道、坝顶公路、门机轨道、电缆廊道、启闭机房等。为满足溢流坝段（3～8 号）坝基 131 号剪切带深层抗滑稳定要求，每个坝段坝基下均设两个 3.0m×3.5m 的阻滑桩，阻滑桩桩深 26m。

（3）泄槽段。泄槽段轴线呈直线，泄槽底板纵坡由一坡度 $i=0.1584$ 的斜坡段，上接溢流坝的反弧段，下接 $y=0.1584x+0.0046x^2$ 的抛物线段，再接 1∶1.2 的陡坡段组成。泄槽总宽度 92m，由纵向隔墙将泄槽分为 5 个区，即 5 个表孔各成一区，总泄洪宽度 80m，隔墙宽 3m。挑流鼻坎采用阶梯式窄缝挑坎，鼻坎长度即收缩段长度 30m，收缩比为 0.25～0.20。反弧段半径 $R=35.0$m，挑角 $-10°$。泄槽设 3 道跌坎式掺气槽。

（4）下游防冲段。下游防冲段采用防淘墙加混凝土护岸的结构型式。防淘墙墙底最低高程 160.00m，顶高程 200.00m，最大墙高 40m，高程 200.00m 以上为混凝土护坡。防淘墙采用钢筋混凝土结构，墙厚 3m，混凝土标号采用 R_{90}300 号，二级配，在墙体正面和背面均布有纵横向钢筋。为确保墙体自身的稳定，墙后在高程 178.00m、186.00m、196.00m 设置三排预应力锚索，锚索间距为 3.0m，平均长度 40m，单索设计吨位 2000kN。为了确保 3 个滑坡体、马崖高陡边坡、坝脚以及消能区下游岸坡水舌冲击范围的岸坡不因洪水冲刷及泄洪雾化降雨冲刷而失稳，对受泄洪影响的滑坡及边坡进行整治和保护。

3. 放空洞

放空洞布置在右岸地下电站的右侧，主要作用有水库放空，中、后期导流和施工期向下游供水等。由引水渠、有压洞（含喇叭口）、事故检修闸门井、工作闸门室、无压洞、交通洞、通气洞及出口段（含挑流鼻坎）等组成。有压洞长 530.24m，洞径 11.0m，有压洞底板为平底，底高程 250.00m。工作闸门室长 25.86m，洞室开挖宽度为 22.3～26.16m，闸室内设一扇孔口尺寸为 6.0m×7.0m 的偏心铰式弧形工作门。无压洞段长 532.63m，底板坡度为 $i=0.2\sim0.042$，洞室净空尺寸为 7.2m×12.0m，为城门洞形。出口无压洞段破碎带支护示意图如图 4-3-25 所示。

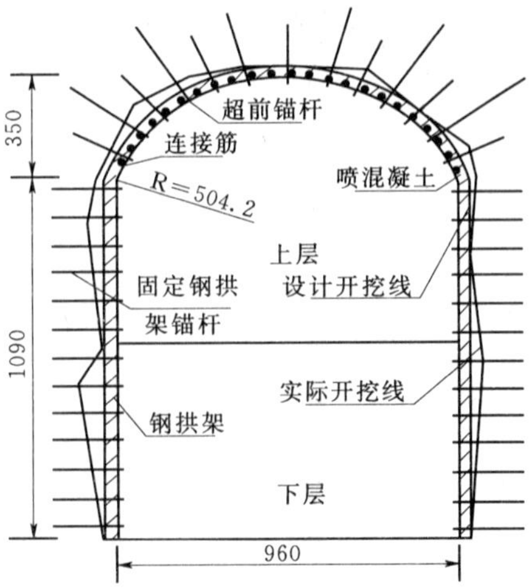

图 4-3-25 出口无压隧洞段破碎带支护示意图（单位：cm）

4. 电站厂房

右岸地下电站为引水式。电站建筑物包括：引水渠、进水口、引水隧洞、主厂房、安装场、母线洞、尾水洞、尾水平台、尾水渠、500kV 变电所、交通洞、通风洞和厂外排水洞等。引水隧洞采用一机一洞，平均洞长 387.9m，圆形断面内径为 8.5～6.9m；地下厂房尺寸为 165.5m×21.5m×51.47m（长×宽×高），安装高程 189.00m；尾水洞亦采用一机一洞，平均洞长 313.18m，圆形断面内径为 11.5m。

厂房横剖面图、发电机层平面布置图分别如图 4-3-26、图 4-3-27 所示。

电站及水轮发电机组参数表

分类	项目	单位	指标
电站参数	最大水头	m	203.0
	最小水头	m	147.0
	额定水头	m	170.0
	发最大功率水头	m	185
	加权平均水头	m	186.6
	机组额定功率	MW	400
	机组最大功率	MW	460
	机组台数	台	4
水轮机			
	额定转速	r/min	150
	额定功率	MW	405.7
	额定流量	m^3/s	260
	吸出高度	m	−9.9
发电机			
	额定转速	r/min	150
	最大容量	MVA	511.1
	额定电压	kV	20
	功率因数		0.90

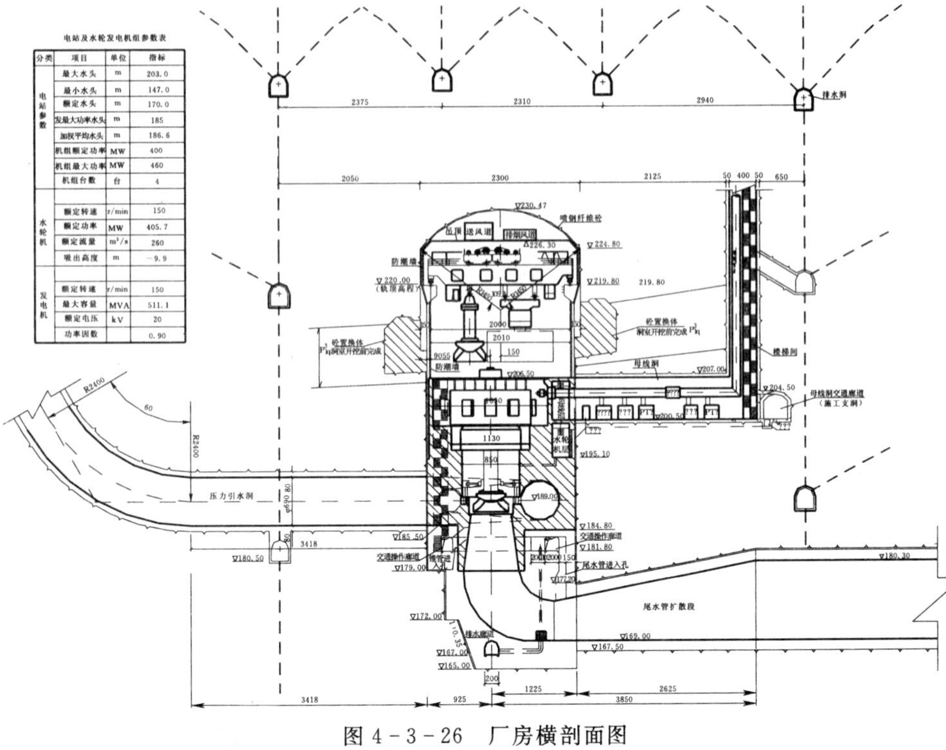

图 4-3-26 厂房横剖面图

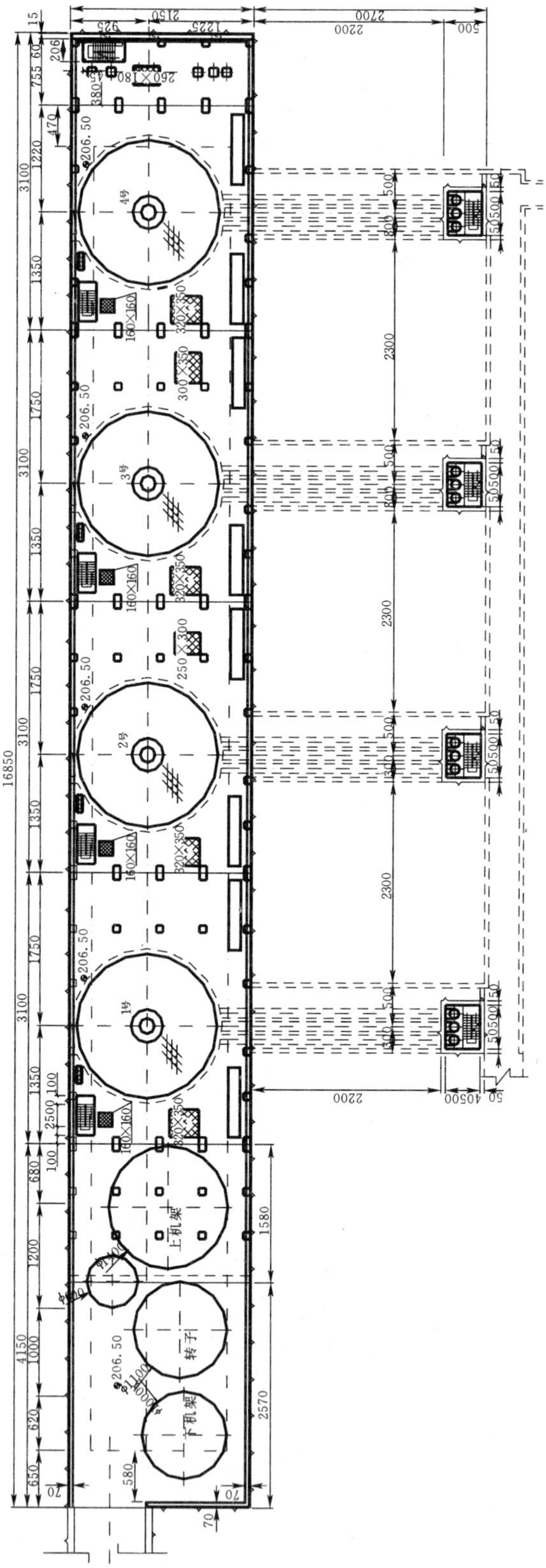

图 4-3-27 厂房发电机层平面布置图

（三）施工组织安排

水布垭工程不仅地质条件复杂，而且是当今世界最高的面板堆石坝，地下厂房除顶拱以外，边墙大部分置于软岩岩层中，施工期洞室围岩稳定性极差，因而面临的技术难题很多。大坝提前一年完成填筑专题报告等，并进行了爆破试验、碾压试验、强夯试验等现场生产性试验，分阶段、多层次地解决了施工中的难题，积累了丰富的实践经验和成套的科研试验成果。

1. 工期安排

施工总工期为 9 年半，发电工期为 7 年半，施工准备期 3 年，主体工程施工期 4 年半，工程完建期 2 年。筹建期不计入总工期。2000 年以前为筹建期，2000～2002 年为施工准备期。2003～2007 年为主体工程施工期，2007 年 7 月至 2009 年 6 月底为工程完建期，2010 年竣工。2002 年 10 月 26 日，水布垭水电站在充分准备下完成各项施工形象进度，成功实施截流。2003 年 2 月开始坝体填筑，工程建设过程中质量、进度和投资均得到有效控制，2006 年 10 月大坝填筑基本完成并下闸蓄水，2007 年 7 月首台机组发电，2008 年 9 月 4 台机组全部移交电厂正常运行。截至 2008 年底，大坝已经历正常蓄水位考验，坝体最大沉降 2473mm，面板最大挠度 573mm，坝后量水堰观测到的最大流量为 40L/s。监测资料综合分析表明，大坝各项性态指标均在设计控制范围内，大坝工作状态安全、良好。

2. 主要工程量

土石方开挖 2516.5 万 m^3，混凝土 158.1 万 m^3，钢筋 6.42 万 t，固结灌浆 26.2 万 m，帷幕灌浆 39.2 万 m^2，金属结构制作与安装 10760t。

3. 施工导流

根据水布垭工程坝址水文地质条件，并结合枢纽布置和混凝土面板堆石坝施工特点，确定采用围堰一次拦断河床、隧洞过流、枯水期围堰挡水、汛期淹没基坑的方式。两条导流隧洞布置于左岸；面板坝上、下游均设置土石过水围堰，其中下游土石过水围堰与坝体相结合；放空洞布置于大坝右岸。施工导流分为初期导流、中期导流和后期导流 3 个阶段。初期导流时间为 2002 年 10 月，河床截流至 2004 年 5 月，枯水期由围堰挡水、导流隧洞过流，汛期由导流隧洞与坝体联合过流，坝体过流高程为 208.00m。中期导流时间从 2004 年 5 月至 2006 年 11 月，大坝临时断面上升到拦洪度汛高程 288.00m，放空洞具备过流条件，由坝体临时断面挡水，导流隧洞及放空洞联合泄流。后期导流时间从 2006 年 11 月至 2009 年 6 月，导流隧洞下闸封堵，枯水期由放空洞泄流，汛期利用未完成的溢洪道与放空洞联合泄流。

4. 坝体分期填筑

大坝上游坝坡 1∶1.4，下游平均坝坡 1∶1.4。坝体填筑总量（包括上游铺盖）共 1563.74 万 m^3。坝体填筑料分为近坝址区料场料和坝区水工建筑物开挖弃料。料场料选定茅口组灰岩，料场布置在坝址河床左右两岸，左岸有邹家沟料场、公山包料场，右岸有桥沟料场。坝体填筑施工根据大坝填筑施工强度、道路布置、面板施工以及工期与度汛要求，分 6 期进行填筑施工。通过研发并应用多维动态高强度土石方调配系统，开展系统的大型综合试验，科学确定施工参数，合理配置施工新机具，引入、改进并完善挤压边墙施工技术，保证了坝体填筑质量和工期。

5. 水布垭工程趾板施工

趾板是混凝土面板堆石坝的重要组成部分，工程趾板总长为1100m，在高程348.00m以下增设防渗板，趾板和防渗板分三期施工。采用预留宽槽、跳块浇注的方法进行趾板施工，并在宽槽中浇注R_{28}250号低热微膨胀混凝土。

6. 面板混凝土施工

混凝土面板总面积13.84万m^2，总方量8.14万m^3。面板共有55条块，分16m宽和8m宽两种，最大坡长392.16m。面板厚度从上至下逐渐变厚，顶厚30cm，底部最大厚度110cm。面板分三期浇筑，一期浇筑高程为177.00～278.00m。一期面板面积为3.15万m^2，混凝土方量为2.8万m^3，钢筋制安2870t，共有19块，其中16m宽18块，8m宽1块，单块最长173.77m。面板总体平面布置见图4-3-28。

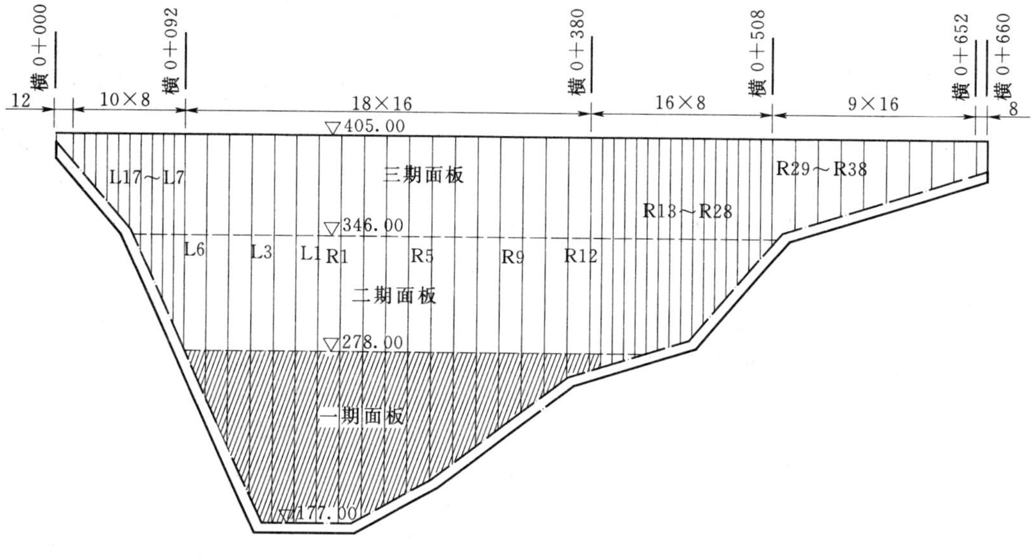

图4-3-28　水布垭大坝面板总体平面布置图

一期混凝土面板是在坝体填筑到高程288.00m后开始施工，其施工平台布置在288m高程，平台宽40m，长300m。拌和系统以左岸大岩淌HZS90强制拌和机为主，三友坪3ZJ3－1.5自落式拌和楼为辅。混凝土运输以8t自卸汽车为主，6m^3搅拌汽车为辅。从拌和楼经左岸上坝公路运至坝面各面板块受料斗再由溜槽入仓。新拌制混凝土从拌和楼运至仓面约需5～10min。一期混凝土面板采用2套滑模施工，浇筑时间安排在2005年1月6日至2005年3月27日，历时3个月，平均月浇筑强度9300m^3，最大月浇筑强度13886m^3。施工准备从2004年10月中旬开始，主要进行施工场地的布置和坡面整修、预制沥青砂浆块、垂直缝垫层施工、周边缝铜止水修整等工作，于11月底结束。

钢筋绑扎在坡面乳化沥青喷涂完毕后进行，按仓位施工计划安排同时开展3个面施工作业，单个作业面每天绑扎钢筋至少18t，以满足两套滑模同时浇筑。

混凝土面板采用无轨滑模跳仓浇筑，滑模结构尺寸为17.66m×1.5m，由底部钢面板

(δ=8mm)、上部型钢桁架（$[_{25}$和I_{25}）及抹面平台3部分组成，总重量6.74t。滑模前部设振捣平台，宽约1.0m；后部设二级抹面平台，细部结构见图4-3-29。滑升速度为1.0～1.8m/h，首先从L1块开始依次向两边跳仓浇筑，当Ⅰ序块浇筑10天后，再进行Ⅱ序块的浇筑。

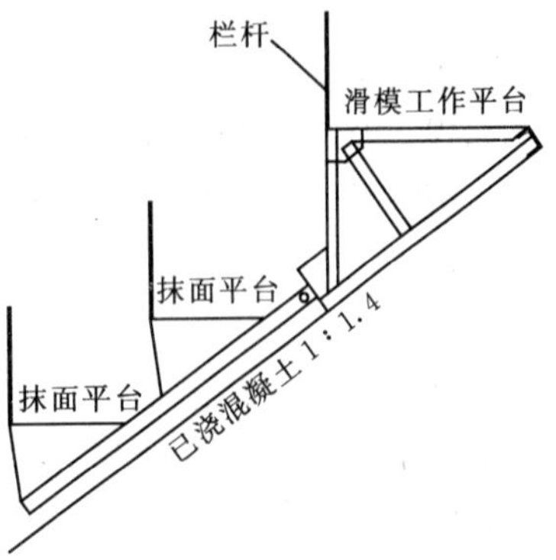

图4-3-29 混凝土面板滑模结构示意图

五、高坝洲水利枢纽工程

（一）枢纽概况

高坝洲水利枢纽是长江一级支流清江干流最下游一个梯级，位于湖北省枝城市境内，上距隔河岩水电站50km，下距清江与长江汇合口12km。它是隔河岩水电站的反调节电站，具有发电、航运、养殖、旅游等综合效益。

高坝洲水电站地处鄂西山地与江汉平原的过渡地带，属低山丘陵区。库岸稳定性较好。库坝区处于区域构造相对稳定地段，地震基本烈度为Ⅵ度。水库不存在向邻谷渗漏和河间地段渗漏问题，封闭条件较好。高坝洲坝址位于长阳复背斜东端南翼，该段为一单斜构造，岩层走向280°～290°，倾南西，倾角30°～35°。坝址处河谷开阔，两岸边坡左缓右陡，为不对称河谷。高坝洲坝基岩体左段为古岩溶角砾岩，方解石胶结，属块状岩体，无裂隙切割，整体性好，但胶结物中有大小不一的次生晶洞；河床中段为寒武系上峰尖组中厚层白云岩夹极薄层泥质白云岩，软弱夹层较多，层间剪切带发育；右段为寒武系黑石沟组第一段灰色厚层白云岩、灰岩夹极薄层泥质白云岩；右岸坝肩外地段断裂构造发育。工程地质情况清楚，具备修建本水电站的地质条件。

流量（1%）17240m^3/s，校核洪水流量（0.1%）24070m^3/s。水库正常蓄水位80m，相应库容4.3亿m^3。水库回水长度50km，淹没范围涉及2个县（市）、6个乡（镇）。总计淹没耕地15633亩，需安置移民15174人。电站属大（2）型，高坝洲水电站枢纽由重力坝、电站厂房和通航建筑物组成。建筑物布置自左至右依次为左岸非溢流坝、电站厂房、泄洪深孔、纵向围堰坝段、泄洪表孔、通航建筑物和右岸非溢流坝。

（二）主要水工建筑物

1. 挡水建筑物

大坝为混凝土重力坝，最大坝高57m，坝顶高程83.00m，上游面垂直，下游坝坡为1∶0.75，坝顶全长439.5m。

2. 泄水建筑物

深孔泄流坝在电站厂房右侧，有3个泄洪底孔，孔口尺寸9m×9.808m，底板高程45m，采用戽式消力池消能。3扇弧形工作闸门由2×1250kN固定卷扬机启闭，一扇平板检修闸门由2×1600kN/300kNⅠ型坝顶（双向）门机启闭。表孔泄流坝在纵向围堰坝段右侧，有6个泄洪孔口，孔宽14m，堰顶高程62.00m。6扇表孔弧形工作闸门采用2×2000kN液压启闭机启闭，1扇平板检修闸门由2×1600kN/300kNⅠ型坝顶（双向）门机启闭，消能方式为宽尾墩加戽式消力池消能。

3. 电站建筑物

左岸布置河床式电站厂房，安装 3 台单机容量 8.4 万 kW 的轴流转桨式机组，总装机 25.2 万 kW，年发电量 8.98 亿 kW·h。主厂房全长 124m，发电机层宽度 19m，副厂房布置在主厂房下游，共 4 层。每台机组的进水口和尾水管出口，分别布置了拦污栅、检修闸门、工作闸门和尾水检修闸门。进水口的 6 扇工作闸门和 2 扇检修闸门均利用 2×1600kN/300kNⅡ型坝顶（双向）门机启闭，15 扇拦污栅利用该坝顶门机（上游）回转吊启吊。尾水检修闸门采用 2×500kN 尾水（单向）门机启闭。3 台 100MVA 主变压器布置在尾水平台上。220kV 开敞式开关站布置在左岸下游侧，地面高程 74.00m。厂房横剖面图、发电机层平面布置图分别如图 4-3-30、图4-3-31 所示。

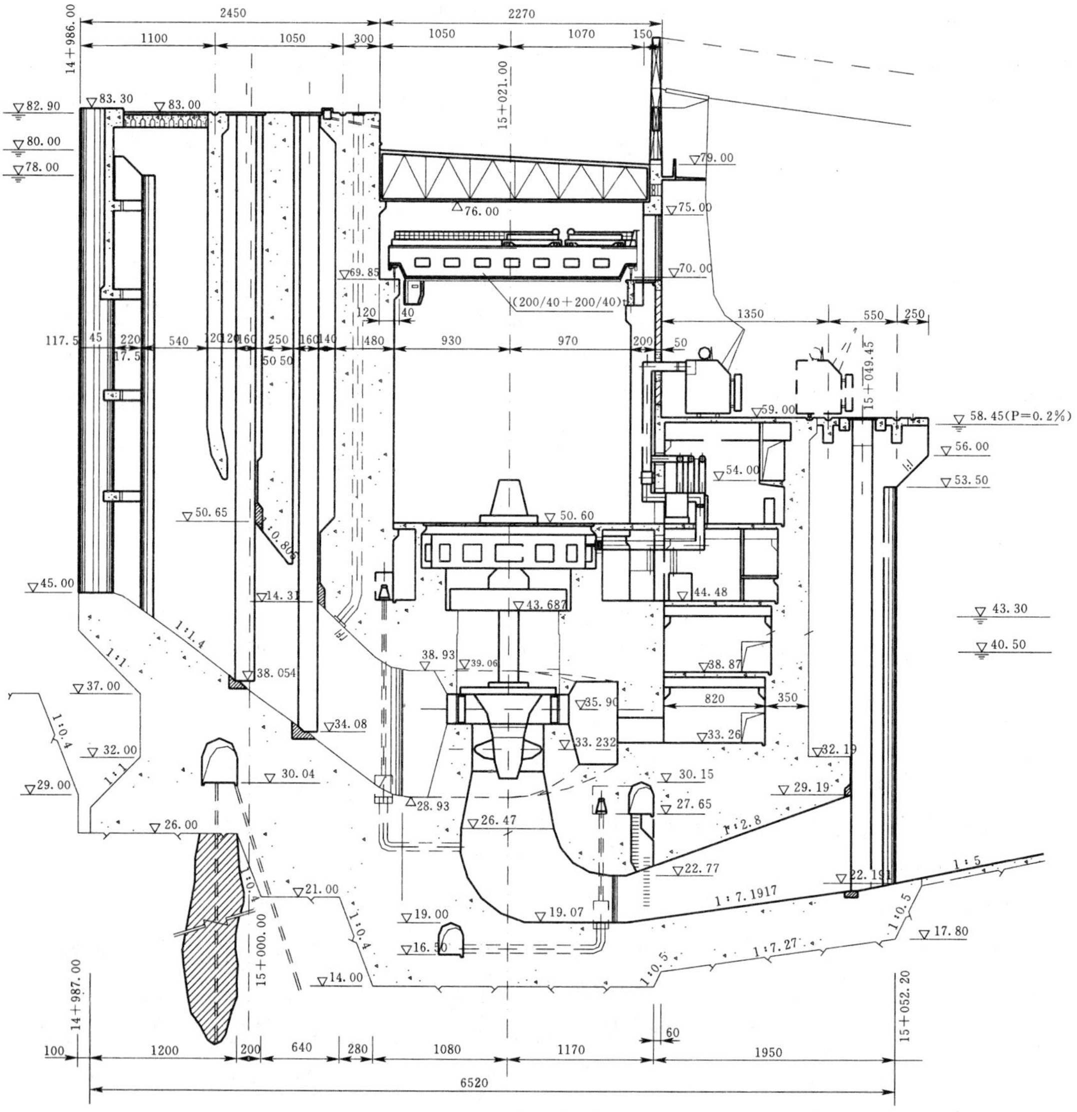

图 4-3-30　厂房横剖面图

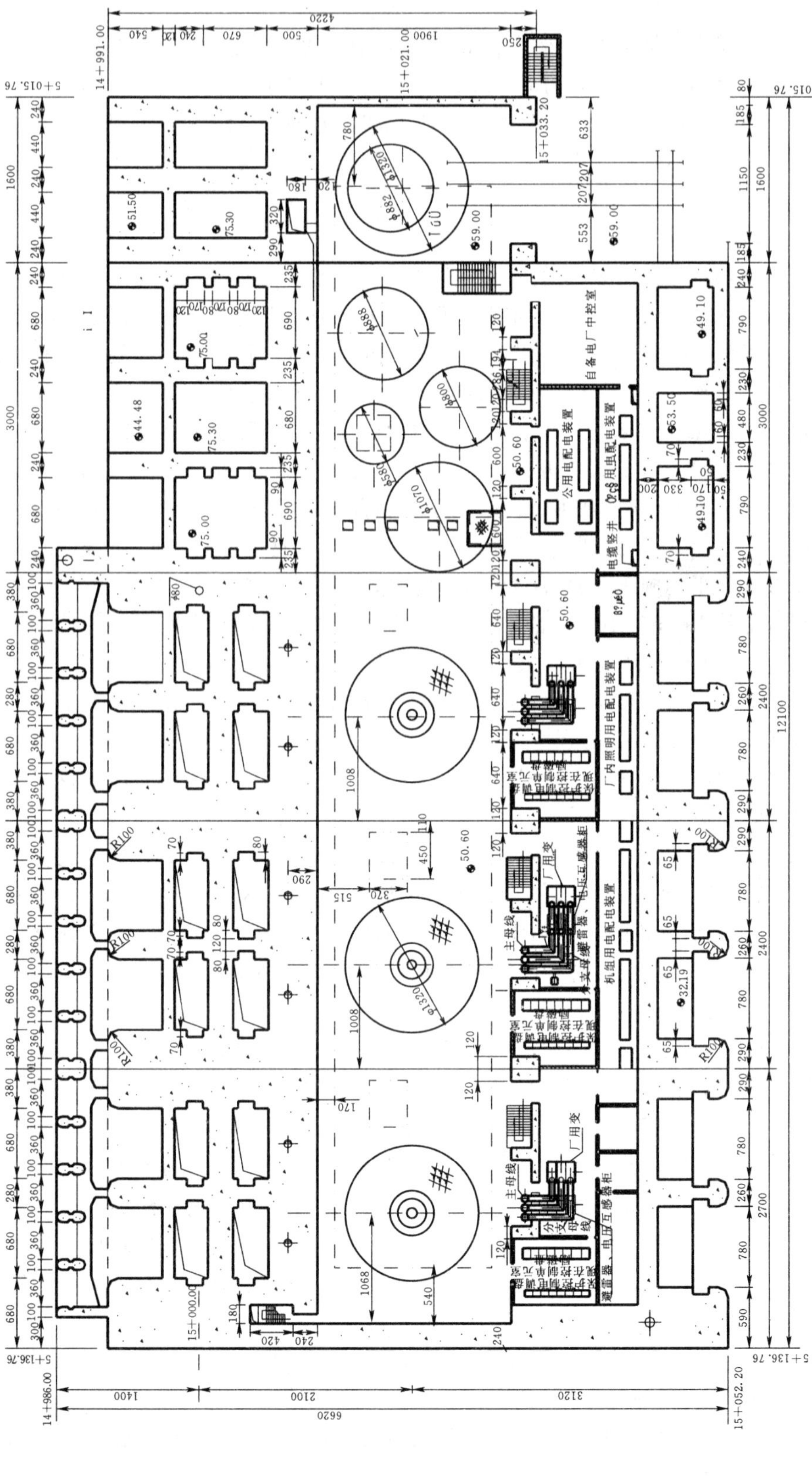

图 4-3-31　发电机层平面图

4. 升船机

高坝洲水电站枢纽通航设施布置在右岸，为平衡重力式一级垂直升船机，通航吨级300t，提升高度40m。采用湿运方式，承船厢有效尺寸42m×10.2m×1.7m。升船机采用分离式布置，大坝挡水，机室置于坝后，两者间用通航渡槽连接。通航设施路线总长1253.3m，包括上游引航道及锚墩、上闸首、升船机承重结构、下闸首及下游引航道。单向过坝一次历时22min，逆向过坝历时33.74min，设计年通航能力173.3万t。

（三）施工组织安排

高坝洲水电站枢纽施工采用分期导流方式，一期先围左河床，右河床明渠导流，在高围堰保护下基坑内可全年施工；二期围右河床，第一个枯水期利用围堰挡水和一期工程兴建的泄洪深孔泄流，保护基坑内施工，汛期基坑过水，汛后利用碾压混凝土坝和下游碾压混凝土围堰挡水，深孔泄洪，保护基坑内施工，并采用坝体临时挡水发电。工程对外交通有318国道公路、焦枝铁路、长江水运，电站大件设备和主要建筑材料运输方便。

设计主体工程量为：土石方开挖227万m^3，填筑100万m^3，混凝土浇筑95万m^3，金属结构安装1.2万t，帷幕灌浆12.72万m，固结灌浆1.25万m。工程耗用材料：钢筋2万t、钢材1.9万t、水泥22万t、粉煤灰5.9万t、木材2.5万m^3。工程所需劳动力总工日为564万个，平均施工人数2250人，高峰施工人数5500人。

高坝洲水电站1996年10月一期工程已截流，主体工程左右坝肩水上开挖、开关站场平、左岸高程83.00m和高程37.20m两条灌浆平洞开挖已提前完成。1998年10月二期工程截流，1999年10月首台机组发电，2000年3台机组全部投产，2001年竣工。

六、丹江口水利枢纽工程

丹江口水利枢纽位于湖北省均县境内的汉江干流上，是开发汉江的最大枢纽工程，具有防洪、发电、灌溉、航运、养殖等综合效益。丹江口水库总库容208.9亿m^3，通过水库拦洪，并结合其他分洪措施，控制新城的下泄流量，确保汉江中下游地区的安全。电站装机容量90万kW，保证出力24.7万kW，年平均发电量38.3亿kW·h。由7回110kV及5回220kV高压输电线路，分别向湖北、河南两省供电。1985年前后灌溉年引水量约15亿m^3，灌溉河南、湖北两省360万亩农田；坝址上、下游约有850km的航道得到改善；养殖事业也得到相应的发展。

丹江口工程原来按正常高水位170m，坝顶高程175.00m设计，总库容330亿m^3。1963年考虑分期开发，按高坝设计，先按正常高水位155m，坝顶高程162.00m施工，后来正常高水位提高至157m，相应库容174.5亿m^3。设计死水位138m，相应库容68亿m^3。有效调节库容为106.5亿m^3，相当于坝址多年平均年水量379亿m^3的28%，为年调节水库。设计洪水位159.8m，校核洪水位161.3m，总库容208.9亿m^3。在正常高水位以上有防洪库容34.4亿m^3。

丹江口坝址位于汉江上游峡谷河段的出口，下游即进入丘陵和平原地区。坝基除主连接坝段局部为付片岩外，都为强度高的变质岩浆岩。断裂构造极为发育，有较大断裂带多与坝轴线斜交，贯穿坝基上下游，工程地质条件复杂。

河床部分为混凝土宽缝重力坝，连接段为重力坝，两岸为土石坝。混凝土坝段长1141m，最大坝高97m。两端土石坝总长1353m，最大坝高56m。

泄洪建筑物有深孔泄洪闸和堰顶溢洪道两部分。深孔段长144m，位于河床右侧，设

12 个深孔，底坎高程 113.00m，孔口宽 5m、高 6m，用弧型门控制，正常高水位时泄洪能力 9200m^3/s。溢流段位于中间，长 240m，在导墙右侧 96m 及左侧 144m，设 20 孔，堰顶高程 138.00m，孔口宽 8.5m、高 22.5m，装有平板闸门，正常高水位时泄洪能力 28200m^3/s，校核洪水位时可泄 4 万 m^3/s。溢洪道下用鼻坎挑流消能。

发电厂房位于河床左侧。进水口底坎高程 115.00m，经 6 根直径 7.5m 的压力钢管引水。厂房内安装 6 台各 15 万 kW 水轮发电机组，保证出力 24.7 万 kW，平均年发电量 38.3 亿 kW·h。用 110kV 和 220kV 高压输电线送电，向河南各送 2 回，向湖北分别送 5 回和 4 回。

由库区引水灌溉的渠首，在坝址上游 30km 支流丹江上，河南陶岔能引水 500m^3/s，湖北清泉能引水 100m^3/s。保证灌溉引水的库水位为 146.5m，比设计死水位高出 8.5m，当库水位降低时灌溉引水有困难。过坝通航设施位于右岸，上段用垂直升船机，下段用斜面升船机。垂直升船机最大提升高度 50m，设计载重能力 150t。中间渠道长 410m。斜面升船机轨道长 395m，坡度 1∶7。连同上下游导墙过坝设施总行程 1166m。设计年过坝运输量 83 万 t。

本工程由长江流域规划办公室设计，集团公司水电十二局施工。工程土石方开挖量 432 万 m^3，土石填筑量 541 万 m^3，混凝土量 320 万 m^3，总投资 10.02 亿元。工程于 1959 年 9 月开工，因基建计划调整，1962 年停工，1964 年复工，1968 年 10 月第一台机组发电，1974 年 2 月竣工。

该工程自运行以来，在防洪、发电、灌溉等各方面都起了很大作用。但要满足各方面发展的要求，现有库容很不够用。按原计划加高大坝，可增加库容提高防洪能力，增加调蓄能力和抬高死水位，保证河南和湖北引水灌溉，增加发电能力满足电力需要。加高大坝的工程量不大，但要再迁移 20 余万人有困难。当前考虑不加高大坝，只扩大装机，可增加 60 万～90 万 kW，对系统调峰很有用。为担负更大峰荷，下泄流量变化很大，需在下游王甫洲建反调节水库，以维持下游的航运。

丹江口水利枢纽左、右视图见图 4-3-32、图 4-3-33，丹江口水利枢纽平面布置见图 4-3-34，厂房坝段横剖面见图 4-3-35，水电站厂房横剖面见图 4-3-36。

图 4-3-32　丹江口水利枢纽左下视图

图 4-3-33 丹江口水利枢纽右下视图

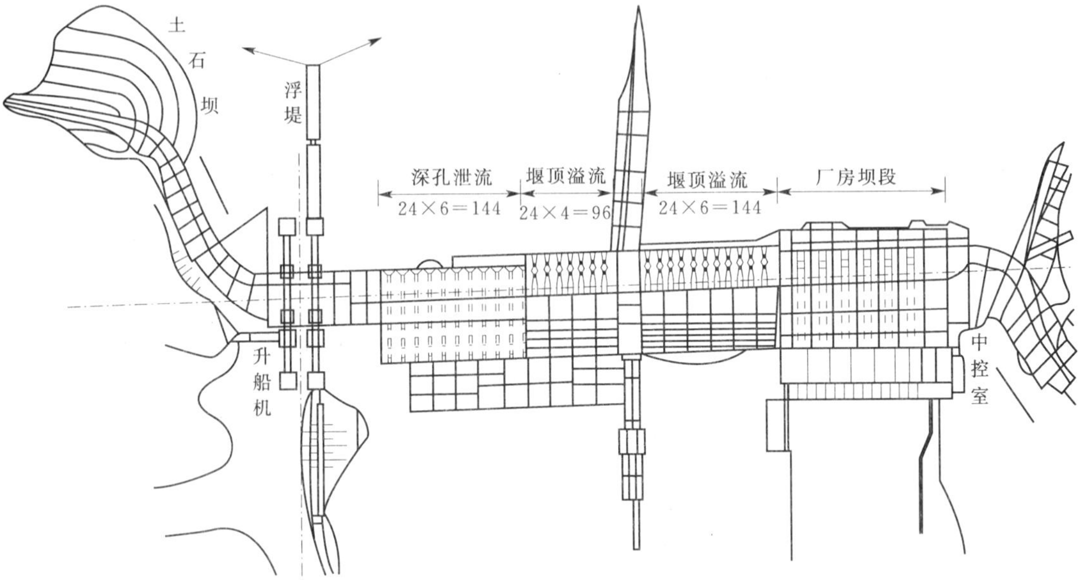

图 4-3-34　丹江口水利枢纽布置图

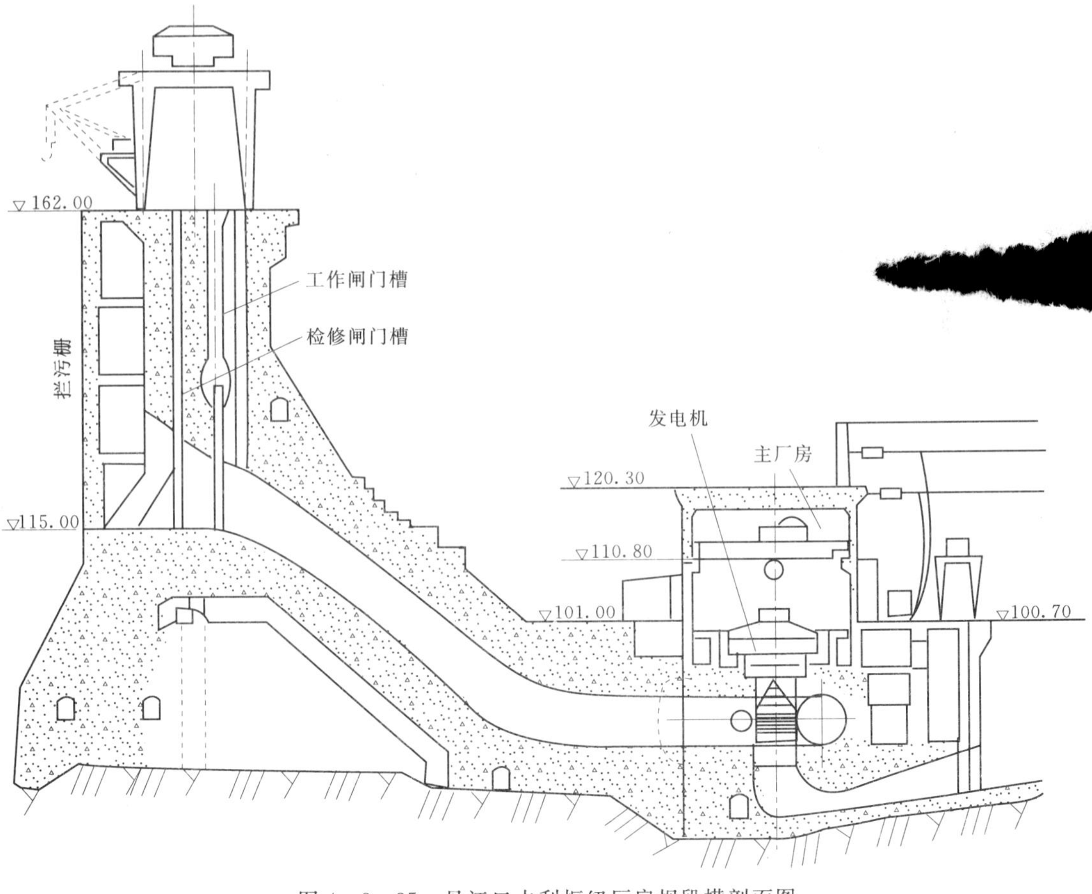

图 4-3-35　丹江口水利枢纽厂房坝段横剖面图

主要设备技术指标表

项目		单位		指标
水轮机	型号			HL702－LJ－550
	工作轮直径	m		5.5
	转速	r/min		100
	总重	t		586.7
发电机	型号			TS1280/180－60
	功率	kV/A		176,500
	转子起吊重	t		490
	总重	t		1150
主变压器	型号		1	4台SSPL－180000/220
			2	1台SSPS0－360000/220
			3	1台SSP－180000/110
	总重(一台)	t	1	159.2
			2	235.5
			3	180.5
	尺寸(长×宽×高)	m	1	8.03×3.03×7.15
			2	9.5×8.89×6.75
			3	8.4×6.9×7.3
	运输重	t	1	108
			2	178
			3	129

注：水轮机和发电机的指标为国产设备的数值。

电站主要指标表

名称	单位	初期规模	后期规模
设计蓄水位	m	155.0	170.0
设计低水位	m	138.0	150.0
最低发电水位	m	129.0	
最高尾水位	m	101.95	101.5
最低尾水位	m		88.5
最大引水流量	m^3/s	1650	1650
最小引水流量		200	200
最大水头	m	64.3	78.6
最小水头	m	45.4	57.0
加权平均水头	m	56.3	70.1
设计水头	m		63.5
机组起动水头	m	37.0	

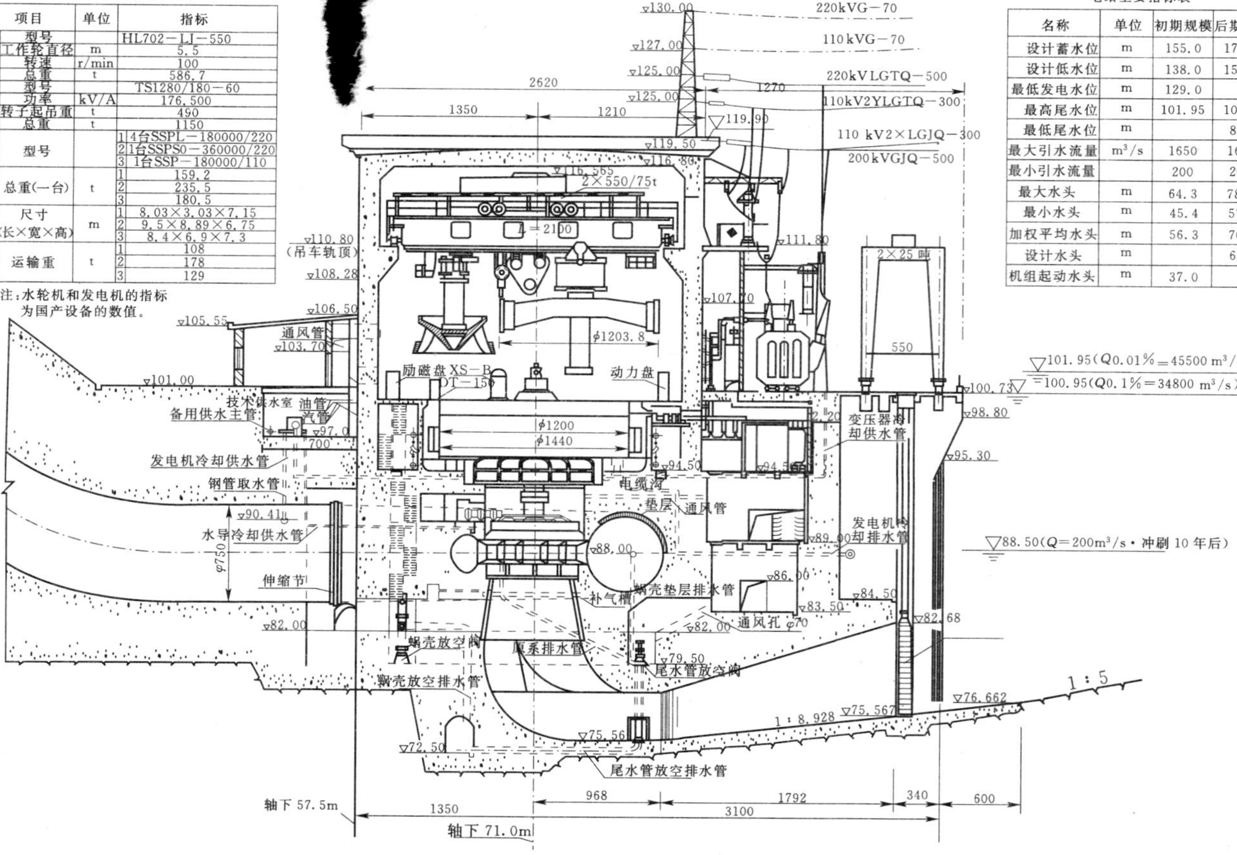

图4－3－36 丹江口水电站厂房横剖面图

参 考 文 献

[1] 陈兴华，等．脆性材料结构模型试验［M］．北京：水利电力出版社，1984.

[2] 国家建筑工程质量监督检验中心．混凝土无损检测技术［M］．北京：中国建材工业出版社，1996.

[3] 超声回弹综合法检测混凝土强度技术规程（CECS 02：2005）．北京：中国建筑工业出版社，2005.

[4] 超声法检测混凝土缺陷技术规程（CECS 21：2000）．北京：中国建筑工业出版社，2000.

[5] 武汉大学水利水电学院水工教研室．水工建筑物课程设计指导书（第三版）［R］．2008.

[6] 武汉大学水利水电学院水工教研室．水工建筑物毕业设计指导书（第三版）［R］．2008.

[7] 湖北省水力发电工程学会．湖北水电 50 年［M］．武汉：长江出版社，2006.

[8] 长江水利委员会．三峡工程大坝及电站厂房研究［M］．武汉：湖北科学技术出版社，1997.

[9] 董士镛，唐日长．葛洲坝工程丛书（工程概况）［M］．北京：水利电力出版社，1990.

[10] 余建中．隔河岩水电站建设史［M］．北京：中国水利水电出版社，2003.

[11] 张治滨，季奎，等．水电站建筑物设计参考资料［M］．北京：中国水利水电出版社，1996.

[12] 刘启钊．水电站［M］．3 版．北京：中国水利水电出版社，1997.

[13] 武汉大学水利水电学院水电站教研室．水电站课程教学文件［R］．1992.

[14] 石自堂，等．农业水利工程专业实践教学指导书［M］．北京：中国水利水电出版社，2008.

[15] 张振宇，卢文波，刘美山，等．水利水电工程精细爆破概论［M］．北京：中国水利水电出版社，2009.

[16] 水电水利工程爆破安全监测规程（DL/T 5333－2005）．北京：中国电力出版社，2005.

[17] 张雪亮，黄树棠．爆破地震效应［M］．北京：地震出版社，1981.

[18] 霍永基，王湘均，费骥鸣．爆破地震效应及安全评定方法［C］//土岩爆破文集（第二辑）．北京：冶金工业出版社，1985.

[19] 隔河岩水电站建设史编纂委员会．隔河岩水电站建设史［M］．北京：中国水利水电出版社，2003.

[20] 武汉大学水利水电学院施工教研室．水利工程施工课程教学文件［R］．1992.

[21] 长江水利委员会．长江三峡工程技术丛书［M］．武汉：湖北科学技术出版社，1997 .

[22] 饶冠生，李学海，韩继斌．实用施工水力学［M］．武汉：长江出版社，2007.

[23] 肖焕雄，周克己，鲁若肥，等．澜沧江大朝山水电站截流模型试验研究报告［R］．1994.

[24] 陈志鸿．长江葛洲坝工程局大事记 1969—1991［R］.

[25] 周厚贵．水布垭高混凝土面板堆石坝施工新技术［J］．湖北水力发电，2009（1）.

[26] 中国水利学会《葛洲坝工程丛书》编辑委员会．葛洲坝丛书［M］．北京：中国水利水电出版社，1998.